城市与区域规划研究

顾朝林　主编

商务印书馆
The Commercial Press
2018 年·北京

图书在版编目（CIP）数据

城市与区域规划研究 . 第 10 卷 . 第 1 期：总第 26 期 / 顾朝林
主编. —北京：商务印书馆，2018
ISBN 978 - 7 - 100 - 15931 - 9

Ⅰ.①城…　Ⅱ.①顾…　Ⅲ.①城市规划—研究—丛刊②区域
规划—研究—丛刊　Ⅳ.①TU984-55②TU982-55

中国版本图书馆 CIP 数据核字（2018）第 043818 号

城市与区域规划研究

顾朝林　主编

商 务 印 书 馆 出 版
（北京王府井大街36号　邮政编码100710）
商 务 印 书 馆 发 行
虎 彩 印 艺 股 份 有 限 公 司 印 刷
ISBN　978 - 7 - 100 - 15931 - 9

2018年3月第1版　　　　开本　787×1092　1/16
2018年3月北京第1次印刷　印张　13 1/4

定价：42.00元

主编导读
Editor's Introduction

新时代的城市与区域规划
Urban and Regional Planning in the New Era

The socialism with Chinese characteristics has entered a new era: China's average annual growth of GDP is over 7.2%, far exceeding the 2.5% world average, which make China the most powerful engine for the world economy. The growth rate of China's per capita income is higher than that of GDP, showing the outstanding improvement of people's living standard. With the Two-Child Policy in full operation, the demographic imbalance of China is gradually getting better. Moreover, the number of Chinese people living in poverty has decreased for 60 million, which equals the population of a European country. In the field of science and technology, China's high-speed train, spacelab, bathyscaph, radio telescope, quantum satellite, giant aircraft, super computer, and artificial intelligence industry has reached up or even overtaken the world's top level. In terms of natural resources, the strictest environmental protection system in Chinese history has been established, launching the biggest war against pollution ever. In the future, China will have built a

中国特色社会主义建设进入了新时代。中国经济年均增长7.2%，远远高于同期世界的2.5%，继续成为拉动世界经济的第一引擎；中国人民收入增幅超GDP增幅，生活更安全更舒适；全面实施两孩政策，正在改善国家人口不平衡结构；贫困人口减少6 000多万，相当于欧洲一个大国的人口；高速铁路、空间实验室、深潜器、射电望远镜、量子卫星、大飞机、超级计算机、人工智能等高新技术并行赶超世界水平；建立最严格的生态环境保护制度，发起史上最大规模污染治理之战。展望未来，在2020年中国全面建成小康社会后，到2035年基本实现社会主义现代化，到本世纪中叶将建成富强民

moderately prosperous society in all aspects by 2020, and accomplished socialistic modernization by 2035. Before the middle of this century, China will have become a prosperous, democratic, civilized, harmonious, and beautiful modern socialistic power, which is a dream that everyone is longing and endeavoring for. Moreover, China will become the first country in the world that gets rid of poverty, enter modernization, and embrace common prosperity with an over-one-brillion population. Before long, China will become the world's biggest economy and international market.

In this new era, all kinds of industries in China are progressing swiftly, allowing urban and regional planning to have bigger impact on the field of science and technology. Urban planners, as social decision-maker and consultant, are absolutely becoming more significant. In this issue, articles are centered around urban and regional planning in the new era. They propose new values of urban planning, explore new branches of urban planning theories, develop new methodologies of urban planning research, and push the boundaries of innovation of urban and regional planning under new context.

In Feature Articles, UN-Habitat proposes an "International Guidelines on Urban and Territorial Planning (Chinese Version)," which includes 12 principles for planning practice and aims at guiding decision-makers to make and revise policies, planning, and design projects better. On the international level, it emphasizes on leading investment, fighting against environmental problems such as climate change and poor energy efficiency, promoting cross-regional integration and

主文明和谐美丽的社会主义现代化强国。这样的新时代让人憧憬，令人神往。这将创造人类历史上第一个10亿以上人口共同迈入现代化的奇迹，这表明中国将历史性地摆脱绝对贫困并走向共同富裕。也就是说，一个经济总量世界第一、国际贸易最大市场将会展现在世界面前。

新时代是中国各行各业奋发前行累积成就的时代，新时代的城市与区域规划无疑将发挥更强大的科技作用，规划师也必将能够在中国新时代的征程中不断展示规划决策咨询的风采。本期主题围绕新时代的城市与区域规划，倡导新时代的规划价值观，探索规划理论的新触角，累积规划研究的新方法，为新时代的繁荣发展推动城市与区域规划领域创新。

"特约专稿"联合国人居署"城市与区域规划国际准则"，在综合的规划过程中提出了12条原理，旨在指导决策者制定和修订政策、规划、设计，强调在跨（国）境层面，直接引导投资，应对气候变化和能源效率等全球性问题，推动跨境区域内的城市地区整合扩展，降低自然灾害的风险，改善共

coordination, reducing risks of natural disasters, and improving sustainable management of common natural resources. On the national level, it insists on improving regional scale economy and economic agglomeration, improving productivity and prosperity, reinforcing urban-rural relation and capacity of solving climate change, reducing risks of natural disasters and energy consumption, solving social and spatial inequity, and promoting integration and coordination between developed and underdeveloped regions. On the city level, it advocating prioritizing investments, coordinating insular urban regions, and protecting environmentally sensitive areas through land-use planning. It also emphases on intensifying, economizing, and optimizing land-use, reducing traffic and basic service cost, creating more urban green space, intensifying residence and economy, and promoting interaction of different communities. On the community level, it calls on improving urban quality, cohesion, and inclusiveness, protecting local resources, pushing communities to join the management of public goods and financial budget, reducing spatial segregation, bettering spatial connectivity, improving social security and democracy, and strengthening people's sense of social responsibility. A Students' Forum themed on "Goals, Methods, and Values of Urban Planning" was held to explore related topics further. The article "Re-claiming the Value of Place and Multi-Participation: The Place-Making Act in America and Its Implication for China's Urban Renewal" introduces an insightful research on the concept of equal planning.

有自然资源的可持续管理；在国家层面，利用现有及规划中的经济支柱和大型基础设施，支撑、构建和平衡国家城镇体系，从而完全释放其经济潜力；在城市区域和大都市层面，不断提升区域的规模经济和集聚经济效应，提高生产力和繁荣程度，加强城乡联系和适应气候变化影响的能力，降低灾害风险和能耗强度，应对社会和空间不平等问题，以及促进增长地区和衰落地区的地域融合与互补；在城市层面，对投资决策进行优先排序，鼓励彼此割离的城市地区之间协同互动，通过土地利用规划保护环境敏感地区，集约节约利用土地，优化土地的利用，最大程度地降低交通和服务供应成本，支持城市开放空间的保护和布局，提高居住和经济密度，促进社区的社会融合；在社区层面，提高城市质量、社会凝聚力和包容性，保护当地资源，推动社区参与城市公共品的管理、规划和财政预算，减少空间隔离，改善空间连通性，提升社会安全和抵御能力，促进地方民主，提高社会责任感。"研究生论坛"栏目"城市规划目标、

In Global Perspectives, Zhao Juanjuan, researcher from the department of urban development, school of architecture, Technical University Munich, illustrates the spatial preference for residence and workplace of knowledge workers. In this new era, the biggest challenge and task for China is to increase the quality of economic development and solve "the contradiction between people's growing need for a better life and uneven and insufficient development." Given that, knowledge workers will be the engine for the innovation of knowledge-intensive industries, the core element for future development, and the key competence for our country. As people who carry, transmit, share, create, and use knowledge, knowledge workers have their own values, life styles, and spatial preference which remain unrevealed. Investigating their preference on residence, workplace, and commute will help us know how they impact on the prosperity of urban core area and metropolis.

It is inevitable that China will encounter new problems under new context. "The contradiction between people's growing need for a better life and uneven and insufficient development" firstly shows on the uneven and insufficient development of regions. As economic development and social transformation speeds up, this contradiction will be intensified, and the most effective way to solve it is to strengthen regional governance and insist on "multiple planning integration and coordination." From this perspective, three articles have been selected. "Improving the System of Regional Spatial Planning" by Mr. Hu Xuwei, an outstanding urban and

方法与价值观"就相关内容进一步展开解读;"重申地方价值与多方参与——美国地方营建及其对我国城市更新的启示"就平等规划理念进行探索。

本期"国际快线"介绍慕尼黑工业大学建筑学院城市发展所赵娟娟的最新研究综述:"知识工作者"。毫无疑问,对于进入社会主义新时代的中国而言,不断提高经济发展的质量,解决"人民日益增长的对美好生活的需要和不平衡、不充分的发展之间的矛盾",知识工作者将是知识密集型企业的创新"引擎"、未来发展的关键要素和核心竞争力。作为携带、传递、交流、创造及利用知识的知识工作者,他们的价值观、生活方式、区位偏好是什么?在居住、工作和通勤方面具有什么与众不同的特征?对促进城市中心区繁荣和大都市区发展有多大的影响?相关的研究值得期待探索。

中国进入新时代,也会遇到新问题。"人民日益增长的对美好生活的需要和不平衡、不充分的发展之间的矛盾"首先表现为区域发展不平衡、不充分问题,而且随着经济增长加

region planning scientist and economic geography scientist, is re-issued to talk about strengthening the management, technique, and practice of the planning of national, regional, and urban territory. It also encourages coordinating multi-level planning. In "Process and Trend of Spatial Planning in China" by Prof. Gu Chaolin, he systematically illustrates the evolution of China's regional (spatial) planning, and holds the point that it is necessary to strengthen the important position and role of spatial planning in order to finding out solutions for the problems of China's urban and regional development. Based on the pilot reform of the existing spatial planning system, China's urban planning system will be perfected by launching the "1 + X" spatial planning system. In "Government Power and Responsibility Division in the Reform of 'Multiple Plans Coordination and Integration'" by Xuan Xiaowei, he discusses about how to divide government power and responsibility properly through adjusting the identical pattern of planning systems of central and local government. In central level, he recommends the integration mode of planning system. In local level, he recommends the coordination mode.

In terms of urban planning methodology, researches based on social network analysis as well as Space Syntax were selected. Moreover, "Study on Beijing's Industrial Upgrading and Its Regional Space Reformation" and "The Evolution of Living Environment in Xiong'an Region" were selected to discuss the planning of Beijing metropolitan region.

速和社会发展转型，矛盾将会进一步尖锐和激化。缓解和最终解决这一问题与矛盾最有效的手段是强化区域治理，推进"多规合一"的国家空间规划体制改革。本期就此刊发三篇文章，"经典集萃"重新刊出著名城市与区域规划学家、经济地理学家胡序威的"健全地域空间规划体系"，倡导从国家治理出发加大国土空间和城市与区域规划的行政、技术和实施力度，实现全国多层次的空间综合协调规划和治理；顾朝林的"论我国空间规划的过程和趋势"，比较系统地论述了我国区域（空间）规划的发展过程，认为面对中国城市与区域发展问题，需要强化空间规划的重要地位和作用，在现有空间规划体系改革试点的基础上，加快建立健全我国"1＋X"空间规划体系；宣晓伟"'多规合一'改革中的政府事权划分"一文系统全面地论述了通过推进"多规合一"改革，以实现空间事权在横向职能部门之间和纵向各级政府之间合理划分的设想，即打破目前中央和地方"事权共担、部门同构"下

Rural revitalization strategy has been the starting point of China's new era. In this issue, two pioneer research results, "Technical Guidelines for the Compilation of Township Planning (Draft)" and "Transformation of Rural Villages and Habitat System Planning from the Perspective of Smart Shrinkage: A Case of Wuhan, China," were selected to discuss planning in rural area.

China has now entered a new era. China's urban and regional planning, under new circumstances, will undoubtedly be full of vitality. Therefore, we look forward to establishing a better academic exchange platform and sharing more research achievements with our readers.

各层级规划体系"上下一般粗"的格局，按照"治理现代化"的要求构建中央层面遵循"协调"模式和地方层面遵循"整合"模式的空间事权划分类型。

本期在规划研究方法领域发表基于社会网络分析和空间句法的最新研究成果，在大都圈规划刊出"北京产业升级重组与区域空间重构研究"以及"雄安地区人居环境之演进"。

乡村振兴战略是中国新时代新征程的开篇之作，本刊将持续推出最新研究成果。本期刊出"乡域规划编制技术导则（草案）"以及"基于精明收缩的乡村发展转型与聚落体系规划——以武汉市为例"。

中国进入新时代，毫无疑问，新时代的城市与区域规划将充满活力，期待大家分享研究成果，构建学术交流平台。

城市与区域规划研究

目　次 [第 10 卷 第 1 期（总第 26 期）2018]

Journal of Urban and Regional Planning

CONTENTS [Vol. 10, No. 1, Series No. 26, 2018]

Editor's Comments

In today's world, over 50% of the population lives in urban areas and more people will be urban. With the rapid urbanization, countries all over the world, especially developing countries, are faced with challenges and opportunities. The population agglomeration has significantly improved the scale economy in cities and regions, but at the same time it has led to such issues as noise, congestion, and pollution. Global challenges, such as climate change, resource exhaustion, and so on affect human beings residing in different regions in different ways, so we exactly need new solutions. In response to these challenges, countries in the world are trying to apply various planning methods. The International Guidelines on Urban and Territorial Planning (hereinafter referred to as Guidelines) is designed to provide a useful reference framework for all countries and regions, which can be adopted according to local conditions. In the comprehensive planning process, the 12 principles in the Guidelines aim to guide policymakers to formulate and revise policies, plans and designs. It was approved by the Council of the United Nations Human Settlements Programme (UN-Habitat) in resolution 25/6 in April 23, 2015.

编者按 当今世界，城镇化率已经跨越了 50% 的门槛，未来更加明确地属于城市。城镇化正在加速，尤其在发展中国家，挑战与机遇并存。人口集聚显著提升了城市和区域的规模经济效应，但同时也产生了成本和外部性，例如噪声、拥堵和污染等。气候变化、资源枯竭等全球性的挑战在不同地区以不同方式影响着人类，急需新的解决办法。为了应对这些挑战，全球各地都在尝试实施不同的规划方法。《城市与区域规划国际准则》（简称《准则》）旨在填补关键空白，为各个区域、国家和地方提供一个有用的参考框架，可以因地制宜地采用。《准则》在综合的规划过程中提出了 12 条原理，旨在指导决策者制定和修订政策、规划与设计。2015 年 4 月 23 日，联合国人类住区规划署（人居署）理事会第 25/6 号决议通过了该《准则》。

城市与区域规划国际准则^①

联合国人居署

International Guidelines on Urban and Territorial Planning (Chinese Version)

United Nations Human Settlements Programme

1 导言

1.1 目标

自 1950 年以来，世界已经发生了巨大变化。城市人口从 1950 年的 7.46 亿（占全球人口的 29.6%）增长到 2000 年的 28.5 亿（占全球人口的 46.6%），2015 年将达到 39.6 亿（占全球人口的 54％），预计到 2030 年将达到 50.6 亿（占全球人口的 60％）。为应对这一变化，联合国人类住区规划署（人居署）理事会第 25/6 号决议通过了《城市与区域规划国际准则》（以下简称《准则》），准则为改善全球政策、规划、设计和实施进程，搭建一个框架，推动建设布局更紧凑、社会更包容、更加融合及相互连通的城市与区域，促进城市可持续发展，提升对气候变化的抵御能力。

《准则》的核心目标是：①制定一个普遍适用的城市与区域规划参考框架，指导全球的城市政策改革；②从各国和各地区的经验中总结普遍原则，支持制定适用于不同情况和尺度范围的各种城市与区域规划方法；③与其他促进城市可持续发展的国际准则相互补充和衔接；④提升城市和区域议题在国家、区域和地方政府发展议程中的地位。

1.2　定义和范围

城市与区域规划是一个决策过程，通过制定各种空间愿景、战略和方案，运用一系列政策原理、政策工具及体制机制参与和管治程序，实现经济、社会、文化和环境的目标。

城市与区域规划具有促进经济发展的基本功能。作为一种重塑城市与区域形态和功能的手段，规划能够培育本土经济的增长、促进繁荣和就业，同时也是应对最脆弱、最边缘化或无法充分享受服务的群体需求的有力工具。

《准则》将推广城市与区域规划的关键原理和建议，帮助所有国家和城市，有效引导城市人口变化——无论是增长、停滞，还是减少，改善现有及新城市住区的生活质量。根据权利行使的基层原则[②]和各国的具体治理安排，应在以下各个尺度层面的空间规划中使用本《准则》。

（1）跨（国）境层面。跨（国）境区域战略能够直接引导投资，应对气候变化和能源效率等全球性问题，推动跨境区域内的城市地区整合扩展，降低自然灾害的风险，改善共有自然资源的可持续管理。

（2）国家层面。国家规划能够利用现有及规划中的经济支柱和大型基础设施，以便支撑、构建和平衡包括城市走廊、江河流域在内的城镇体系，从而完全释放其经济潜力。

（3）城市区域和大都市层面。区域规划可以提升区域的规模经济和集聚经济效应，提高生产力和繁荣程度，加强城乡联系和适应气候变化影响的能力，降低灾害风险和能耗强度，应对社会和空间不平等问题，以及促进增长地区和衰落地区的地域融合和互补。

（4）城市层面。城市发展战略和综合发展规划有助于对投资决定进行优先排序，鼓励彼此割离的城市地区之间协同互动。土地利用规划有助于保护环境敏感地区，加强土地市场监管。城市扩展规划和填充式规划有助于最大程度地降低交通和服务供应成本，优化土地的利用，支持城市开放空间的保护和布局。城市提升和更新改造规划有助于提高居住与经济密度，促进社区的社会融合。

（5）社区层面。街道开发和公共空间规划布局有助于提高城市质量、社会凝聚力和包容性，改善对当地资源的保护。通过推动社区参与公共空间和公共服务等城市公共品的管理，参与式规划和参与式预算有助于减少空间隔离，改善空间连通性，提升社会安全和抵御能力，促进地方民主，提高社会责任感。

目前，在许多国家已经有很多不同种类的城市与区域规划方法和实践，包括全市战略规划、总体规划、社区规划、土地利用规划等。这些方法和实践会对城市形态与功能产生影响，并通过各种不同方式得以实现；即使未实施的规划，也会对现实世界产生影响。规划方法的范围很广泛，包括自上而下和自下而上的方法，面对各种特定情况，它们得到不同程度的结合使用，并演变成系列方法。

无论采用何种方法，一个规划的成功实施，需要强大的政治意愿、所有利益相关方参与的恰当的伙伴关系以及三个关键的促成因素。①透明且可执行的法律框架。应强调建立规章制度体系，为城市发展提供一个稳定且可预测的长期法律框架。应特别关注问责制、可实施性和法律框架必要的强制执行能力。②健全且灵活的城市规划和设计。公共空间设计是创造城市价值的主要因素之一，应特别关注公共空间的设计，通过提供合理的街道形式和道路连通性，配置开放空间。此外，明确可建设街区和地块的布局，包括适当的紧凑度和建成区的混合经济功能也同样重要，这样可以减少交通需求和服务供应的人均成本。最后，公共空间设计应促进社会融合互动，提升城市的文化内涵。③可负担且具有成本效益的财政计划。一个城市规划的成功实施，取决于其良好的财政基础，包括启动公共投资，以产生经济和财政效益，并覆盖运行成本的能力。政府的财务方案应包括实事求是的收入计划，包括所有利益相关方共享城市价值以及能满足规划要求的支出计划。上述三个要素应达成平衡，以确保在城市工作方面取得积极且可实现的成果。这必将带来不断增强的跨部门合力、成果导向的伙伴关系以及简化有效的工作程序。

2　城市政策和治理

原理：①城市与区域规划不仅是一项技术工具，更是一项综合解决利益冲突的参与式决策进程，并且与共同愿景、总体发展战略以及各项国家、区域和地方城市政策相互衔接；②城市与区域规划是城市治理新范式的核心组成部分，可以促进地方民主、参与度、包容性、透明度以及问责制，以确保可持续城市化和空间质量。

各国政府应与其他各级政府机构和相关合作伙伴一道：①制定国家层面的城市与区域政策框架，推广可持续城市化模式，涉及当前和未来居民的生活水平、经济增长和环境保护、城市和其他人类住区之间的平衡体系，以及所有公民的明确土地权利和义务（包括贫民土地权保障），以此作为各级城市与区域规划工作的基础。城市与区域规划将成为一项工具，用以将政策转化为规划和行动，并为政策调整提供反馈。②为城市与区域规划制定有力的法律和制度框架：确保在制定城市与区域规划时，充分考虑经济规划工具及其周期特征以及国家各部门的政策，并确保在开展国家规划工作时，充分体现城市与区域经济的关键作用；承认区域、城市和地区之间的差异以及区域空间协调和区域均衡发展的必要性；根据权利行使的基层原则，对自下而上和自上而下方法的结合使用做出适当安排，促进城市、大都市、区域和国家规划之间的联系与协同，确保各项举措在部门和空间层面协调一致；制定基本规则，并建立相应机制，协调城市间的规划与管理；将合作伙伴关系和公众参与正式确定为政策的核心原则，让公众（男性和女性）、民间社会组织和私营部门的代表参与到城市规划活动中，确保规划人员在实施这些原则时发挥积极的支持作用，并建立广泛的磋商机制，举办论坛，推动有关城市发展问题的政策对话；促进对土地和房地产市场的监管，保护人工环境和自然环境；允许制定新的监管框架，促进连续不断地以互动方式实施并修订完善城市与区域规划；为所有利益相关方提供公平的竞争环境，以刺激投资，提高透明度，尊重法治，减少腐败。③根据《关于权力下放和加强地方主管部门的国际准则》，界定、实施和监测权力下放工作和基层政策，加强地方主管部门的作用、职责、规划能力和资源。④构建城市间合作框架，衔接多层次治理体系，支持建立各类跨城市、跨大都市的机构，辅以适当的监管框架和财政激励机制，从而确保城市规划和管理工作在适当的规模范围内开展，相关的项目能够获得必要的资金支持。⑤推动立法工作，明确地方主管部门对于规划的制定、审批和修改负有领导责任。同时明确，如果需要将规划变成具有法律约束力的文件，必须保证规划与其他各级政府机构制定的政策并行一致。⑥加强并授权地方主管部门，确保规划原则、条例和规章得到实施，有效地发挥功能。⑦开展与专业规划组织和网络、研究机构以及民间社会的合作，建立城市规划方法、模式和实践的观察机制，以便记录、评估和综合各国经验，组织并分享案例研究，向公众提供信息，并按需向地方主管部门提供帮助。

地方主管部门应与其他各级政府机构、相关合作伙伴一道：①为制定城市与区域规划提供政治领导，确保与部门规划、其他空间规划以及周边地区的发展相互衔接配合，从而在适当的空间范围内规划和管理城市；②负责其管辖范围内的城市与区域规划的审批、持续的评估和修订（例如每五年或十年一次）；③将提供公共服务纳入规划过程，参与城市间以及多层级合作，促进住房、基础设施和服务设施的建设与融资；④促进城市规划与城市管理相结合，确保上位规划和下位的实施相互衔接，确保长远目标与各项计划、短期管理活动以及部门项目之间协调一致；⑤对具体承担城市与区域规划制定工作的专业人员和私营公司进行有效监管，确保各项规划方案符合地方政治愿景、国家政策和国际原则；⑥确保城市法规得到执行并有效发挥功能，采取必要行动，避免非法开发行为，尤其是要关注面临风险、具有历史、环境或农业价值的地区；⑦建立利益相关多方的监测、评价和问责机制，以便透明地评估各项计划的实施情况，并为必须对长短期项目和计划方案采取的纠正行动，提供反馈意见和信息；⑧分享各自的城市与区域规划经验，参与城市间合作，以推动政策对话和能力建设，推动地方政府联盟参与国家和地方层面的政策与规划工作；⑨建立适当的参与机制，促进城市利益相关方，尤其是社区、民间社会组织和私营部门，有效而平等地参与到城市与区域规划的制定和实施工作中，促进民间社会的代表，尤其是女性和青年，参与实施、监测和评价工作，确保他们的需求在规划过程中得到考虑和回应。

民间社会组织及其协会应：①参与城市与区域规划的制定、实施和监测工作，帮助地方主管部门识别需求和优先事项，并尽可能根据现有法律框架和国际协定，行使其参与协商的权利；②动员群众，代表群众，尤其是不同年龄、性别的贫民和脆弱群体，参与城市与区域规划的公共协商，推动公平的城市发展，倡导和平的社会关系，优先考虑最不发达城市地区的基础设施和公共服务；③为社会各行各业，尤其是不同年龄、性别的贫民和脆弱群体，提供一个平台，鼓励、支持其参与到社区论坛和社区规划活动中，并在社区改善方案中与地方主管部门携手合作；④提高公众认识，动员公众舆论，防止非法和投机的城市开发，尤其是那些可能危害自然环境、导致低收入和脆弱群体流离失所的开发建设；⑤促进确保城市与区域规划长远目标的持续性，即使在政治变革或出现短期障碍时也不例外。

规划专业人员及其学会应：①在规划制定和修订的各个不同阶段，贡献其专长，动员关心其意见的利益群体，促进城市与区域规划进程；②在倡导更加包容平等的发展中发挥积极作用，具体方法既有促进公众广泛参与规划工作，也包括把相关内容纳入规划、设计、法规、章程和规则等规划手段中；③推动本《准则》的应用，建议决策者采用本《准则》，并视需根据国家、区域和地方情况进行必要的调整；④推动城市与区域规划领域的研究，促进规划知识的增长，组织各类研讨会和协商论坛，提高公众对本《准则》中所提建议的认识；⑤与各类学习和培训机构合作，审查和编写城市与区域规划方面的大学课程和专业课程体系，在这些课程中引入本《准则》的内容，并作必要的改编和进一步的阐述，促进能力提升。

3   可持续发展的城市与区域规划

城市与区域规划能够在诸多领域促进可持续发展，它应该与可持续发展的三个互补方面紧密联系：社会发展和社会包容、可持续经济增长以及环境保护和管理。以协同方式整合这三方面的内容，既需要政治承诺，也需要所有应参与城市与区域规划进程的利益相关方的共同参与。上文所述的关于民间社会组织、规划专业人员及其各自团体的预期作用，同样适用于可持续发展的城市与区域规划。

3.1   城市与区域规划和社会发展

原理：①城市与区域规划的首要目的，是在当今和未来社会的各个领域，实现恰当的生活水平和工作条件，确保城市发展的成本、机会和成果得到公平分配，特别是要提高社会包容性和凝聚力；②城市与区域规划，从本质上讲是一项对未来的投资，它为提高生活质量、成功实现尊重文化遗产和文化多样性的全球化进程以及承认不同群体的多样性需要提供必要的前提条件。

各国政府应与其他各级政府机构和相关合作伙伴一道：①监测城市和区域的住房与居住条件的演变，支持地方主管部门和社区旨在提高社会和地域凝聚力和包容性的规划努力；②推动制定减贫战略，并加以具体落实，支持创造就业岗位，促进所有人体面地工作，包括解决流动人口和流离失所者等脆弱群体就业的特殊需求；③促进建立渐进式住房金融体系，使得人人有能力承担土地、配备服务设施的地块以及住房的压力；④提供适当的财政激励和针对性的补贴，加强地方财力，授权地方主管部门，通过城市与区域规划手段，确保有助于解决社会不平等问题，促进文化多样性；⑤促进在城市与区域规划过程中，实现文化遗产和自然遗产的认定、保护和发展的一体化。

地方主管部门应与其他各级政府机构及相关合作伙伴一道：①设计和推行包含以下内容的城市与区域规划：一个清晰、分步骤、有重点的空间框架，确保所有人享有基本服务；一个关于土地、住房开发和交通方面的战略指引与规划图，特别关注低收入和社会脆弱群体的当前和预期需要；支持在城镇实现人权的工具；鼓励社会融合与土地混合使用的法规，为广大民众提供有吸引力的、可负担得起的公共服务、住房和就业机会。②提倡社会和空间的融合度与包容性，为改善城市的社会文化生活做出贡献，采取的手段特别包括改善所有人到城市和区域每个地点的可达性，因为每位居民，包括流动工人和流离失所者，都应有能力享受城市及其社会经济机会、城市服务和公共空间。③根据男女老少不同的需求，提供高质量的公共空间，改善和活化现有的公共空间，如广场、街道、绿地和体育场馆，使它们更加安全，并且人人都可享用。应该认识到，这些场所是城市活力和包容性城市生活不可或缺的平台，也是基础设施建设的主要内容。④确保低收入地区、非正式住区和贫民窟得以提升，融入城市肌理，尽可能减少对当地居民的生活干扰、置换和搬迁。万一这类干扰不可避免时，应对受影响的群体给予适当补偿。⑤确保每位居民都能够获得安全、可负担的饮用水和充足的卫生服务。⑥提高土地所有权的保障程度，改进中低收入家庭对土地和房产支配权以及资金的获取途径。⑦促进土地混合使用，构建安全、舒适、可负担且可靠的交通系统，以及根据不同地区地价和房价的差别，采用不同的保障性住房解决方案，以缩短居住、工作和服务区域之间的通勤时间。⑧改善城市安全，使其成为安全、公正和社会凝聚力的一项指标，尤其关注女性、青年人、老年人、残疾人和其他脆弱群体。⑨通过明确男女老少的特殊需求，在设计、创造和利用城市空间与服务的过程中，促进和确保性别平等。⑩确保影响土地和房产市场的行动不会过分降低可负担性，以致对低收入家庭和小企业造成危害。⑪充分认识发展城市文化、尊重社会多样性是社会发展的组成部分，并且具有重要的空间意义，鼓励开展室内（博物馆、剧院、电影院、音乐厅等）和户外（街头艺术、歌舞游行等）文化活动。⑫保护和重视文化遗产，包括传统住区和历史街区、宗教和历史古迹、考古区域以及文化景观。

3.2　城市与区域规划和可持续经济增长

原理：①城市与区域规划是经济可持续和包容性增长的催化剂，它提供了一个有力的框架，有助于创造新的经济机会，监管房地产市场，及时提供充足的基础设施和基本服务；②城市与区域规划是一个强大的决策机制，可确保可持续经济增长、社会发展和环境可持续性齐头并进，以促进各个地域层面之间更好地相互连通。

各国政府应与其他各级政府机构和相关合作伙伴一道：①通过适当的产业、服务和教育机构集群，规划并支持相互连通的多中心城市区域的发展，以此为战略，提升毗邻城市之间、城市与其农村腹地之间的专业化、互补性、协同效应以及规模经济与集聚经济效应；②与包括私营部门在内的有关各方建立动态伙伴关系，依据规模经济和集聚经济效应、就近原则和连通性原则，确保城市与区域规划协调经济活动的空间区位和分布，从而提高生产力，提升竞争力，促进繁荣发展；③支持城市间合作，确保资源得到优化应用和可持续利用，防止地方主管部门之间的不正当竞争；④制定地方发展政策框架，将地方经济发展的关键概念适当聚焦，通过鼓励个人和私人的主动精神，在城市与区域规划进程中扩大或复苏地方经济，增加就业机会；⑤制定信息和通信技术政策框架，该框架充分考虑到地域限制和机会，加强地域实体和经济活动者之间的联系。

地方主管部门应与其他各级政府机构及相关合作伙伴一道：①承认城市与区域规划的主要作用之一，是为高效的主干基础设施建设提高流动性、促进构建城市节点提供必要的依据；②确保城市与区域规划能够创造更为有利的条件，以建立安全可靠的公共交通和货物运输系统，同时尽量减少个人交通工具的使用，从而以节能和负担得起的方式加强城市流动性；③确保城市与区域规划有利于为经济主体和居民提供更多、更均衡及负担得起的数字基础设施与服务，促进城市与区域内基于知识的开发建设；④将清晰详尽的投资规划内容纳入城市与区域规划，包括公共和私营部门在承担投资、运营与维护成本方面预期可能做出的贡献，以便合理调动资源（地方税收、内源性收入、可靠的转移机制等）；⑤利用城市与区域规划以及相关先进的土地用途管制规则，如基于形态的设计准则或基于绩效的分区管制，管理土地市场，建立开发权市场，调动城市金融（包括如以土地为基础进行融资），部分回收城市基础设施和服务方面的公共投资；⑥利用城市与区域规划来引导和支持地方经济发展，特别是创造就业机会，发展地方社区组织、合作企业、小微企业，推动产业和服务的适度集聚；⑦利用城市与区域规划确保充足的街道空间，以便建立起安全、舒适、高效的街道网络，实现高度互联，鼓励采用非机动交通方式，提高经济生产力，促进地方经济发展；⑧利用城市与区域规划设计具有足够人口密度的社区，通过填充式开发或有计划的扩展战略，发展规模经济，减少出行需求，降低服务提供成本，构建具有良好成本效益的公共交通系统。

3.3　城市与区域规划和环境

原理：①城市与区域规划提供一个空间框架，保护和管理城市与区域的自然环境及人工环境，包括生物多样性、土地和自然资源，确保综合性可持续发展；②城市与区域规划有利于加强环境和社会经济的抵御力，促进减缓和适应气候变化，加强管理自然和环境的危害与风险，从而提升人类安全。

各国政府应与其他各级政府机构和相关合作伙伴一道：①制定标准与法律法规，保护水、空气和其他自然资源、农业用地、绿色开敞空间、生态系统和生物多样性热点，实现可持续管理；②推动城市与区域规划工作，强化城乡互补，提高粮食安全，促进城市间的相互联系和协同增效，将城市规划和区域发展联系起来，在城市区域层面（包括跨境区域）确保区域凝聚力；③制定和推广合适的工具与方法，采用激励机制和管制措施，推动环境影响评估工作的开展；④倡导发展紧凑型城市，对城市蔓延现象严加管控，结合土地市场管理，制定渐次加密战略，优化城市空间利用，降低基础设施成本，削减交通需求，限制城市化地区的生态足迹，有效应对气候变化的挑战；⑤确保各项城市与区域规划能够满足发展可持续能源服务的需求，以便获得更多清洁能源，减少化石燃料消耗，推行合理的能源组合，提高建筑业、工业和多模式交通运输业的能效。

地方主管部门应与其他各级政府机构及相关合作伙伴一道：①制定城市与区域规划，提供一个应对气候变化的减缓和适应框架，提高人类住区（尤其是位于脆弱和非正规地区的人类住区）的抵御力；②建立和实行高效的低碳城市结构与发展模式，提高能源使用效率，增加可再生能源的产量和使用；③在低风险地区提供必要的城市服务、基础设施和住宅开发，通过自愿参与的方式，促使高风险地区的居民到更合适的地方重新定居；④评估气候变化的意义和潜在影响，保证城市的关键功能在灾难或危机中继续发挥作用；⑤将城市与区域规划作为改善水和卫生服务供应、减少空气污染和水资源浪费的行动计划；⑥综合私营部门和民间社会组织的力量，通过城市与区域规划，认定、复兴、保护和建造具有特殊生态或遗产价值的高质量公共空间和绿色空间，避免产生热岛效应，保护当地的生物多样性，支持建立多功能公共绿色空间，如可滞留和吸收雨水的湿地；⑦确定和认可已趋衰落建筑环境的价值并加以振兴，以便利用原有资产，加强社会对其价值的认同；⑧将固体和液体废物管理及回收纳入空间规划，包括填埋场和回收场地的选址；⑨与服务供应商、土地开发商和土地所有者开展合作，将空间和部门规划紧密联合起来，促进部门间各类服务（如供水、排污和卫生设备，能源和电力，通信和交通）的协调与协同增效；⑩通过激励机制和限制措施，推动建造、改装和管理"绿色建筑"，同时监测其经济影响；⑪做好街道设计，鼓励步行、非机动交通和公共交通，有利于种植树木遮阴和吸收二氧化碳。

4　城市与区域规划的要素

原理：①城市与区域规划，在不同的时间和空间范围内，整合若干空间、体制和金融维度，它是一个持续反复的过程，以强制性的规定为基础，旨在推动发展更加紧凑的城市，加强地域之间的协同增效；②城市与区域规划（包括空间规划）使得基于不同愿景的政治决定更加顺利，也更加相互衔接，它将这些决策转化行动，改造物质和社会空间，支持城市与区域的综合开发。

各国政府应与其他各级政府机构和相关合作伙伴一道：①推动将空间规划作为一种促进机制和弹性机制，而不是作为一张固定不变的蓝图，应以参与性的方式制定空间规划，各种版本的空间规划应便于广大民众访问和使用，并且便于他们轻松理解；②提高公众的城市与区域规划意识，提升民众的能力，尤其需要强调，城市与区域规划不只是不同空间尺度的产品（规划方案、相关规则和法规），更是一个过程（制定、修改和实施规划的机制）；③建立人口、土地、环境资源、基础设施、服务和相关需求的数据库、注册系统与地图测绘系统，并加以必要的维护，以此作为制定和修订空间规划与法规的基础条件，这些系统的建设，应该结合利用当地的知识、现代信息与通信技术，充分考虑区域和城市的具体分类数据；④对城市与区域规划建立全面的分期、更新、监测和评估体系，必要时通过立法予以落实，这些系统最根本的要素包括绩效考核指标体系和利益相关方的参与；⑤支持设立专门的规划机构，保证其结构合理、资源充足，并且技能不断提升；⑥建立有效的金融和财政框架，支持地方层面开展城市与区域规划。

地方主管部门应与其他各级政府机构和相关合作伙伴一道：①制定共同的空间战略愿景（以必要的规划图为支持），确立一套各方认同的目标，清晰地反映政治意愿。②详细拟定城市与区域规划方案，保持彼此相互衔接，包括下列多个空间组成部分：发展愿景，其制定要对人口、社会、经济和环境趋势进行系统分析，充分考虑土地利用和交通运输之间的重要关系；明确的优先次序和分期安排，针对希望达成或可能实现的空间结果，在恰当的时间尺度上，基于合理的可行性研究基础上提出；反映城市预期增长规模的空间布局方案，包括城市空间拓展规划安排、城市的合理加密与再开发、紧密相联的宜居街道体系以及高质量的公共空间；规划设计方案，以环境条件为基础，优先保护重要生态地区和灾难多发地区，尤其关注土地的混合使用、城市形态与城市结构、交通与基础设施开发，灵活应对未来不可预见的变化。③确立体制安排，建立参与框架和伙伴关系框架，达成利益相关方协议。④设立一个能通报城市与区域规划进程，并允许对提案、规划方案和最终成果进行严格监测与评估的知识库。⑤设计一项人力资源开发战略，提升本地的能力，必要时可寻求其他政府部门的支持。⑥尤其应确保做到以下几点：土地利用和基础设施的规划与实施，应在空间上相互关联和协调，因为基础设施建设离不开土地，而且会对土地价值产生直接影响；除其他事项外，基础设施规划必须重点研究干线公路网、主干道路网、公路与街道的衔接、交通管制和机动性激励、数字通信及与基础服务和风险减缓工作之间的关联；城市与区域规划的制度组成部分和财务组成部分密切相关，为此应建立合理的实施机制，如参与式预算、公私伙伴关系和多层级融资计划；在进行城市扩张、改造、更新和复兴项目时，充分考虑现有城市形式和形态。

民间社会组织及其协会应：①通过参与式进程，包括咨询所有利益相关方，在民众关系最密切的公共部门推动下，参与制定总体空间愿景，对项目的优先程度进行排序；②宣传能够促进下述方面的土地使用规划和法规：社会和空间包容、保障贫民土地权益、可负担性、合理提高密度、土地混合使用和相关的分区制度、充足且便利的公共空间、保护重要的农业用地和文化遗产，以及有关土地所有权、土地注册系统、土地交易和土地融资的改进措施。

规划专业人员及其学会应：①开发新工具，跨地区、跨部门转让知识，推进一体化、参与式和战略性规划；②将预报和预测结果转化为规划的备选与设想方案，帮助政治决策；③在不同阶段、不同部门和不同规划尺度范围内，确认并确保协同增效；④宣传推广建立紧凑型城市和区域融合的创新解决方案以及其他一系列解决方案，以应对城市贫困和贫民窟、气候变化和抗灾、废物管理和其他现有的或可能出现的城市问题所带来的挑战；⑤支持对脆弱和弱势群体及土著居民的赋权，建立和宣传规划的实证方法。

5　城市与区域规划的实施和监测

原理：①充分、全面地实施城市与区域规划需要政治领导力、合理的法律和制度框架、有效的城市管理、更好的协作、凝聚共识的方法和减少重复劳动，如此才能持之以恒地、积极有效地应对当前和未来的挑战；②城市与区域规划的有效实施及评估，尤其需要在各个层级对实施过程进行持续监测、定期调整，还需要具备充分的能力、可持续的筹资机制和技术保障。

各国政府应与其他各级政府机构和相关合作伙伴一道：①对法律法规定期进行严格审查，将其作为规划实施的重要工具，确保其切合实际且便于执行；②确保所有居民、土地和房地产开发商及服务提供商遵守法治；③在规划实施的伙伴中，推动各方落实问责和冲突解决机制；④对城市与区域规划的实施情况进行评估，为地方主管部门提供财政和财务激励及技术援助，主要用于应对基础设施短缺的问题；⑤鼓励学术和培训机构参与城市与区域规划的实施，提升所有规划相关学科的高等教育程度，为城市规划专业人员和城市管理者提供在职培训；⑥围绕城市与区域规划的实施进程、调整方案和面临的挑战，以及城市与区域数据及统计资料的公开自由获取，推动相关的监测和报告工作，以此作为民主政策不可分割的组成部分，吸纳城市规划专业人员、民间社会组织和媒体的积极参与；⑦鼓励城市间的经验交流，促进城市之间的合作，以此作为改进规划、实施和城市管理实践的重要方式；⑧开发、建立健全城市与区域规划的监测、评估和问责制度，根据成果和过程的跟踪指标，汇总定量和定性信息及分析结论，接受公众监督，以国家和本地制度为基础，交流国际经验教训；⑨推行无害环境技术、数据采集地理空间技术、信息和通信技术、街道编码系统、土地注册和财产备案系统，促进交流和知识共享，从技术和社会两方面支持城市与区域规划的实施。

地方主管部门应与其他各级政府机构和相关合作伙伴一道：①对城市与区域规划中规定的各项实施活动，采用高效、透明的机构设置，明确领导和伙伴关系，协调各地区、各部门的责任，包括城际层面的责任；②选择切实的财务方案，推动渐进式、阶段性的规划工作，明确所有预期的投资来源（预算内或预算外、公共或私营等）、资源开发和成本回收机制（拨款、贷款、补贴、捐赠、用户收费、土地费用和税收），以确保财政可持续性和社会承担能力；③确保各级政府按规划中确定的需求，分配公共资源，并且有计划地撬动其他资源；④确保创新筹资来源得到开发、测试、评估和必要的推广；⑤根据《关于使所有人都能获得基本服务的国际准则》中规定的合理法律框架，适时吸引私人投资，搭建公私合作伙伴关系，并保证它们的透明度；⑥建立并支持多方伙伴委员会，特别要吸纳私营和社区部门参与，跟进城市与区域规划实施的进程，定期进行评价并提出战略性建议；⑦通过培训、经验和专业知识交流、知识转让和有组织的评论，在地方层面的规划、设计、管理和监测工作中，加强机构和人员的能力建设；⑧支持实施过程中所有阶段的公共信息、教育和社区动员活动，让民间社会组织参与到规划方案的设计、监测、评估和调整中。

民间社会组织及其协会应：①动员相关社区、联络伙伴团体，在相关委员会和其他体制安排中，表达对包括城市贫困人群在内的公众的关切，为实施各项规划做出积极贡献；②就规划实施各阶段可能遇到的机遇和挑战，向主管部门提供反馈，并就必要的调整和纠正措施提出具体建议。

规划专业人员及其学会应：①为不同类型规划的实施提供技术援助，支持空间数据的收集、分析、使用、共享和传播；②设计和组织培训班，提高政策制定者和地方领导人对城市与区域规划问题的认识，尤其是使其认识到这些规划需要持续、长期的实施和问责制；③承担与实施这些规划有关的在职培训和应用型研究，以期汲取实践经验，为决策者提供实质性反馈意见；④制作可用于公共教育、提高认识和广泛动员的规划模型。

规划的地位至关重要。全球城镇化正在迅速推进，到 2050 年，每十个人中将有七个人居住在城市。规划政策、方案和设计不当，导致人群和活动空间分布的不合理，贫民窟蔓延，交通拥堵，穷人难以享受基本公共服务，自然环境恶化，社会不公和隔离。

《准则》希望能够在决策者、城市工作者审视城市和区域规划系统时给予他们灵感启发与方向指引。《准则》为各国政府、地方主管部门、民间社会组织及其协会、规划专业人员及其学会提供了一个国际性的参考框架，以推动全球城市与区域朝着更紧凑、更包容、更互通互联的方向发展，促进城市可持续发展，提高应对气候变化的韧性。

基于各地区的实际证据、典型案例和经验教训，《准则》总结出 12 条原理和一系列的行动职责建议。《准则》强调规划是一个综合的决策过程，涵盖了城市政策和治理、可持续的城市发展、规划的要素、实施和监督机制等方方面面。

注释

① 本文根据联合国人居署提供的中文版整理，对其中存在的译文表达不准确的部分进行了订正，对《准则》制定过程的描述进行了删减，同时排版版式也做了调整。《准则》英文版可以在联合国人居署网站 www. unhabitat. org 下载。

② 又称辅助性原则，或简称权力下放原则，指下级或地方部门能够有效履行的职能更适合交给这些部门而非中央政府行使。——译者注

知识工作者[①]

赵娟娟

Knowledge Workers

ZHAO Juanjuan
(School of Architecture, Technical University of Munich, Munich 80333, Germany)

Abstract Knowledge workers, as individual agents who embody, transmit, exchange, create and exploit knowledge, function as "innovation engines" for knowledge-intensive firms, thus advancing the development of metropolitan regions. To better attract and retain knowledge workers, it is necessary to have a good understanding of their spatial preference and choice mechanism. This article has reviewed the existing research on the spatial preference of knowledge workers, specifically the spatial preference for residence and workplace. In addition, this article emphasizes the heterogeneity of their spatial preference from the perspective of knowledge type (analytical-synthetic-symbolic knowledge). In the end, this article proposes several policy implications and directions for further researches.

Keywords knowledge workers; spatial preference; residence location; workplace location

摘 要 知识工作者作为携带、传递、交流、创造及利用知识的个体单元，是知识密集型企业的创新"引擎"，能够促进大都市区的发展。为更好地吸引和保留这些知识工作者，对其区位偏好和决策机制的探究必不可少。文章简要回顾了已有关于知识工作者职住区位偏好的研究，其中特别强调了从知识类型（分析型、综合型、符号型）这一新视角下研究职住区位偏好及选择的差异性，最后提出了本研究的政策启示及未来深入研究的方向。

关键词 知识工作者；区位偏好；居住地点；工作地点

知识经济在全球化背景下越来越凸显其重要性（Archibugi and Lundvall, 2001; Currid and Connolly, 2008），知识作为核心竞争力是人类经济社会发展史上继农业和工业革命之后的第三次重要变革。知识经济时代下，运用已有知识创造或改进商品及服务的能力大小很大程度上决定了财富积累的多少（Savage, 1996）。

1 知识和知识工作者

不同于其他生产要素，知识倾向于无限增长。此外，知识易于被传递及重新利用，并以各种各样的方式被组合及重新组合（Storper and Scott, 2009）。因此，知识成为知识密集型企业最宝贵的生产要素，对知识进行战略性组合及持续地创造新知识构成区域的核心竞争优势（Lüthi, 2011; Vissers and Dankbaar, 2013）。

在大都市区内，越来越多的职业需要涉及复杂的沟通交流（如培训或协商）或高技术的数据管理（如综合与管

作者简介

赵娟娟，慕尼黑工业大学建筑学院。

控）（Scott，2008）。换句话说，越来越需要依赖高技能或高学历的人才来进行规划管理，以及受过熟练培训的高级技工来设计新的产品或服务（Autor et al.，2003；Drucker，1954）。因此，区域的增长和繁荣都取决于高学历人才的禀赋（Glaeser，1998；Florida，2003；Storper and Manville，2006）。知识的流动，无论是通过知识溢出还是贸易交换，都依赖于知识工作者的空间移动（Breschi and Lissoni，2003）。当知识工作者迁移并定居到一个地区后，他们的知识就会逐渐在当地传播扩散出去（Almeida and Kogut，1999；Miguelez and Moreno，2014）。因此，聚集很多知识工作者的地方受益于这些人才的创新活力而在创新和高科技方面处于领先地位，并迅速发展（Florida，2003；Storper and Scott，2009）。慕尼黑区域的竞争力很大程度上归功于其高比例的高学历人群（Hafner et al.，2008）。同样的，波士顿之所以能够恢复经济活力与其高技能人才是分不开的（Glaeser，2005）。总之，知识工作者成为区域发展的主导因素，有必要探讨吸引并保留知识工作者的区位特征，从而吸引他们定居在一个地区，在当地形成网络效应并产生知识溢出，最终促进当地的发展（Cooke，2014）。

关于知识工作者在不同区域之间的迁移，已有研究得到了比较一致的结论。大城市由于拥有更好的就业机会、服务设施及丰富的城市文化，能吸引更多的知识工作者（Darchen and Tremblay，2010；Florida et al.，2012；Straubhaar，2000；Yigitcanlar and Martinez-Fernandez，2007）。当知识工作者定居到一个区域后，希望进一步更新其空间环境时，则会将区域内部局部空间的具体特征考虑进去（Kim et al.，2005；Yigitcanlar，2010），如到最近公共交通站点的距离或文娱设施的有无等（Thierstein et al.，2013）。然而，已有研究中关于知识工作者迁移过程中的区位偏好尚无一致的结论。一方面，以 Florida 为代表的创意人才理论认为，创意人才倾向于选择充满文化氛围的社区（Florida，2002b），他们更加看重由咖啡店和酒吧构成的充满活力的街景（Florida，2002a；Haisch and Klöpper，2015）。这样一来，知识工作者复兴城市中心区域，促进集聚过程（Kunzmann，2009；Lee et al.，2009）。另一方面，Glaeser（2004）则认为创意性人才更加看重郊区提供的便利设施，更倾向于居住在郊区。这样一来，知识工作者促进空间蔓延，并导致空间离心过程（Felsenstein，2002）。这或许意味着知识工作者并非一个均质的群体，不同类型的知识工作者在选择居住区位时对不同要素的权衡有所差异。本文旨在回顾已有关于知识工作者职住区位偏好的研究，并试图呈现不同类型知识工作者区位偏好的差异性及其原因。

2　知识工作者定义及分类

人力资源理论通常运用教育水平来筛选高技能人才（Cohn，1980；Johnes，1993）。然而，教育水平并不能很准确地代表个体的认知水平（Becker，1994；Glaeser，2004）。一个受过高等教育的人，大脑中存储了很多的知识，但是如果不在工作中加以运用，这些知识并没有多大的价值（Cook and Brown，1999）。因此，知识的具体运用，如实际从事的职业，才是知识工作者区别于其他工作者的主要特征。

本文采用知识工作者在知识经济中的重要功能来定义知识工作者，具体通过以下两个维度。第一个维度是这些工作者在知识密集型行业就业，包括高科技行业和高端产业服务业；第二个维度是他们在工作中从事高难度的任务，如分析推理和复杂的沟通协商等。德国联邦就业局将工作任务划分为四类：第一类是重复性任务；第二类是具体性任务；第三类是专业性任务；第四类是高度复杂任务。其中第三和第四类工作任务被认为是高难度的。

考虑到知识工作者这一群体并非均质的，进一步地通过行业性质及工作中所使用的知识类型（分析型、综合型、符号型），将知识工作者划分为四类：分析型高科技工作者，如化学研究员；综合型高科技工作者，如汽车工程师；综合型高端产业服务业工作者，如金融师；符号型高端产业服务业工作者，如媒体宣传者（表1）。

表1 通过行业性质和工作中所使用的知识类型划分知识工作者类型

	高科技行业	高端产业服务业
分析型知识	分析型高科技工作者 如：化学研究员	不适用
综合型知识	综合型高科技工作者 如：汽车工程师	综合型高端产业服务业工作者 如：金融师
符号型知识	不适用	符号型高端产业服务业工作者 如：媒体宣传者

3 职住区位选择

研究知识工作者区位偏好及选择的系统框架如图1所示。知识工作者的区位偏好主要包括其对于居住地点及就业地点的选择。本节首先介绍选择居住和就业地点的主要理论；其次介绍个体决策者特征对职住区位偏好的影响，包括社会经济属性，如性别、家庭类型、教育程度和收入水平，以及对特定交通方式的偏好程度。知识类型这一崭新的视角及其对知识工作者区位偏好的影响将会在第4部分重点阐述。

3.1 住房选择

3.1.1 住房选择的理论

住房是一个具有多种属性的商品。个体决策者在选择住房时会考虑三方面的属性：首先，微观层面上的住房本身的属性，包括户型大小、房屋所有权、住房成本、房屋类型、建筑年代等；其次，中观层面上的社会及空间环境属性，包括周边氛围、绿化程度、经济社会的阶层以及服务设施、交通设施与学校的可达性；最后，宏观层面上的区位属性，包括到市中心和工作地点的距离（Horner，

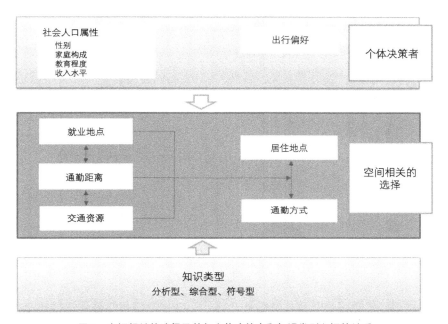

图 1　空间相关的选择及其与个体决策者和知识类型之间的关系

2004）以及到特定的社交活动中心的距离（Schirmer et al.，2014）。总之，个体决策者在选择住房时不仅希望拥有住房本身及紧邻住房的服务设施，并且希望能够确保到工作地点、社交活动及其他服务设施的空间可达性。有关住房选择的经典理论包括可达性—空间大小的权衡理论（access-space tradeoff）、身份—质量权衡理论（status-quality tradeoff）及住户为中心的"雏鸟"理论（household-centered "nestling"）。

　　可达性—空间大小的住房选择权衡理论是指人们在选择住房过程中主要对居住空间大小和工作可达性或通勤成本高低进行权衡（Alonso，1964；Evans，1973；Muth，1969；Romanos，1976；Thrall，1987）。鉴于人口增加的速度要大于区域空间扩张的速度，更多的人倾向于牺牲通勤时间来获取更大的居住空间（Levinson and Wu，2005）。这一假设在 Scheiner（2006）的研究中得到了印证，在住房紧张的地区，人们通常会牺牲更多的交通成本来选择一个比较偏远的较大空间的住房。然而，住房不仅仅是一个物理的空间区位，更是一个社会空间，是社会阶层的象征或代表（Phe and Wakely，2000）。个体在选择住房时不仅是选择一个满意的地方来"栖居"，更是选择一个与其社会和经济身份相吻合的空间区位。

　　身份—质量权衡理论指的是人们在选择住房过程中，主要在居住地点的"身份"和住房质量这两者之间进行权衡（Phe and Wakely，2000）。居住地点的"身份"指的是住房区位在社会中的认可度，它所指代的是这个区位在财富、文化等方面具有的价值，不仅包含与工作地点的邻近性，同时还包含与重要教育或文化中心的邻近性。住房质量主要指住房的物理属性，包括房屋大小、房屋设施、房屋类型及建筑年代等。不仅仅局限在居住空间和交通成本这两方面，身份—质量权衡理论还考虑了居住区位在社会中的价值和认可度（Phe and Wakely，2000）。

　　住户为中心的"雏鸟"理论指的是住户会选择可以平衡其他活动地点的居住区位（Olatubara，1998）（图 2）。这些活动中心指的是日常的空间导向，如工作、社交网络及娱乐设施的位置（Scheiner，2006）。每个住户的居住区位是其日常活动系统的重要参考点，复杂的城市空间结构就是由这些住户及其日常空间导向的集合构成的（Olatubara，1998）。依据这个理论，住户在选择住房时会考虑到重要活动节点的空间位置，包括工作地点以及其他日常活动地点的相对位置。

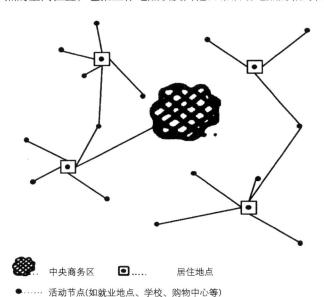

图 2　假想城市中住户日常活动的空间格局，基于住户为中心的"雏鸟"理论

资料来源：依据 Olatubara（1998）修改。

3.1.2　个体经济社会属性及生活方式的影响

　　一个居住区位是否最优绝不是由这个区位的客观特征决定的，而是依赖于个体的主观感知。由于不同群体拥有不同的时间和金钱的预算，给具体客观环境的特征赋予了不同的重要性，最终会体现为权衡过程中的差异性（Beamish et al.，2001）。首先，经济社会属性会影响对住区的选择。家庭的"生命周期"会影响对住区的选择：单身个体倾向于选择比较中心的住区，以保证其方便地参与社交活动（Storper and Manville，2006）；有孩子的家庭通常考虑到儿童的健康和发展，一般倾向于选择靠近环境优美的地区（Cummins and Jackson，2001）。此外，个体收入水平、教育程度及对特定交通方式的偏好都会影响对住区的选址。受过高等教育的年轻大学生更加看重市中心区域提供的服务设施

（Storper and Manville 2006）；高收入人群通常倾向于选择较大的住房，并愿意承受较长的通勤距离（Waddell，1993）；一个喜欢骑自行车的人会选择那个提供较好自行车服务设施的住区（Pinjari et al.，2009）。此外，生活方式在住区选址过程中也起到很重要的作用。Beamish 等（2001）将城市生活方式归纳为三种类型：事业型、家庭型及消费型。事业型群体很看重到达工作地点的邻近性，他们试图尽可能地缩短通勤时间；家庭型群体看重家庭活动的空间，十分看重住房本身的属性；消费型群体看重最新的商品和服务，会更多地考虑大型购物娱乐中心的空间邻近性。

3.2　工作地点的选择

工作地点和居住地点都是重要的空间参考点，本节将着重介绍工作地点选择的两个理论：一个是工作地点与居住地点的空间"限制"效应；另一个是基于通勤过程的"润滑"效应。

3.2.1　工作地点的选择会考虑到居住地点的邻近性

人们通常选择那些与他们居住地点临近的工作机会。换句话说，求职者对工作地点到居住地点的地理距离很敏感，它们通常从临近住所的地点开始搜寻工作，来减少筛查和搜寻成本以及通勤成本。距离居住地较远的工作地点意味着通勤费用的增加或迁移到离工作地点更近的新住宅的额外成本，这使得其不具吸引力（Kim et al.，2005）。

3.2.2　工作与个人技能更好地匹配比地点本身更加重要

工作地点的选择取决于员工选择工作和雇主同时选择员工的双重要求（Næss，2016）。这就解释了为什么相比于到达学校、商店或者社交活动地点，人们通常更愿意接受到达工作地点的较长出行距离（Boussauw et al.，2012）。特别是高级技术人员在寻找工作时会扩大搜寻的空间范围（Simpson，1987；Watkins，2016），以最大限度地提高人力资本投入的回报（Simpson，1980）。许多实证研究表明，知识工作者更愿意忍受较长时间的通勤以获得更加匹配的工作，而前者可以通过后者的收益进行补偿。例如，Thierstein 等（2006）发现，苏黎世区域高度专业化的服务工作者比其他部门的工作者承受更长的通勤距离。Burger 等（2014）在 Randstad 地区观察到，受过高等教育的工作者的通勤距离要大于其他工作者。

4　知识工作者职住区位偏好及选择

4.1　知识类型及其对地理距离的敏感程度

知识并非是单一的，Asheim 等（2011）考虑到"知识创造的基本原理，知识的开发和使用方式以及行动者之间在创造、传播与吸收知识过程中的相互作用"，将其进一步划分为分析型、综合型及符号型知识。分析型知识也被称为"know-why"，它主要指原则和因果关系，旨在解释物质世界的特征（Spencer，2015）；综合型知识通常被称为"know-how"，主要指技能和程序，通过对现有知识的组合来解决实际问题（Moodysson et al.，2008）；符号型知识与"产品的美学属性、设计和图像的创造以及各种文化艺术品的经济利用"有关（Asheim et al.，2007），它又被称为"know-who"，其核心是了解其他潜在合作者及消费对象的品味（Asheim et al.，2011）。

　　由于不同类型的知识所包含的显性和隐性成分不同，其对具体空间境况的依赖程度也不同（Nonaka and Nishiguchi，2001）。创造不同类型知识的过程中会涉及不同的地理距离敏感程度，并且存在与当地环境互动偏好上的差异（Storper，2009；Spencer，2015）。因此，创意和文化产业通常出现在城市最为中心的地区，以便"建立更广泛的知识和信息网络"（Spencer，2015）。高科技产业更多地依赖于生产系统中相对常规和固定的关系，倾向于集中在区域外围。相比之下，面向交易的高端产业服务业较重视地理空间上的邻近性来降低交易成本，也通常聚集在较为中心的地区（Münter and Volgmann，2014；Zillmer，2010）。由于知识工作者是知识创造的最基本单元，知识类型的地理空间敏感程度不仅会体现在知识密集型企业在区位选择上的差异性，同样也会渗透到知识工作者对居住地点、就业地点的选择上。

4.2　不同类型知识工作者的区位偏好及选择差异性

4.2.1　知识工作者的居住区位偏好及选择

　　居住地点对于知识工作者来说不仅是一个单纯的地理位置。首先，"选择住房是知道我们是谁的过程，也是通过房子来表达自己的一个过程"（Beamish et al.，2001）。具有较高社会职业地位的知识工作者选择最适合其生活和工作方式的住所。Florida（2002b）发现，创意工作者通常会集聚在具有包容和多元氛围的地区。相比之下，较"保守"的综合型高科技工作者的住宅区一般都比较安静，且具有较充足的绿色空间（Spencer，2015）。其次，住宅代表了一种环境和条件，与个人的"社会联系模式"相关联（Næss，2006）。此外，"在家办公"这一新工作模式的流行，使得住宅这个场所本身也成为工作空间。知识工作者选择与其"社交联系模式"相吻合的居住区位，来提供他们工作所需的灵感（Helbrecht，1998；Schirmer et al.，2014；Næss，2006）。鉴于自发的非正式的联系在创意产业中至关重要，艺术家必须居住在与重要"文化把关者"（cultural gatekeeper）接近的特定地点，来确保必要的社交场景（Currid and Connolly，2008）。

　　现有实证研究已经发现了不同类型知识工作者的区位偏好差异性。例如，Musterd（2006）指出，在阿姆斯特丹，创意部门的工作者更倾向于居住在位于城市最中心的地段，而从事信息通信技术的工作者则倾向于居住在郊区。Asheim 和 Hansen（2009）注意到，在瑞典，与使用综合型知识的工作者相比，使用符号型或分析型知识的工作者在选择居住地点方面更加看重"人文氛围"（people climate）。Burd（2012）发现，在美国，与工程师相比，艺术家更有可能迁移到城市地区。Frenkel 等（2013）发现，与高科技行业相比，符号型高端产业服务业工作者更有可能居住在特拉维夫大都市区的内环。Spencer（2015）指出，在加拿大，靠近城市核心的高密度社区中创意工作者的比例较高，而高科技工作者通常居住在郊区的低密度社区。

4.2.2　知识工作者的工作区位偏好及选择

　　首先，中心聚集区通常吸引有才能的人在那里工作。高密度的地区是交流信息和机会的"随机生成者"（Läpple, 2004），风险是共担的，极大程度上促进了相互交流（Duranton and Puga, 2005）。在这样的环境下，有才华有抱负的个人更有可能彼此学习，更具强大的生产力和创新性（Jacobs, 1969; Lucas, 1988; Marshall, 1890; Moretti, 2004; Cooke, 2014; Glaeser, 1999）。这对应于Rohlfs（1974）提出的网络效应，每个额外的人才意味着在整个网络中进一步增加潜在合作和交流机会带来的巨大收益（Rohlfs, 1974），随着高学历人才数量的增加，大城市的集聚效应将成倍增长。因此，中心集聚区作为"粘滞的地方"，吸引越来越多知识工作者选择作为工作场所（Markusen, 1996）。

　　其次，整个行业的相对位置对于工作场所的选择也非常重要。知识工作者把他们的工作当作一种探索和创造新知识的方式，来促进事业和实现自我（而不仅仅是一种谋生手段）。为最大限度地提高知识创造的价值，知识工作者往往会不断寻找与其专业知识和技能相匹配的工作。换句话说，知识工作者并不把自己限定在当前的工作岗位上，而是会考虑到相关行业的聚集区，来为接下来的工作做准备（Florida, 2015）。因此，知识工作者通常倾向于选择本行业的集中区域工作。鉴于不同类型知识密集型产业的空间区位差异性，高科技行业和高端产业服务业的知识工作者的工作地点会有所区别。

　　最后，工作地点附近的社交场所是否充足也是知识工作者考虑的因素之一。知识工作者是实现企业之间相互交流和互动的最基本单元，工作场所之外的公共空间也是重要的沟通场所。因此，社交场所（如餐厅、咖啡店、酒吧等）的数量及质量是符号型和综合型高端产业服务业工作者在选择工作地点时参考的重要因素（Saxena and Mokhtarian, 1997; Spencer, 2015），而分析型和综合型高科技工作者则较少考虑这个方面。

5　结语

　　知识工作者在工作中对知识进行密集的交流、创造、转化及利用，他们的工作不再局限于传统办公地点，工作圈也就逐渐"渗透"到居住圈。对于知识工作者来说，居住区位不仅仅是一个栖居地，更是自我价值和社交模式的空间映射。因此，不同知识类型对地理距离的敏感程度最终将体现在知识工作者对职住区位的独特偏好及选择上。综合型和符号型高端产业服务业工作者最大限度地增加与其志趣相投的合作者之间的非正式交流；相比之下，分析型和综合型高科技工作者则倾向于简化与外部环境的沟通。具体来说，综合型和符号型高端产业服务业工作者偏好"置身"于"相对动态"的高密度环境中，他们倾向选择在中心地区工作和居住；相反，分析型和综合型高科技工作者倾向于"退缩"到"相对静态"的低密度环境中，他们倾向选择在近郊区工作和居住。

　　知识工作者作为创造知识的基本单元在经济时代发挥着举足轻重的作用，对知识工作者区位偏好和选择机制的深入理解便于更好地吸引与保留这些人才。首先，城市空间规划需酌情考虑不同类型知识工作者区位偏好的差异性。换句话说，应该提供多元化居住环境的住宅单元，同时改善工作地点周边的服务设施，来满足各类知识工作者的区位偏好。国内城市规划人员应按照各地区的产业结构及职业类型来具体分配与知识工作者吻合的居住就业等空间环境。其次，鉴于知识密集型企业越来越依赖于知识工作者，这些企业的选址也会参考相应人才的空间分布。这样一来，了解知识工作者的区位偏好和选择将对知识密集型企业的战略选址具有一定的导向性意义。最后，知识工作者由于本身受益于其所获取的知识，他们十分看重居住地点周边的教育设施情况。由于当下国内城市的住房区位与教育资源直接挂钩，为保证其子女获取教育资源，很多知识工作者不得不放弃其他更加契合的居住区位。当居住环境并不是最理想的情况下，知识工作者从中获得的对工作的灵感就会受限，长期来看可能会限制知识工作者的潜能发挥。因此，本研究也从某种程度上呼吁国内教育资源的空间均等化。

未来研究中应进一步区分和考量知识工作者的经济社会属性及知识类型在其区位偏好中的影响程度。此外，未来分析也有必要将知识工作者的社交网络类型，甚至其个性特点涵盖进来，从而充分理解他们的决策机制。最后，鉴于分析型、综合型、符号型知识类型是理想的划分方法，实际上知识工作者在工作中会同时使用到多种类型知识，探究若干知识类型对区位偏好的综合影响也是未来的一个重要研究方向。

注释

① 本文基于赵娟娟博士论文第 I, II, III, IV 章改写，感谢导师 Alain Thierstein 以及 Gebhard Wulfhorst。

参考文献

[1] Almeida, P. and Kogut, B. 1999. "Localization of knowledge and the mobility of engineers in regional networks," Management Science, 45 (7): 905-917.

[2] Alonso, W. 1964. Location and Land Use: Toward a General Theory of Land Rent. Cambridge: Harvard University Press.

[3] Archibugi, D. and Lundvall, B. 2001. The Globalizing Learning Economy. Oxford: Oxford University Press.

[4] Asheim, B. T., Boschma, R., Cooke, P. 2011. "Constructing regional advantage: Platform policies based on related variety and differentiated knowledge bases," Regional Studies, 45 (7): 893-904.

[5] Asheim, B., Coenen, L., Moodysson, J. et al. 2007. "Constructing knowledge based regional advantage: Implications for regional innovation policy," International Journal of Entrepreneurship and Innovation Management, 7 (2-5): 140-155.

[6] Asheim, B. and Hansen, H. K. 2009. "Knowledge bases, talents, and contexts: On the usefulness of the creative class approach in Sweden," Economic Geography, 85 (4): 425-442.

[7] Autor, D. H., Levy, F., Murnane, R. J. 2003. "The skill content of recent technological change: An empirical explo-

ration," The Quarterly Journal of Economics, 118 (4): 1279-1333.

[8] Beamish, J. O., Goss, R. C., Emmel, J. 2001. "Lifestyle influences on housing preferences," Housing and Society, 28 (1-2): 1-28.

[9] Becker, G. S. 1994. Human Capital: A Theoretical and Empirical Analysis, with Special Reference to Education. Chicago: University of Chicago Press.

[10] Boussauw, K., Neutens, T., Witlox, F. 2012. "Relationship between spatial proximity and travel-to-work distance: The effect of the compact city," Regional Studies, 46 (6): 687-706.

[11] Breschi, S. and Lissoni, F. 2003. Mobility and social networks: Localised knowledge spillovers revisited. CESPRI, Centro di Ricerca sui Processi di Innovazione e Internazionalizzazione, Università Commerciale "Luigi Bocconi". http://www. nber. org/CRIW/papers/breschi. pdf.

[12] Burger, M. J., Van der Knaap, B., Wall, R. S. 2014. "Polycentricity and the multiplexity of urban networks," European Planning Studies, 22 (4), 816-840.

[13] Burd, C. A. 2012. Migration, Residential Preference, and Economic Development: A Knowledge-based Approach Regarding Locational Preferences of Two Disparate Subgroups of the Creative Class. Dissertation, University of Tennessee Retrieved from. http://trace. tennessee. edu/utk _ graddiss/1513.

[14] Cohn, E. 1980. The Economics of Education. Pensacola, USA: Ballinger Publishing Company.

[15] Cook, S. D. N. and Brown, J. S. 1999. "Bridging epistemologies: The generative dance between organizational knowledge and organizational knowing," Organization Science, 10 (4): 381-400.

[16] Cooke, T. J. 2014. "Metropolitan growth and the mobility and immobility of skilled and creative couples across the life course," Urban Geography, 35 (2): 219-235.

[17] Cummins, S. K. and Jackson, R. J. 2001. "The built environment and children's health," Pediatric Clinics of North America, 48 (5): 1241-1252.

[18] Currid, E. and Connolly, J. 2008. "Patterns of knowledge: The geography of advanced services and the case of art and culture," Annals of the Association of American Geographers, 98 (2): 414-434.

[19] Darchen, S. and Tremblay, D. -G. 2010. "What attracts and retains knowledge workers/students: The quality of place or career opportunities? The cases of Montreal and Ottawa," Cities, 27 (4): 225-233.

[20] Drucker, P. F. 1954. The Practice of Management. New York: Harper & Row.

[21] Duranton, G. and Puga, D. 2005. "From sectoral to functional urban specialisation," Journal of Urban Economics, 57 (2): 343-370.

[22] Evans, A. W. 1973. The Economics of Residential Location. London, Basingstoke: The Macmillan Press LTD.

[23] Felsenstein, D. 2002. "Do high technology agglomerations encourage urban sprawl?" The Annals of Regional Science, 36 (4): 663-682.

[24] Florida, R. 2002a. "The economic geography of talent," Annals of the Association of American geographers, 92 (4): 743-755.

[25] Florida, R. 2002b. The Rise of the Creative Class: And How It's Transforming Work, Leisure, Community and Every-

day Life. New York: Basic Books.

[26] Florida, R. 2003. "Cities and the creative class," City & Community, 2 (1): 3-19.

[27] Florida, R. 2015. How much are you willing to pay to live in America's best neighborhoods? The Atlantic city lab, Washington. http://www. citylab. com/housing/2015/06/how-much-are-you-willing-to-pay-to-live-in-americas-best-neighborhoods/397001/.

[28] Florida, R., Mellander, C., Stolarick, K. et al. 2012. "Cities, skills and wages," Journal of Economic Geography, 12 (2): 355-377.

[29] Frenkel, A., Bendit, E., Kaplan, S. 2013. "Residential location choice of knowledge-workers: The role of amenities, workplace and lifestyle," Cities, 35: 33-41.

[30] Glaeser, E. L. 1998. "Are cities dying?" Journal of Economic Perspectives, 12 (2): 139-160.

[31] Glaeser, E. L. 1999. "Learning in cities," Journal of Urban Economics, 46 (2): 254-277.

[32] Glaeser, E. L. 2004. Review of Richard Florida's The Rise of the Creative Class. https://scholar. harvard. edu/files/glaeser/files/book _ review _ of _ richard _ floridas _ the _ rise _ of _ the _ creative _ class. pdf.

[33] Glaeser, E. L. 2005. "Reinventing Boston: 1630-2003," Journal of Economic Geography, 5 (2): 119-153.

[34] Hafner, S., Von Streit, A., Schröder, F. et al. 2008. The Role of Creativity in Munich's Economy. Department of Labor and Economic Development.

[35] Haisch, T. and Klöpper, C. 2015. "Location choices of the creative class: Does tolerance make a difference?" Journal of Urban Affairs, 37 (3): 233-254.

[36] Helbrecht, I. 1998. "The creative metropolis services, symbols and spaces," Zeitschrift Fur Kanada, Studien, 18: 79-93.

[37] Horner, M. W. 2004. "Spatial dimensions of urban commuting: A review of major issues and their implications for future geographic research," The Professional Geographer, 56 (2): 160-173.

[38] Jacobs, J. 1969. The Economy of Cities. New York: Random House.

[39] Johnes, G. 1993. The Economics of Education. New York: St. Martin's Press.

[40] Kim, T. -K., Horner, M. W., Marans, R. W. 2005. "Life cycle and environmental factors in selecting residential and job locations," Housing Studies, 20 (3): 457-473.

[41] Kunzmann, K. R. 2009. "The strategic dimensions of knowledge industries in urban development," The Planning Review, 45 (177): 40-47.

[42] Läpple, D. 2004. "Thesen zur renaissance der stadt in der wissensgesellschaft," in Jahrbuch StadtRegion 2003: Schwerpunkt: Urbane Regionen, eds. N. Gestring, H. Glasauer, C. Hannemann, et al. Opladen: Leske + Buderich.

[43] Lee, P., Burfitt, A., Tice, A. 2009. "The creative economy and social sustainability: Planning for opportunity and growth," Built Environment, 35 (2): 267-280.

[44] Levinson, D. and Wu, Y. 2005. "The rational locator reexamined: Are travel times still stable?" Transportation, 32 (2): 187-202.

[45] Lucas, R. E. 1988. "On the mechanics of economic development," Journal of Monetary Economics, 22 (1): 3-42.

［46］ Lüthi, S. 2011. Interlocking Firm Networks and Emerging Mega-City Regions. The Relational Geography of the Knowledge Economy in Germany. Munich: Munich University of Technology.

［47］ Markusen, A. 1996. "Sticky places in slippery space – A typology of industrial districts," Economic Geography, 72 (3): 293-313.

［48］ Marshall, A. 1890. Principles of Economics: An Introductory Volume. London: Macmillan.

［49］ Miguelez, E. and Moreno, R. 2014. "What attracts knowledge workers? The role of space and social networks," Journal of Regional Science, 54 (1): 33-60.

［50］ Moodysson, J., Coenen, L., Asheim, B. 2008. "Explaining spatial patterns of innovation: Analytical and synthetic modes of knowledge creation in the Medicon Valley life-science cluster," Environment and Planning A, 40 (5): 1040-1056.

［51］ Moretti, E. 2004. "Human capital externalities in cities," in Handbook of Regional and Urban Economics: Volume 4, eds. J. V. Hender and J. F. Amsterdam: North Holland.

［52］ Münter, A. and Volgmann, K. 2014. "The metropolization and regionalization of the knowledge economy in the multi-core rhine-ruhr metropolitan region," European Planning Studies, 22 (12): 2542-2560.

［53］ Musterd, S. 2006. "Segregation, urban space and the resurgent city," Urban Studies, 43 (8): 1325-1340.

［54］ Muth, R. F. 1969. Cities and Housing: The Spatial Pattern of Urban Residential Land Use. Chicago: University of Chicago Press.

［55］ Næss, P. 2006. "Urban structure as contributory causes of travel behaviour – A theoretical perspective.," in Urban Structure Matters: Residential Location, Car Dependence and Travel Behaviour, ed. P. Naess. London and New York: Routledge.

［56］ Næss, P. 2016. "Built environment, causality and urban planning," Planning Theory & Practice, 17 (1): 52-71.

［57］ Nonaka, I. and Nishiguchi, T. 2001. Knowledge Emergence: Social, Technical, and Evolutionary Dimensions of Knowledge Creation. New York: Oxford University Press.

［58］ Olatubara, C. O. 1998. "An alternative approach to the urban residential location decision in Nigeria: The nestling idea," Habitat International, 22 (1): 57-67.

［59］ Phe, H. H. and Wakely, P. 2000. "Status, quality and the other trade-off: Towards a new theory of urban residential location," Urban Studies, 37 (1): 7-35.

［60］ Pinjari, A. R., Bhat, C. R., Hensher, D. A. 2009. "Residential self-selection effects in an activity time-use behavior model," Transportation Research Part B: Methodological, 43 (7): 729-748.

［61］ Rohlfs, J. 1974. "A theory of interdependent demand for a communications service," The Bell Journal of Economics and Management Science, 5 (1): 16-37.

［62］ Romanos, M. C. 1976. Residential Spatial Structure. Boulder, CO.: Lexington Books Lanham.

［63］ Savage, C. M. 1996. Fifth Generation Management-Revised Edition: Co-Creating through Virtual Enterprising, Dynamic Teaming, and Knowledge Networking. Boston: Butterworth-Heinemann.

［64］ Saxena, S. and Mokhtarian, P. L. 1997. "The impact of telecommuting on the activity spaces of participants," Geographical Analysis, 29 (2): 124-144.

[65] Scheiner, J. 2006. "Housing mobility and travel behaviour: A process-oriented approach to spatial mobility: Evidence from a new research field in Germany," Journal of Transport Geography, 14 (4): 287-298.

[66] Schirmer, P. M., Van Eggermond, M. A. B., Axhausen, K. W. 2014. "The role of location in residential location choice models: A review of literature," Journal of Transport and Land Use, 7 (2): 3-21.

[67] Scott, A. J. 2008. "Production and work in the American metropolis: A macroscopic approach," The Annals of Regional Science, 42 (4): 787-805.

[68] Simpson, W. 1987. "Workplace location, residential location, and urban commuting," Urban Studies, 24 (2): 119-128.

[69] Simpson, W. 1980. "A simultaneous model of workplace and residential location incorporating job search," Journal of Urban Economics, 8 (3): 330-349.

[70] Spencer, G. M. 2015. "Knowledge neighbourhoods: Urban form and evolutionary economic geography," Regional Studies, 49 (5): 883-898.

[71] Storper, M. 2009. "Roepke lecture in economic geography regional context and global trade," Economic Geography, 85 (1): 1-21.

[72] Storper, M. and Manville, M. 2006. "Behaviour, preferences and cities: Urban theory and urban resurgence," Urban Studies, 43 (8): 1247-1274.

[73] Storper, M. and Scott, A. J. 2009. "Rethinking human capital, creativity and urban growth," Journal of Economic Geography, 9 (2): 147-167.

[74] Straubhaar, T. 2000. International mobility of the highly skilled: Brain gain, brain drain or brain exchange. HWWA Discussion Paper.

[75] Thierstein, A., Förster, A., Conventz, S. et al. 2013. Wohnungsnachfrage im Grobraum München. Individuelle Präferenzen, verfügbares Angebot und räumliche Mabstabsebenen. München: Lehrstuhl für Raumentwicklung der Technischen Universität München TUM. https://mediatum. ub. tum. de/doc/1169938/1169938. pdf.

[76] Thierstein, A., Kruse, C., Glanzmann, L. et al. 2006. Raumentwicklung im Verborgenen. Untersuchungen und Handlungsfelder für die Entwicklung der Metropolregion Nordschweiz. Zürich: NZZ Buchverlag.

[77] Thrall, G. I. 1987. Land Use and Urban Form: The Consumption Theory of Land Rent. London: Methuen & Co. Ltd.

[78] Vissers, G. and Dankbaar, B. 2013. "Knowledge and proximity," European Planning Studies, 21 (5): 700-721.

[79] Waddell, P. 1993. "Exogenous workplace choice in residential locaiton models: Is the assumption valid?" Geographical Analysis, 25 (1): 65-82.

[80] Watkins, A. R. 2016. "Commuting flows and labour market structure: Modelling journey to work behaviour in an urban environment," Growth and Change, 47 (4): 612-630.

[81] Yigitcanlar, T. 2010. "Making space and place for the knowledge economy: Knowledge-based development of Australian cities," European Planning Studies, 18 (11): 1769-1786.

[82] Yigitcanlar, T. and Martinez-Fernandez, M. C. 2007. "Making space and place for knowledge production: Knowl-

edge precinct developments in Australia," in Proceedings 2007 State of Australian Cities Conference (SOAC). Adelaide, Australia.

[83] Zillmer, S. 2010. "Teilsysteme und operationalisierung der wissensöknomie," in Räume der Wissensökonomie: Implikationen für das deutsche Städtesystem, Series: Stadt- und Regionalwissenschaften, Urban and Regional Sciences, Vol. 6. eds. H. J. Kujath and S. Zillmer. Münster: Lit Verlag.

基于社会网络分析的传统聚落形态空间层级分析

——以福州三坊七巷传统聚落为例

周丽彬　　张效通

Analyzing the Spatial Hierarchy of Traditional Settlements Based on Social Network Analysis: A Case Study of Three Lanes and Seven Alleys District in Fuzhou City

ZHOU Libin, Hsiao-Tung CHANG
(Graduate Institute of Architecture and Urban Design, Chinese Culture University, Taipei 111, Taiwan, China)

Abstract　Based on social network analysis and basic theories of urban form, this article takes Three Lanes and Seven Alleys District in Fuzhou city as an example to establish a semantic model to display the social networks of the settlements, the streets, and the courtyards in the Jin Dynasty, Tang Dynasty, Song Dynasty, Ming Dynasty, Qing Dynasty, and Modern China. Further, a social network structure diagram is produced based on the Ucinet 6.0 platform. This article then constructs an evaluation system of social network, which consists of three aspects: network structure hierarchy, cohesion, and accessibility. This article then calculates and compares three indicators, including density of networks, graph hierarchy, and connectivity of networks, in order to identifying the spatial

作者简介
周丽彬、张效通，中国文化大学环境设计学院建筑及都市设计学系。

摘　要　文章基于社会网络分析方法，结合城市形态学的基本理论，以福州三坊七巷传统聚落为例，选取晋代、唐代、宋代、明清时期及近现代五个时期，建构每个时期的聚落形态社会网络、街道形态社会网络及院落形态社会网络，在 Ucinet 6.0 平台上构建社会网络结构图；建立由网络结构层级性、凝聚性与可达性三方面构成的聚落社会关系保护评价体系，计算并对比分析网络密度、等级度、关联度三项指标及其对应的聚落形态、街道网络、院落形态空间层级关系；并从社会网络结构自身层面，为传统聚落社会网络保护提出可行性策略。

关键词　社会网络分析；城市形态；空间层级；Ucinet 6.0

1　前言

　　聚落形态的研究最早从 19 世纪城市形态开始，是关注自然存在的城市物质空间形态及其演变过程和城市物质空间形态与非物质形态关联的研究（叶宇、庄宇，2016）；到近期加入量化技术，关注城市形状、组成、结构、模式、组织、关系系统等空间分析，利用拓扑理论、分形理论等理论知识，空间句法、社会网络分析等技术手段，为聚落形态的研究注入新的研究思路和手段。

　　但不论是传统的城市形态分析方法，还是近来的量化城市形态分析方法，它们都在关注城市形态基本组构元素：平面、边界、街道、街区、公共空间和住宅区（陈飞，2010）。传统城市形态分析方法通过几何形状来定义构成城市元素的空间模式，但是建筑物、街区、小区、邻里等组

hierarchy of settlements, the street networks, and the courtyards. In the end, it proposes several strategies to protect the social network of traditional settlements on the level of social network structure.

Keywords　social network analysis; urban form; spatial hierarchy; Ucinet 6. 0

合构成的不同空间区域却存在着层次结构，即城市形态存在隐性的系统结构——组织、网络关系、层次结构的关系。传统城市形态研究方法无法直观地表达这种隐性关系，需要建立量化模型，利用量化城市形态分析方法，采用层次结构和网络系统分析来寻找与都市及其演化的形状一致的功能。

本文采用传统城市形态学英国 Conzen 学派理论明确研究对象：城镇平面（段进、邱国潮，2009），即福州三坊七巷传统聚落平面，从而详细描述基址图和建筑物区域规划的关系（Whitehand，2001）；采用法国 Versailles 学派理论明确研究依据：城镇规划历史和地方志历史、传统编年史，提出链接社会空间、精神空间和物质空间等一系列主张（邱国潮，2009）；同时，意大利的 Muratori-Caniggia 学派理论为本文提供了独特的类型学视角，从整体上解释城市形态，将建筑物作为一种构造系统，从结构、分布、量体三方面进行强有力的整合，来解释城市形态（段进、邱国潮，2008）。

因此，本文抛开表层的城市形态特征，借鉴传统城市形态学的研究方法，以福州三坊七巷传统聚落为例，从城镇规划历史和地方志历史、传统编年史中的古图、总平面、平面图入手，选取晋代、唐代、宋代、明清时期及近现代五个时期，建立纵向的时间轴；同时，结合量化技术手段——社会网络分析，将城市形态基本要素——平面、边界、街道、街区、公共空间、住宅区设为定"点"，建立社会网络关系网；并通过社会网络分析软件 Ucinet 6. 0 平台，建立由网络结构层级性、凝聚性与可达性三方面构成的聚落社会关系保护评价体系，计算并对比分析网络密度、等级度、关联度三项指标及其对应的聚落形态、街道网络、院落形态空间层级关系；深入解析隐藏在动态时间线中传统聚落形态、街道网络变迁、住区空间网络关系、阶层变化、层级特征、规制演变的密码。

2　社会网络分析应用在城市形态方面的文献综述

社会网络理论起源于 20 世纪三四十年代，由 Granovetter（1985）提出的强关系优势理论和弱关系力量理论发展而来。社会网络分析方法基于拓扑理论，由社会理论和应用与形式数学、统计学及计算方法论结合而来（斯坦利·沃瑟曼等，2012）。将定点（即特定集合的行动者）以及行动者之间的关系线组成网络，各个点以及点之间的联系如借贷关系构成了"网络结构"（高红艳，2010）。这种二维（有时三维）空间表示法对展示社区不同层次行动者的影响结构、企业连锁、群体角色结构、小群体内的互动模式产生重要影响（斯坦利·沃瑟曼等，2012）。社会网络分析多用于物理学、神经科学、社会学、地理学、计算机科学与经济学等方面，而应用在城市形态学方面的研究却不是很多。

社会网络分析在国内城市形态方面的应用，主要是建构人与人之间的社会网络关系，关注于"区域经济发展、城镇群空间、交通、生态结构、城市开放空间和社区网络分析等非物质网络研究"（黄勇等，2017）。黄勇等（2017）研究历史核心保护街区居民之间的社会关系，建构居民户"点"单元与社会关系"线"关系的社会关系网络拓扑结构，通过计算网络密度、K—核、切点等六项指标构建网络结构稳定性、脆弱性与均衡性社会网络保护评价体系，从而指导历史街区的规划更新。王莉、程学旗（2015）通过研究在线社会网络分析动态社区，发现社区演化研究的关系，并提出研究面临的挑战为数据质量问题、时间窗口设定问题、评价问题、社区个数设定和演化问题等。苟天来、左停等建构农村中青年社会网络、男性社会网络，研究农村村落空心化问题对村落社会网络的断裂影响。

国外城市形态方面的社会网络分析关注点更多元化，社会网络不只局限于人类社会关系，而是扩展到其他非人类的实体空间。Esch 等（2014）在全球快速城市化背景下，用网络分析方法建立欧洲大部分城市与农村聚落的空间分布网络，对比其中八个国家空间网络规模大小、聚落形式和空间分布的时空变化特征，计算网络每个节点的属性、权重、相关性，对城市和空间规划进行分类，从而得出聚落类型特征和层次结构特征。Van Strien 和 Grêt-Regamey（2016）以动物栖息地交通道路连接的定居点组成"人际网络"，探讨栖息地连通性是否受定居点和道路网络的影响。Apolinaire 和 Bastourre（2016）基于图论和考古学社会网络分析，研究考古遗址空间布局方式、通过景观连接的聚落点和水路。

但无论是国内还是国外，以传统聚落古图和平面图为研究对象，通过动态时间角度分析传统聚落网络空间层级的研究少之又少。因此，本文将城市形态基本要素——平面、边界、街道、街区、公共空间、住宅区设为定"点"，以模拟"人"的社会网络分析，具有一定的创新性，同时加入了动态时间维度，增加了研究与讨论的深度。

3　研究方法

　　传统聚落形态空间层级分析以福建省福州市三坊七巷传统聚落为研究对象。三坊七巷雏形初见于魏晋时期，孕育于唐末至宋，成熟于两宋，鼎盛于清代与民国时期，逐渐成为福州城中心（图1）。现存的三坊七巷占地40余公顷（图2），整个街区尚存古建筑约270座，多为明清时期的建筑，其中面积在1 000平方米以上的深宅大院约有20处，是中国南方现存传统民居最完备的古聚落，被誉为"明清古建筑的活化石"（黄启权，2009）。

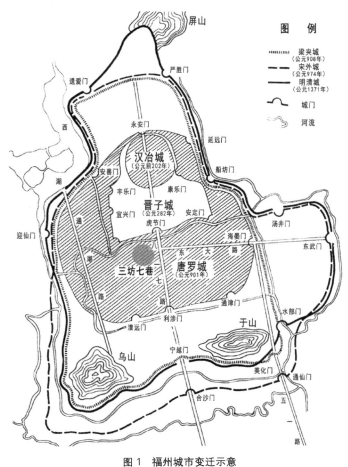

图1　福州城市变迁示意

资料来源：福州市规划院。

图2　福州三坊七巷传统聚落模型

资料来源：黄先拍摄。

　　本文采用社会网络分析方法，选取三坊七巷在晋代、唐代、宋代、明清、近现代五个时期的聚落形态、院落平面、坊巷（街道交通网络）（表1）为对象，构建各个时期传统聚落功能空间的"点"单元与空间之间联系的"线"关系的量化模型，通过 Ucinet 6.0 计算机软件平台建构拓扑结构社会网络关系图，进而比较这五个时期三坊七巷传统聚落空间阶层、社会网络变迁、空间自由度的变化，探索隐藏在聚落形态背后的隐性社会网络关系。

　　研究过程分三个步骤：第一步，基于拓扑理论、网络分析原理，将城市形态基本元素视为"点"，它们之间能够直接到达的关系为"1"，不能直接到达的关系为"0"，从而建构五个时期（晋代、唐代、宋代、明清时期和近现代）三坊七巷传统聚落的聚落形态网络、坊巷街道网络和院落平面社会网络，而后利用社会网络分析的专用程序 Ucinet 6.0 软件分析计算社会网络矩阵；第二步，应用 NetDraw 软件绘制社会网络关系图，建立由网络结构凝聚性、层级性与可达性三方面构成的聚落社会关系保护评价体系；第三步，分析计算数据社会网络密度（Desity）、等级度（Graph Hierarchy，GH）、关联度（Connectivity），计算并对比分析五个时期网络密度、等级度、关联度三项指标及其对应的聚落形态、街道网络、院落形态空间层级关系，从而总结归纳三坊七巷传统聚落形态、街道网络变迁、住区空间网络关系、阶层变化、层级特征、规制演变规律。

表1 三坊七巷传统聚落形态变迁

年代	位置	居住人群	聚落	院落（住区）	坊巷（街道网络）	自由度
晋代	城外	1.普通民众；2.部分"衣冠南渡"中原贵族和士人	1.三坊七巷雏形形成；2.居民区	廊院式	永嘉南渡黄民居住在黄巷	
唐代	城内	1.普通民众；2.宗室贵族；3.官僚地主；4.文人学者	1.严格中央集权的"里坊制"；2.三坊六巷格局形成；3.方正棋盘式格局；4.形成界限分明的商业经济区和居民区	1.廊院四合院混合式（廊院向合院过渡）	1.边界：院落与外界分隔明确，对外筑建高墙，对内以庭院为中心；2.主要交流场所：局限在院落和巷；3.生活习俗：数个家共享一水井	1.严整坊格局形成，即三坊六巷（只少吉庇巷）；2.商业街——后街形成；3.界面：大面积连续实墙面构成的街巷、胡同，坊内的通道"曲"，平民户门向"曲"（即支巷）开	1.封闭式的城市管理；2.不具有公共性和开放性
宋代	城市中心	1.达官显贵；2.文士名流	1.三坊七巷格局发展；2.打破"里坊制"，形成"坊巷制"；3.城市的形态：自由形态棋盘式格局，商业界线由"面"变为"线"	1.廊庑四合院；2.街市和临街建筑	边界：每户风火墙分隔	1.界面：大面积连续实墙被打破；2.直通大街的"巷"	由内向、封闭转为外向
明清时期	城市中心	1.达官显贵；2.文人雅士；3.民族精英	1.三坊七巷鼎盛时期；2."坊巷制"；3.自由形态棋盘式格局；4.商业区和居住区	1.纵向组合的多进厅井式院落布局；2.院落类型更加丰富	1.宅院错落；2.巷弄相连；3.街巷纵横	1.鱼骨形有机生长的街道网络；2.三坊七巷以南后街为中心轴，向东西方向发散，形成与现代街道布局一致的三条坊和七条巷	1.坊巷发散性生长；2.外向、活力
近现代	城市中心	1.普通民众；2.文人雅士	1.保持明清坊巷格局；2.商业区、居住区、文化区、幼托、行政办公用地	1.民国楼；2.院落类型更丰富	1.方便居住；2.市场固定	沿袭清代的空间布局，只是坊巷间的支路增多，形成枝校密集的交通网络系统	1.坊巷发散性生长；2.外向、活力

资料来源：黄启权，2009；陈怡行，2005；福建省地方志编纂委员会，1998；福州市地方志编纂委员会，1998；梁克家，2003；林旭昕，2008；潘敏文，2007。

3.1　网络整体凝聚性——网络密度

一个图的密度定义为图中实际拥有的线段数与最多可能拥有的线段数之比（荣泰生，2013），社会网络密度可以测定网络整体完备程度，其计算公式为 $P = L/[n(n-1)/2]$，式中"P"为网络密度，"L"为网络中实际存在的连接数，"n"为网络中实际存在的节点数（黄勇等，2017）。网络密度值越大，该社会网络各节点间联系越密切，网络整体的凝聚力越强，网络整体完备程度越高；反之，则网络凝聚力越弱，网络整体完备程度越低。

3.2　网络整体层级性——网络等级度

一个图的网络等级度为行动者互相之间非对称的可达的程度。网络等级度值越大（越接近1），表示网络层级数越多，等级度越高，越具有等级结构。

3.3　网络整体的可达性——网络关联度

一个图的网络关联度为网络中独立途径的数量。两点之间，独立途径越多，网络的关联度越大，社会活动越活跃。

4　五个时期三坊七巷社会网络结构建构与分析

4.1　晋代三坊七巷社会网络结构

汉代冶城时期，三坊七巷所处的今福州市鼓楼区为江河水域（黄启权，2009）。直到晋代修建子城，才在城外形成了住宅区和商业区，三坊七巷雏形形成。西晋末年由于战乱等原因，中原汉族"衣冠南渡、八姓入闽"，他们多为宗室贵族、官僚地主、文人学者，具有较高的文化素养，带来了中原的"廊院式"民居形式（林旭昕，2008）。刘敦桢先生主编的《中国古代建筑史》这样定义廊院："在纵轴线上建主要建筑及其对面的次要建筑，再在院子左、右两侧，用回廊将前、后两座建筑连系为一。"

福州三坊七巷传统聚落是传统民居的活化石，晋代中原贵族带来的廊院民居形式仍存于现存的民居中。本文以文儒坊24号民居平面为研究对象，基于社会网络分析理论，将廊院平面组成元素——公共庭院、廊、功能用房、走道视为"点"，它们之间能够直接到达的关系为"1"，不能直接到达的关系为"0"，从而建立晋代廊院社会网络分析模型。如图3所示，晋代廊院的社会网络分四个层级，其网络密度值为2.933，等级度为0.1333，关联度值为2.9。网络密度值较高，完备度高，但网络节点分布不太均匀。中间公共庭院连接的节点最多，为网络的凝聚点。这说明晋代廊院社会网络关系不够紧密，廊院的空间层级较丰富。

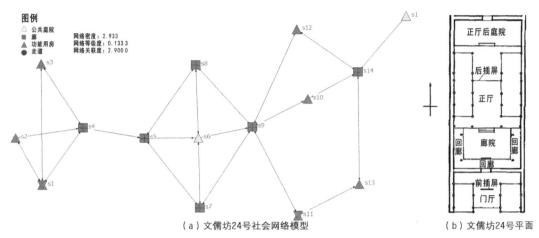

（a）文儒坊24号社会网络模型　　　　　　（b）文儒坊24号平面

图3　三坊七巷文儒坊24号——廊院社会网络模型

资料来源：图3（b）引自林旭昕（2008）。

4.2　唐代三坊七巷社会网络结构

　　唐代罗城时期，"开闽三王"（河南固始人王潮、王审邽、王审知）率五千部下入闽，数万移民随军迁徙进入福建，主要定居在福州一带，极大地促进了当地经济和文化的发展。此时三坊六巷（只少吉庇巷）格局形成，"后街"地名也有了（梁克家，2003），聚落为严格中央集权的"里坊制"，方正棋盘式格局，形成界面分明的商业经济区和居民区。院落形式出现廊院与合院混合式格局。

　　唐代三坊七巷传统聚落为里坊制，院落形式逐渐由等级高的廊院式过渡为合院式。以唐代三坊七巷里坊制聚落、街道格局和廊院与合院混合式院落为研究对象，依据地方志记载和古图，从历史学角度分别建立唐代里坊制聚落形态社会网络模型（图4）、唐代廊院与合院混合式院落形态社会网络模型（图5），进行量化分析。

4.2.1　唐代里坊制聚落形态社会网络模型

　　如图4所示，唐代里坊制传统聚落形态社会网络图为一个拥有四个层次关系的椭圆形，从圆心向外依次为街巷、街巷与胡同实体连续墙、公共庭院空间、院落（住区），层次清晰，各层级分布均匀。该社会网络模型密度值为2.103，等级度值为0.461 7，关联值为5.0。因此，该社会网络模型整体密度值比较大；整体网络关联度比较高，表现在一般单个节点与实体墙的关联度较高，其他节点通过实体墙间接与街道连接；网络等级度值比较大，具有很强的等级度，层级特征清晰。这说明三坊七巷唐代里坊制聚落为等级森严、封闭式的城市管理，与唐代居民的生活方式相吻合。居民主要交流场所局限在院和市；"平民住宅只能建在坊内，不得当街开门，只有王公权贵才能沿街建宅，直接向大街开门"（林旭昕，2008）。

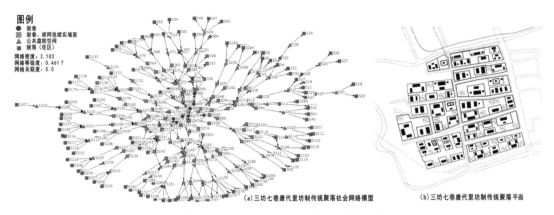

图4 唐代里坊制三坊七巷传统聚落形态社会网络模型

资料来源：图4（b）根据《三坊七巷志》古图和文字记载，仿唐长安城里坊制绘制。

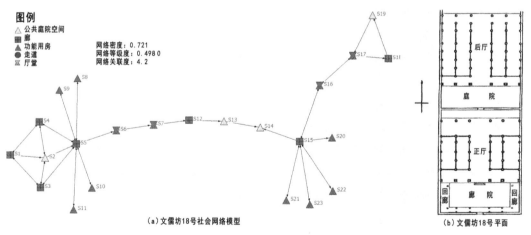

图5 三坊七巷文儒坊18号——廊院与合院混合式院落社会网络模型

资料来源：图5（b）引自林旭昕（2008）。

4.2.2 唐代廊院与合院混合式院落形态社会网络模型

三坊七巷传统聚落存在许多廊院与合院混合式的院落，以三坊七巷文儒坊18号平面为研究对象，建构量化模型。如图5所示，该网络密度值为0.721，等级度为0.498，关联为4.2。整体网络连接性一般，等级度值高，等级层次比较丰富且明显。该院落形态有四个空间层级，分别为公共庭院、廊、功能用房、走道与厅堂，廊、公共庭院及走道与其他层级联系密切。该院落形态的网络密度较低，中间出现多个单一联系的节点，网络稳定性较差，但是廊的节点数量较多，这与古代居民方块居住、以家族为中心的生活方式相吻合。院落与外界分隔明确，对内以庭院为中心，廊、庭院方便居民对内交流。

4.3　宋代三坊七巷社会网络结构

宋代外城时期，宋室南渡，中原文化的重心移到南方，北方士民再次大规模南迁，福建地区人口急剧增加。三坊七巷打破唐代里坊制，形成以街巷分地段的坊巷制，此时出现了廊庑四合院、街市和临街建筑。以地方志收集来的宋代三坊七巷古图为研究对象，分别建构宋代坊巷制聚落形态社会网络模型和宋代坊巷制街道网络社会网络模型。

4.3.1　宋代坊巷制聚落形态社会网络模型

如图6所示，宋代三坊七巷传统聚落形态社会网络图为一个向心椭圆形，具有分布相对集中的三个空间层级：第一个层级以南后街为中心，凝聚街市和临街建筑；第二层级以坊巷为凝聚区，凝聚院落；第三层级以庭院为凝聚点，凝聚各功能用房。第二、三层级又以第一层级为凝聚点。因此，该网络密度值比唐代高，为2.99，整个网络的便捷性提高，网络完备度高。这是由于宋代打破唐代封闭的里坊制，坊向内的大面积连续实体墙被打破，"曲"形的街道变成了直通大街的"巷"，大大提高了居民的活跃度。该网络的等级度为0.1382，比唐代的等级度降低，这是由于宋代城市的商业、居住格局由"面"变为"线"，聚落内向、封闭的管理转为外向、活力式。网络关联度值为8.7，关联度较高，说明聚落形态更为自由，隔阂被打破，权力也被分散，讯息分散，行动者之间的关系更为平等。

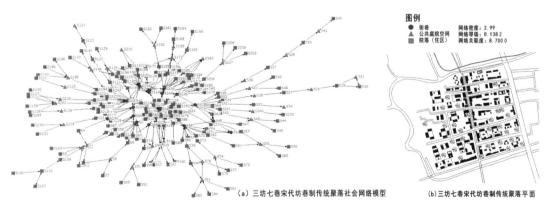

（a）三坊七巷宋代坊巷制传统聚落社会网络模型　　　　（b）三坊七巷宋代坊巷制传统聚落平面

图6　宋代坊巷制三坊七巷传统聚落形态社会网络模型

资料来源：图6（b）根据《三坊七巷志》古图和文字记载，仿宋代街巷制绘制。

4.3.2　宋代坊巷制街道形态社会网络模型

如图7所示，宋代三坊七巷街道层级分别为城市中轴线、南后街、坊巷、巷弄、支弄。网络凝聚点为南后街和城市中轴线。该网络密度值为2.438，较高，网络整体凝聚力较好，且凝聚点集中在南后街和城市中轴线上；该网络的等级度为 0.125 0，等级比较弱；关联度为 2.1，整个网络整体完备性较强，社会活跃性较高。

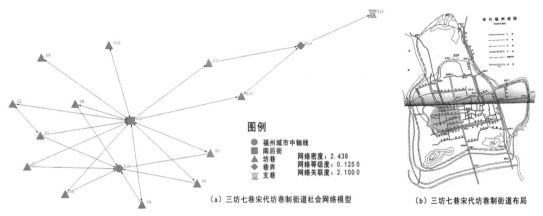

（a）三坊七巷宋代坊巷制街道社会网络模型　　　　（b）三坊七巷宋代坊巷制街道布局

图 7　宋代坊巷制三坊七巷街道形态社会网络模型

资料来源：图 7（b）引自福州市地方志编纂委员会（1998）。

4.4　明清时期三坊七巷社会网络结构

明清时期为三坊七巷的鼎盛时期，形成鱼骨形有机生长的街道网络，以南后街为中心轴，向东西方向发散，形成与现在街道格局一致的三条坊和七条巷。据明代王应山《闽都记》所绘的"明福州府城图"，三坊七巷聚落三面临水，一面临街。此时的三坊七巷院落形态更加丰富，形成纵向组合的多进式院落布局（陆元鼎、杨谷生，2003）。宅院错落，巷弄相连，街坊纵横（黄启权，2009），坊巷发散性生长，聚落更外向、更具活力。

4.4.1　明清三坊七巷街道形态社会网络模型

如图 8 所示，明清三坊七巷街道形态社会网络层级分别为城市中轴线、南后街、坊巷、巷弄，与宋代街道层级分类基本一致，仍然以南后街和成干道为凝聚点向外发散，只是空间层级更加丰富，均衡性更好。该网络密度值为 2.943，等级度为 0.213 4，关联度为 2.9。网络密度和关联度值都比宋代大，说明明清时期街道的可达性、均衡性更好，人流聚集度更高，街道交通层次性更强、更有活力。此外，街道的等级性比宋代更强，道路的大小、宽度规划更明确。

4.4.2　明清三坊七巷典型院落形态社会网络模型

明清时期，三坊七巷的院落蓬勃发展，院落基本单元构成要素十分丰富（图 9）（周丽彬，2017）。选取保存完好的明清传统民居二梅书屋、林聪彝故居、林觉民故居、水榭戏台等为研究对象，建构社会网络模型（图 10）。明清三坊七巷典型院落社会网络层级为公共庭院空间、廊、功能用房、走道、

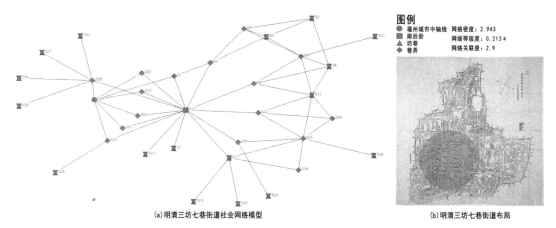

图例
● 福州城市中轴线 网络密度：2.943
■ 南后街 网络等级度：0.213 4
▲ 坊巷 网络关联度：2.9
◆ 巷弄

(a)明清三坊七巷街道社会网络模型　　　　　　(b)明清三坊七巷街道布局

图8　明清三坊七巷街道形态社会网络模型

厅堂和亭台楼阁，空间层级比宋代更丰富，凝聚性也更强。如表2所示，水榭戏台网络密度值最大，网络整体凝聚力最高，院落的空间层次性最强；林觉民故居和林聪彝故居的等级度相对比较高，院落等级度更高，等级层级数多，自由度不如其他院落；林聪彝故居的关联度最高，网络整体可达性最强，空间活跃性最强。不管哪种院落模型，单点凝聚力最强的仍然是公共庭院空间、廊、厅堂等人们常用的活动空间。

表2　明清三坊七巷典型院落（住区）社会网络模型数据

院落	密度值	等级度	关联度
二梅书屋	2.424	0.213 4	2.9
林聪彝故居	2.471	0.599 0	10.7
林觉民故居	2.130	0.612 0	3.4
水榭戏台	2.707	0.095 2	7.4

4.5　近现代三坊七巷社会网络结构

近代，三坊七巷传统聚落基本保持明清时期的聚落格局，只是坊巷里的支路增多，形成了更密集的街道网络。在城市更新地段延续三坊七巷传统聚落肌理，新建了一系列多进厅井式院落，与保留下来的明清时期古民居和谐共生。住区建筑形式更多元化，并出现了多层青瓦砌筑、具有典型民国时期建筑特色的民国楼。

以近现代三坊七巷传统聚落的总平面图、街道地图及院落平面为研究对象，建立量化模型，计算

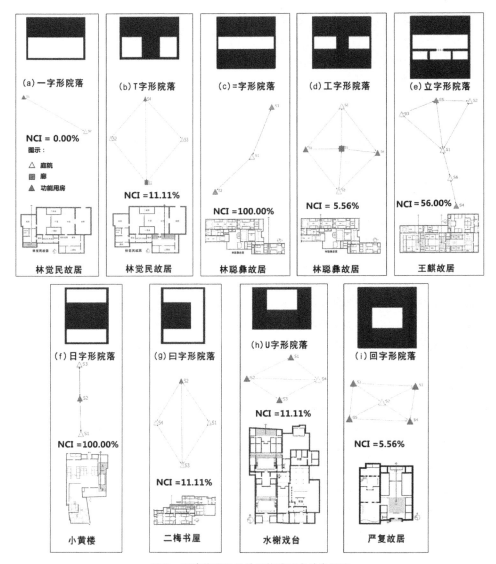

图9 明清传统民居单元构成要素社会网络

分析网络密度、等级度、关联度三项指标，发掘隐藏在聚落形态背后的量化特征。

4.5.1 近现代传统聚落形态社会网络模型

如图11所示，三坊七巷聚落网络层级依次为城市主干道、次干道、南后街、坊巷、巷弄、支弄、院落（住区），聚落形态比前面四个时期更具层级性。网络整体以南后街及街巷为凝聚点的多中心区

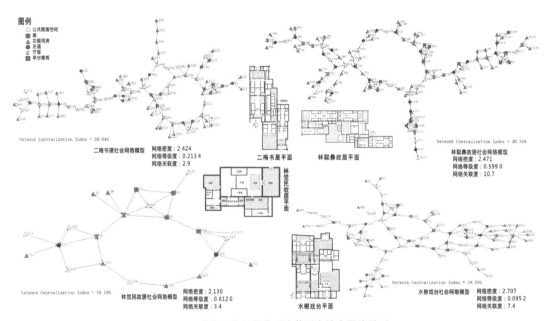

图 10　明清三坊七巷典型院落形态社会网络模型

的特征更加明显。该社会网络密度值为 2.254，等级度为 0.191 2，关联度为 5.0。网络整体的凝聚力较好，整体完备性较高，聚落的网络层级比前面四个时期更丰富，等级更多。

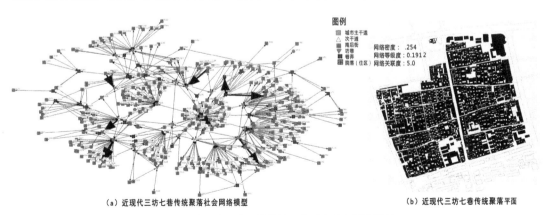

（a）近现代三坊七巷传统聚落社会网络模型　　　　　　（b）近现代三坊七巷传统聚落平面

图 11　近现代三坊七巷传统聚落形态社会网络模型

4.5.2　近现代街道形态社会网络模型

如图 12 所示，近现代三坊七巷街道网络层级为城市主干道、次干道、南后街、坊巷、巷弄和支巷，网络节点分布更均衡，凝聚点集中于南后街（S29）。该网络密度值为3.026，比前面四个时期的网络密度大，说明近现代三坊七巷街道数目增多，层级更加丰富；近现代三坊七巷街道网络等级度为0，说明街道等级性降低，发展得更加自由；近现代三坊七巷街道网络关联度为2.9，与明清时期相同，表明街道的可达性更好，社会活动活跃。

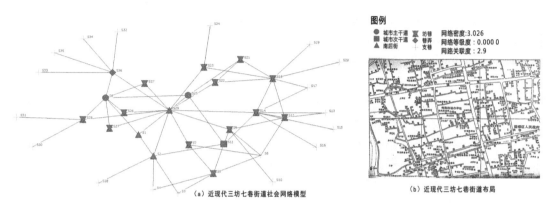

（a）近现代三坊七巷街道社会网络模型　　　　　（b）近现代三坊七巷街道布局

图12　近现代三坊七巷街道形态社会网络模型

资料来源：图12（b）引自黄启权（2009）。

4.5.3　近现代院落形态社会网络模型

近现代三坊七巷传统聚落既保存了大量完好的明清时期传统院落，而且在更新地块设计了一系列贴合三坊七巷传统聚落肌理的新的院落形式（图13）。该院落社会网络层级为公共庭院空间、廊、功能用房、走道、厅堂、亭台楼阁、垂直交通等，院落类型更加自由灵活、丰富。网络凝聚点也由原来的注重家庭共享的公共庭院、廊、厅堂等空间转变成功能用房，且功能用房多为满足当前商业需求，多被利用为商业店面、展览空间等。随着建造技术的进步，院落空间向垂直方向生长，提高了空间利用率。如图13所示，除工艺美术博物馆地段雕刻总厂的网络密度值为2.667，其他更新地段院落的密度普遍比较低。整体网络等级度低，层级性弱，网络的自由度高。除工艺美术博物馆地段雕刻总厂的网络关联为6.5外，其他院落量化网络关联度都比较低，可达性弱。

4.6　五个时期三坊七巷社会网络比较分析

根据以上五个时期（晋代、唐代、宋代、明清时期、近现代）三坊七巷聚落形态社会网络、街道形态社会网络及院落形态社会网络分析，计算网络密度、等级度、关联度三项指标，从而说明三坊七巷传统聚落空间层级的变化规律。

在三坊七巷聚落形态社会网络模型数据中（表3），从唐代到近现代，网络整体的密度值越来越大，网络的凝聚力越来越强，网络的完备程度越来越高。从唐代到近现代，网络的凝聚点一直在南后

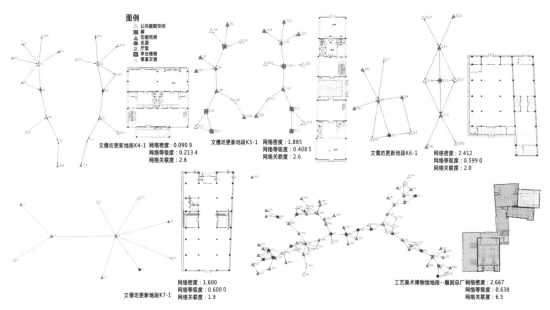

图13　近现代三坊七巷院落形态社会网络模型

街，但形式略有变化。唐宋时期为单个凝聚点、向心扩散；近现代发展成"以南后街为主轴，多个凝聚点共同发展"的模式。宋代的网络关联度值最高，唐代和近现代的关联度值相同。唐代实行里坊制，聚落比较封闭，因而"以家庭为中心"，关联度低；宋代打破里坊制，聚落由封闭转向开放，街道网络更加通达，所以关联度变高；到近现代，三坊七巷聚落处在城中心，空间有限，院落在方块里生长，院落对外联系只能随"非"字形坊巷网络稍作变化，因此关联度降低。

表3　三坊七巷聚落形态社会网络模型数据

时期	密度值	等级度	关联度
晋代	—	—	—
唐代	2.103	0.461 7	5.0
宋代	2.99	0.138 2	8.7
明清时期	—	—	—
近现代	2.254	0.191 2	5.0

在三坊七巷街道形态社会网络模型数据中（表4），从唐代到近现代，街道形态单体网络的密度一直呈上升趋势。网络中的各个层级联系密切，街道的凝聚力也越来越好，"一街""三坊""七巷"的总体格局自唐代后基本没有变化，只是随历史变迁，支巷、曲弄的数量有所增多。街道形态网络的等级度

越来越低，层级越来越直观、明确，自由度也越来越大。街道形态网络的关联度越来越高，说明坊巷、街巷、坊弄之间的联系途径越多，社会活动就越活跃，三坊七巷街道的尺度等级也越丰富。

表 4　三坊七巷街道形态社会网络模型数据

时期	密度值	等级度	关联度
晋代	—	—	—
唐代	—	—	—
宋代	2.438	0.125 0	2.1
明清时期	2.943	0.213 4	2.9
近现代	3.026	0.000 0	2.9

根据三坊七巷院落形态社会网络模型（表5），从晋代到近现代，院落形态网络密度值呈多元发展，类型也越来越丰富。随着时代的变迁，院落形态从早期等级高的廊院式向合院式转变，从廊院与合院混合式向相对自由生长的多进厅井院落式演变，再到近现代的多元发展的院落形式，院落形态的自由度越来越大，空间层级越来越丰富；院落的凝聚点由原来以家庭活动为中心的公共庭院、廊、厅堂转向对公众开放的商业空间、展览、文化空间。院落形态网络等级度值越来越高，说明三坊七巷院落层次越来越丰富，可游性越来越大，对内的社会活跃也越来越大。院落形态网络的关联度越来越大，说明三坊七巷院落内部的整体可达性较好，有利于多元发展的保护规划方案。

表 5　三坊七巷院落形态社会网络模型数据

时期	院落类型		密度值	等级度	关联度
晋代	廊院		2.933	0.133 3	2.9
唐代	廊院与合院混合式		0.721	0.498 0	4.2
宋代	—		—	—	—
明清时期	多进厅井院落式	二梅书屋	2.424	0.213 4	2.9
		林聪彝故居	2.471	0.599 0	10.7
		林觉民故居	2.130	0.612 0	3.4
		水榭戏台	2.707	0.095 2	7.4
近现代	多元发展的院落形式	文儒坊更新地段 K4-1	0.091	0.213 4	2.6
		文儒坊更新地段 K5-1	1.885	0.408 5	2.6
		文儒坊更新地段 K6-1	2.412	0.599 0	2.0
		文儒坊更新地段 K7-1	1.600	0.600 0	1.9
		工艺美术博物馆地段雕刻总厂	2.667	0.638 9	6.5

5　结论

在漫长历史的演变中，三坊七巷传统聚落一直遵循着历代城垣的规划：中心布局、对称布局、方块居住、市场固定和街道分割。但是通过建构三坊七巷社会网络模型进行量化分析后发现：三坊七巷聚落街道社会网络有着明确清晰的空间层级关系。随着时代变迁，三坊七巷传统聚落的空间层级不断改变，住区空间阶层不断变化，聚落形态规制越来越松散，空间自由度不断增加，空间结构随环境变化而产生差异。综上所述，我们得出以下结论。

（1）三坊七巷聚落形态网络有明确清晰的空间层级关系，层级类型极其丰富。三坊七巷聚落形态从晋代的自由形式，演变到唐代严格、封闭的里坊制，宋代外向、活力的坊巷制，再发展到近现代自由、灵活的鱼骨形格局，其空间层级越来越丰富，层级数越来越多，规制越来越自由灵活。

（2）三坊七巷街道形态虽然保持"一街""三坊""七巷"的格局不变，但社会网络却有着明确清晰的空间层级关系，且随着时代的变迁，网络的可达性越来越好，网络层级越来越丰富。从唐代到近现代，网络整体的密度值越来越大，网络的凝聚力越来越强，网络的完备程度越来越高，街道形态的规制越来越自由灵活，更开放、更具有可达性。

（3）三坊七巷院落形态社会网络也有着明确清晰的空间层级关系。从晋代到近现代，网络密度值呈多元发展，院落形态越来越简单，类型越来越丰富。三坊七巷院落的等级度值呈上升趋势，院落形态网络层级数增多，层级结构也更为缜密。院落形态关联度越来越高，丰富了院落空间的游览性，人的社会活动类型呈多元发展。

致谢

本文受福建省中青年教师教育科研项目（JA15337）资助。

参考文献

[1] Apolinaire, E. and Bastourre, L. 2016. "Nets and canoes: A network approach to the pre-Hispanic settlement system in the Upper Delta of the Paraná River (Argentina)," Journal of Anthropological Archaeology, 44: 56-68.

[2] Esch, T., Marconcini, M., Marmanis, D. et al. 2014. "Dimensioning urbanization – An advanced procedure for characterizing human settlement properties and patterns using spatial network analysis," Applied Geography, 55: 212-228.

[3] Granovetter, M. 1985. "Economic action and social structure: The problem of embeddedness," American Journal of Sociology, 91 (3): 481-510.

[4] Van Strien, M. J. and Grêt-Regamey, A. 2016. "How is habitat connectivity affected by settlement and road network configurations? Results from simulating coupled habitat and human networks," Ecological Modelling, 342: 186-198.

[5] Whitehand, J. W. 2001. "British urban morphology: The conzenion tradition," Urban Morphology, 5 (2): 103-109.

[6] 陈飞. 一个新的研究框架：城市形态类型学在中国的应用 [J]. 建筑学报，2010，(4)：85-90.

[7] 陈怡行. 明代的福州——一个传统省城的变迁 [D]. 南投：国立暨南国际大学，2005.

[8] 段进，邱国潮. 国外城市形态学研究的兴起与发展 [J]. 城市规划学刊，2008，(5)：34-42.

[9] 段进，邱国潮. 空间研究 5：国外城市形态学概论 [M]. 南京：东南大学出版社，2009.

[10] 福建省地方志编纂委员会. 福建省志·福州城乡建设志 [M]. 北京：方志出版社，1998.

[11] 福州市地方志编纂委员会. 福州市志：第一册 [M]. 北京：方志出版社，1998.

[12] 高红艳. 社会网络与"新生存空间"的生成：西北一回族移民群体的跨区域建构行动及其网络的构成与分布 [D]. 上海：上海大学，2010.

[13] 黄启权. 三坊七巷志 [M]. 福州：海潮摄影艺术出版社，2009.

[14] 黄勇，石亚灵. 基于社会网络分析的历史文化名镇保护更新——以重庆偏岩镇为例 [J]. 建筑学报，2017，(2)：86-89.

[15] 黄勇，石亚灵，冯洁，等. 历史街区的社会网络保护评价与研究——以重庆偏岩镇，白沙镇与宁厂镇为例 [J]. 重庆师范大学学报（自然科学版），2017，34 (5)：134-140.

[16] 梁克家. 三山志 [M]. 北京：方志出版社，2003.

[17] 林旭昕. 福州"三坊七巷"明清传统民居地域特点及其历史渊源研究 [D]. 西安：西安建筑科技大学，2008.

[18] 陆元鼎，杨谷生. 中国民居建筑 3 [M]. 广州：华南理工大学出版社，2003.

[19] 潘敏文. 福州历史文化街区"三坊七巷"保护改造研究 [D]. 天津：天津大学，2007.

[20] 邱国潮. 国外城市形态学研究——学派、发展与启示 [D]. 南京：东南大学，2009.

[21] 荣泰生. Ucinet 在社会网络分析（SNA）之应用 [M]. 台北：五南文化事业，2013.

[22] 王莉，程学旗. 在线社会网络的动态社区发现及演化 [J]. 计算机学报，2015，38 (2)：220-236.

[23] 王应山. 闽都记 [M]. 福州：海风出版社，2002.

[24] 斯坦利·沃瑟曼，凯瑟琳·福斯特，齐心. 社会网络分析：方法与应用 [M]. 陈禹，孙彩虹，译. 北京：中国人民大学出版社，2012.

[25] 叶宇，庄宇. 城市设计城市形态学中量化分析方法的涌现 [J]. 城市设计，2016，(4)：56-65.

[26] 周丽彬. 福州三坊七巷传统民居的院落空间形态解析 [J]. 福建工程学院学报，2017，15 (5)：495-500.

基于空间句法的长沙市空间多中心性演化研究

乔文怡　管卫华　王晓歌　王　馨　顾朝林

Analyzing the Spatial Polycentric Evolution of Changsha City Based on the Space Syntax

QIAO Wenyi[1], GUAN Weihua[1], WANG Xiaoge[1], WANG Xin[1], GU Chaolin[2]
(1. College of Geography Science, Nanjing Normal University, Nanjing 210023, China; 2. School of Architecture, Tsinghua University, Beijing 100084, China)

Abstract Based on the theory of Space Syntax, this article constructs a traffic diagram of Changsha city in 2000 and 2016, and then analyzes the spatial morphological characteristics and evolution of Changsha. At last, a geographical weighted regression model is used to analyze the driving factors of economic difference in Changsha. The results are as follows: 1. The city center has been at the downtown for the past decade. The development of the main traffic of clusters continues to follow the historical trend; 2. The functions of the internal axis of clusters have been transferred. New local clusters are formed in Xingsha region and Yuelu region. New clusters indicate new direction for the development of the city-center function. These characteristics show that the spatial pattern of primary and secondary nuclei has occurred in the development of cities. 3. The result of the GWR shows that economic status and investment level of government are the

摘　要　文章基于空间句法理论，通过构建长沙市 2000 年和 2016 年两个时期的城区道路轴线图，对其空间形态特征和演变过程进行分析，并通过地理加权回归模型剖析了形成这种空间形态的经济差异驱动因素。结果如下：①十几年间，城市中心一直集中于主城区，集成核的主干线依然延续历史发展脉络；②集成核内部轴线功能发生转移，在星沙和岳麓地区出现了局部集成核心，新的集成核代表了城市中心功能空间新的发展方向，表明城市在发展过程中出现主次多核的空间模式；③地理加权回归模型结果显示政府经济实力和投资水平成为星沙区经济发展的两个重要引擎，消费水平在岳麓区对于经济发展的影响力持续走高，使其表现出强大的空间集聚能力。

关键词　空间句法；主次多核；地理加权回归模型；长沙市

作者简介

乔文怡、王晓歌、王馨、管卫华（通讯作者），南京师范大学地理科学学院；

顾朝林，清华大学建筑学院。

　　城镇化使得大量的人口流向城市，产业空间发展越来越集群化，全球化使得物流、资金流等各种要素过多集中于中心城区，从而出现了市中心拥挤、通勤时间长、环境质量下降等问题。同时，交通基础设施与信息通信技术的快速进步推动了城市内部各种要素的流动，改变了区域中顶层节点与其他节点的关系，从而重构了城市的空间结构（冯长春等，2014）。这些都打破了原有的单中心模式，多中心的城市空间结构应运而生，即在城市的内部形成了多个具有一定城市功能的区域，每个区域都可以看作一个相对独立的区域，承担着一种或几种城市功能，并且每个区域之间的联系畅通。随着城镇化的快速发展，北京、上海、广州等特大城市越来越重视强化建设多中心的城市空间结

two important engines for the economic development in Xingsha. At the same time, the influence of consumption level on economic development in Yuelu district continues to rise, which creates a strong capacity for spatial agglomeration.

Keywords space syntax; primary and secondary nuclei; geographic weighted regression model; Changsha city

构格局，《北京城市总体规划（2004～2020 年）》明确提出构建"两轴—两地—多中心"的新城市空间格局；《广州市城市总体规划（2011～2020 年）》提出要形成"一个都会区、两个新城区、三个副中心"的多中心网络型城市空间结构；《上海市城市总体规划（1999～2020 年）》提出构建"多轴、多层、多核"的空间结构。关于多中心的城市理论，最早是由美国地理学者哈里斯和乌尔曼在同心圆理论与扇形理论的基础上完善并发展起来的。早期提出的卫星城、新城等概念均可以认为是多中心理论的雏形（孙斌栋等，2015）。

关于城市多中心的研究，西方起源于职住空间的不均衡，随着西方城市人口和就业的空间扩张，"边缘城市"（Garreau，1991）、"郊区磁力中心"（Stanback，1991）、"郊区次级就业中心"（McDonald，2000；McDonald and Prather，1994）等不断兴起，即郊区出现新的集聚中心，又称郊区次中心（suburban subcenters），城市空间结构开始表现出多中心结构特征（Anas et al.，1998）。到 20 世纪末，城市群多中心发展的实证分析以欧洲的研究最多（Dieleman and Faludi，1998），北欧一些国家纷纷制定有关多中心发展的相关规划（Meijers，2005），并从形态学的范式研究城市群的多中心形态（Spiekermann and Wegener，2004）。而我国城市多中心的形成过程与西方城市不甚相同。一是政府在多中心的发展和形成中担当着相当重要的角色；二是中国城乡隔离的二元结构对城市的自发扩张有一定的阻碍作用。从研究内容上看，集中于分析多中心特征、对主副中心的识别以及对城市结构的研究（孙斌栋等，2010；孙铁山等，2012；蒋丽、吴缚龙，2014；钮心毅等，2014；郭轩等，2016）；研究对象主要为北京、广州、上海等大城市（孙斌栋等，2010；孙铁山等，2012；蒋丽、吴缚龙，2014）；研究方法上主要借助于人口密度、居住密度、就业密度、出租车客流量和常住人口的分布（孙斌栋等，2010；孙铁山等，2012；蒋丽、吴缚龙，2014），随着科技的发展，也依靠大数据来进行研究。同时，一些学者也从多中心空间结构绩效（韦亚平、赵民，2006；王旭辉、孙斌栋，2011）、多中心空间检验（孙斌栋等，2010）、多中心城市区域管制（张京祥等，2008）等方面做了诸多有益的研究。

空间句法，是由英国伦敦大学 Bill Hillier 教授提出，以空间形态分析为基础的分析城市空间的方法。它通过形态分析变量来定量描述位于城市自由空间中的交通线路的空间属性（王海军等，2016），强调将空间简化、线性化，并强调空间整体的结构性联系，用轴线来描绘可通视的空间，凭借人的主观对道路的邻接关系在空间中行走，而不是根据道路的实际距离（何子张等，2007）。由于空间句法能很好地从人对空间的感知出发以研究城市的空间形态，因此具有独特的优越性。通过对句法轴线参数的定量分析，可总结出城市形态发展及演变的特征，准确判断出空间扩展方向（赖清华等，2011）。20 世纪 90 年代，学者们结合拓扑学和图论方法，将空间句法应用到网络可达性（梅志雄等，2013；张琪等，2015；周群等，2015）、城市空间格局、城市土地利用等城市地理学研究领域（刘承良等，2011），或围绕旧城区中心区自身的空间形态演变展开研究（周麟等，2015；庄卓、田国行，2016），多以空间形态演变的整体性描述为主。

长沙市是湖南省"3+5"城市群的龙头和长株潭一体化的核心城市，城市化和工业化高速发展，交通网络发达，以长沙市建成区为主体的城镇群体正在不断向外扩展。本文以空间句法理论为依据，受限于数据获取的局限性，仅从时、空两个尺度构建 2000 年和 2016 年两个时期长沙市城区道路轴线地图，动态分析长沙市城区的空间演变特征，揭示集成核变化所隐含的城市空间中心性变化，并利用地理加权回归模型，进一步从空间视角深入剖析形成这种空间形态的区域经济差异驱动成因。

1 研究区概况

长沙市位于中国东南部，是湖南省省会城市，地处湘江下游和长浏盆地西缘。根据长沙市统计局资料，2000～2014 年，其建设用地面积由 158 平方千米扩增为 269 平方千米，年平均增长率为 4.9%。城市空间的加速扩张给城市带来了一系列的城市病。随着"中部崛起"、长株潭"两型社会"综合实验区试点、大长沙设想和长沙国际化等区域发展战略的提出与实施，长沙的发展面临新的契机和考验。在这一背景下，当前长沙城市发展的单核心空间结构既无法满足城市本身的发展需求，又难以发挥区域带动作用，因此引导其向多核心式发展十分必要。

2 研究方法

2.1 空间句法理论

以往对城市空间的研究大多认为，城市空间变化的根本原因是社会和经济等因素的推动作用。而空间句法理论首要关注的是已经形成的城市物质空间，认为现有的城市结构是由于交通网络对城市进行了分割。将城市看作网络，任何局部的变化都会改变整个城市的空间结构，引起网络中运动的变化。根据"最少且最长"的原则，用很长的轴线对空间进行尺度划分和分割，进而得到轴线地图。城市空间结构的社会逻辑关系就体现在轴线或者轴线群所蕴含的各项参数之中，进而可以定量描述位于城市自由空间中的交通线路的空间属性（江斌，2002；段进、比尔·希列尔，2007；陈仲光等，2009）。空间句法理论认为，交通网络很大程度上决定了人的行为，因此该理论充分表达了人在空间中的主观感受。

根据《长沙市城市总体规划（2003~2020 年）》（2014 年修订），长沙市空间层次的划分包括市域、规划区、都市区、中心城区四部分。为了保证数据的统一，本文研究过程中选取的范围为中心城区，以湖南地图出版社 2000 年 3 月和 2016 年 2 月出版的长沙城区地图为底图，通过 Arcgis10.0 软件中的 Axwoman6.0 模块构建长沙市道路轴线地图，得出每一条轴线的参数，通过整体和局部集成度的分析来探索长沙市城区空间演变特征，揭示集成核变化所隐含的城市空间中心性变化。

2.2　形态变量选取

集成度、集成度核心和智能度是本文所用的空间句法的三个关键形态变量。

（1）集成度

集成度描述的是一个单元空间与系统中其他所有空间的离散或聚集程度，包括全局集成度和局部集成度两个概念。集成度值越大，表示该空间在系统中的便捷程度越大，公共性越强，可达性越好，越容易积聚人流；反之，表明空间处于不便捷的位置。

全局集成度表示节点与整个系统内所有节点的联系的紧密程度，体现了某一空间相对于其他城市空间的中心性。局部集成度表示节点与其附近几步内的节点联系的紧密程度，用以分析行人流量的空间分布，其变化意味着轴线所在街道社会功能的变化，表达如下：

$$I_{(n)} = \frac{1}{R_{(n)}} = \frac{m\left[\log_2\left(\frac{m+2}{3} - 1\right) + 1\right]}{(m-1)\,|\bar{D} - 1|} \tag{1}$$

式中：$I_{(n)}$ 为集成度；$R_{(n)}$ 为实际相对不对称值；m 为城市单元空间个数和；$\bar{D}$ 为局部平均深度值，即空间任一节点到其他节点最短路程的平均值。

（2）集成度核心

为了界定、研究城市中心区域，Bill Hillier 提出了集成度核心，即在一个空间系统中，存在少数相互连接的轴线，其集成度非常高，这部分轴线构成了轴线图的集成度核心。具体算法是将集成度从高到低依次叠加，总和达到 10%的值。集成核作为交通网络中连接度、通达度最高的线路，在城市中具有最强的渗透力和集成力，代表城市中心性最强的区域，即集聚多种重要功能的城市中心区。

（3）智能度

智能度是局部整合度与全局整合度二者相关水平的度量，代表局部空间在整个系统中的地位，与周围空间的关系是否密切、统一。智能度越高，表明该局部中心性能可以更好地融入全局空间结构之中。智能度一般通过建立整体变量和局部变量间的关系进行比较，即根据全局集成度与局部集成度的相关性来判断，其表达式如下：

$$R = \frac{\left[\sum (I_3 - \overline{I_3})(I_n - \overline{I_n}) \right]^2}{\sum (I_3 - \overline{I_3})^2 (I_n - \overline{I_n})^2} \tag{2}$$

式中：R 为城市空间智能度值；I_3 为空间任一轴线三步整合度值；$\overline{I_3}$ 为平均三步整合度值；I_n 为空间任意轴线的全局整合度值；$\overline{I_n}$ 为空间全局整合度平均值。

（4）地理加权回归模型

地理加权回归模型（Geographically Weighted Regression，GWR），采用回归原理研究具有空间分布特征的变量之间的数量关系，该方法可以有效处理空间中的非平稳性现象。通过将数据的空间位置引入回归系数中，利用非参数估计方法在每个地理位置给出函数的局部估计量，以此反映参数在不同空间的空间非平稳性，使变量间的关系可以随空间位置的变化而变化，其结果更符合客观实际。本文引入 GWR 分析，对空间句法所得结果进行影响因素分析，在全局回归模型的基础上进行局部的参数估计，模型结构如下：

$$y_i = \beta_0(\mu_i, v_i) + \sum_k \beta_k(u_i, v_i) x_{ik} + \varepsilon_i \tag{3}$$

式中：(μ_i, v_i) 是第 i 个样本空间单元的地理中心坐标；$\beta_k(u_i, v_i)$ 是连续函数；$\beta_k(u, v)$ 是在 i 样本空间单元的值。

3　基于空间句法的长沙市道路轴线分析

3.1　中心城区全局集成度演变分析

全局集成度代表城市中心功能空间的发展方向，能够通过乘数效应带动运动经济，使集成核地区的集聚功能强于非集成核地区，进而成为城市活动的中心。全局集成核的集成度越高，表明其集成能力越强，城市内部人类活动越活跃。通过对句法轴线的分析，可得到城市形态的发展及演变特征，准确判定城市空间扩展的方向。经过归纳总结，长沙市全局集成核具有以下两个特征。

（1）全局集成核形态逐渐完善，规模逐渐扩大

为了突出全局集成核中的主要集成核道路，将全局集成核标准化值在前 10％的轴线称为集成核轴线（图 1），这部分轴线代表了长沙市中全局集成核集成能力和集聚能力最强的轴线。

2000 年以前，长沙市城市整体形态较为简单，只有几条纵横交错的集成核轴线，尚未形成成熟的结构框架。借助 SPSS 统计软件对 2000 年的全局集成核进行标准化 Z 分数，可以得出 2000 年的集成核为韶山路、五一大道、解放路和人民中路，其全局集成度值分别为 2.511 33、2.445 56、2.211 27、2.178 91。

2016 年，集成核轴线数量和规模明显增加，从数量上看，不仅在中环路以西的内部越来越多，也

在中环路以东不断扩展，空间边界明显向东延伸，原来的集成核外围的轴线已经演变为更大的环状轴线网络。2016 年的集成核道路主要为人民路、朝阳路、五一大道和韶山路，其全局集成度值已经达到 3.013 70、2.989 17、2.984 74、2.858 83，整体数值有所提高。可以发现韶山路的全局集成能力减弱，人民路成为全局"第一轴线"。

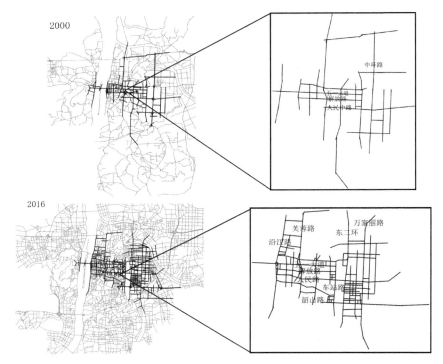

图 1　全局集成核轴线模型

注：深色部分为全局集成核。

整体来看，两个时期的集成核形态相似，主要围绕东西向的五一大道，南北向的车站路、韶山路、芙蓉路，在中环路（2016 年称为东二环）呈现出较为规整的方格网形状。2000～2016 年，长沙城区的全局集成核经历了较大的变化，出现了全局集成核的更迭以及集成中心的不断变迁。全局集成核轴线向东部延伸，京港澳高速的全局集成度不断提高，由于道路网结构的集成度核心与中心区位置吻合，随着其走线的生成，围绕其附近的区域将形成具有发展潜力的增长中心。

（2）主城区形成了明显的集成度中心

如轴线图（图 2）所示，2000 年的韶山路呈现出最高的数值，高达 2.511 33，表明这条道路是长沙市主要的城市干道和人流通道之一。从商贸业布局来看，以韶山路为轴，数个商业节点由北向南依次排开，体现了商业由城市中心向南的过渡，导致周围道路的集成度均较高，中心性最强，可达性最好。五一大道、解放路和人民中路全局集成核位于市中心区且在全局集成核中集成度值较高，进一步加强连接中心城区的聚集能力。

2016 年，沟通城市南北的万家丽路集成度不断增强，空间吸引穿越交通的潜力较大，成为一条重要的全局集成核轴线。五一大道、人民中路一直占据主导集成核的地位，纵贯城市南北空间的万家丽路在系统中的地位提升，再次证明城市空间有向东集聚的趋势。

通过比较，集成度较低的轴线位于湘江两岸和岳麓山风景区附近，主要原因在于湘江和岳麓山的阻隔，使得人们发生活动频率较少，难以形成人流聚集趋势，集成能力较弱。

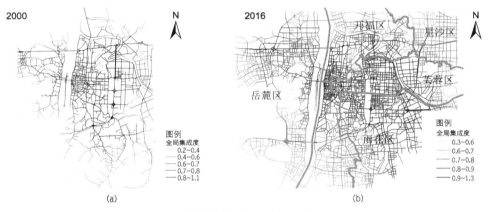

图 2 全局集成度轴线模型

3.2 中心城区局部集成度演变分析

局部集成度的变化意味着轴线所在街道社会功能的变化。可以通过增长中心的区位变化，判断城市空间中心区位变化的轨迹和趋势。

2000～2016 年，长沙城区的局部集成度呈扩大趋势（图 3）。2016 年，岳麓和星沙地区出现局部集成度高值区，这意味着岳麓区和星沙的功能发生了变化，且由于局部集成轴线的数量增长，这两个地区出现了比较突出的局部集成核。其中，河西地区围绕金星路形成新的局部集成核，河两岸的局部集成核依靠银盆岭大桥连接；东北部围绕京港澳高速、星沙大道、开元中路、东二路形成局部集成核。

总体来说，2000～2016 年，城市局部集成核有基于老城区向东、东北扩大的趋势。局部集成核主要轴线由单一的中环线、五一大道和解放路，扩展为万家丽路、连通河西的橘子洲大桥和星沙地区的开元中路。这个大的集成核中心范围的街道轴线集成度高，牵引着人流运动，推动城市空间结构和交通网络的不断互动与演化。新的集成核代表了城市中心功能空间新的发展方向，通过集成核增长中心的区位变化，可以判断城市空间中心区位变化的轨迹和趋势，即城市空间向星沙和河西地区扩展，表

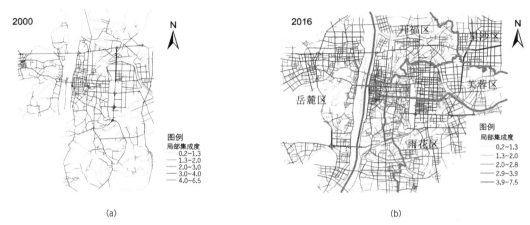

图3　局部集成度轴线模型

明城市在发展过程中逐渐完善了多中心的空间模式。

　　从空间分布演化情况来看，长沙市在多中心空间发展策略下，城市空间形态已经初步形成"一主两次"的结构，符合《长沙市城市总体规划（2003～2020年）》（2014年修订）的预期。

3.3　中心城区智能度演变分析

　　由表1可以看到，2000～2016年，长沙空间句法道路轴线数量明显增加，全局集成度明显提高，全局集成值区间由 [0.234 390，1.079 597] 扩展为 [0.266 012，1.240 071]，局部集成值区间由 [0.210 897，6.345 237] 变为 [0.210 897，7.231 619]。全局集成度和局部集成度的值分布区间较大，均匀分布，有较明显的相关特征。2000年，长沙全局集成度与局部集成度的相关系数为0.612，

表1　空间智能度比较

		2000 年		2016 年	
		全局集成度	局部集成度	全局集成度	局部集成度
全局集成度	Pearson 相关性	1	0.612*	1	0.542*
	显著性（双侧）		0.000		0.000
	N	1 811	1 811	4 375	4 375
局部集成度	Pearson 相关性	0.612*	1	0.542*	1
	显著性（双侧）	0.000		0.000	
	N	1 811	1 811	4 375	4 375

　　注：＊表示在0.01水平（双侧）上显著相关。

2016 年该相关系数为 0.542，两者呈中度相关性，说明整体智能度较好。从经济学和社会学的角度来说，智能度越高的空间，其局部中心性能可以更好地融入全局空间结构之中，进而产生经济和社会活动的乘数效应，使空间系统功能趋于多样性和复杂性。这意味着随着长沙市城市空间趋于复杂性和多样性的同时，城市整体空间结构的协同性和聚合度较好，局部的中心性可以融入全局空间结构。

4 长沙市多中心形成原因

4.1 地理环境因素

城市的形成、分布和发展无法回避地理环境的制约，其所处的地理位置及其分布状况会组成一个空间结构。观察长沙市的地理环境（图 4），其地处湘江下游，地形比较复杂，城市被湘江横穿，且城市中又有浏阳河、捞刀河等河流分割，在一定程度上影响了城市空间的发展。由于湘江水域发达，长期以来城市沿着湘江两岸呈带状发展。此外，西侧岳麓山和北侧丘陵山地成为城市空间发展的天然阻隔，一定程度上促进了城市向东南方向的拓展，从而导致一个区域中心逐步在河东的五一商圈的形成。

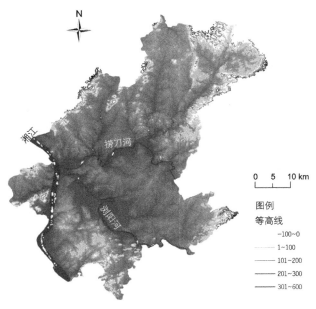

图 4 长沙市地形示意图

4.2　社会经济因素

城市中心本质上是一个由人口、经济活动、土地等城市要素集聚的某个空间范围（李金滟，2008）。空间集聚和经济增长的理论研究表明空间集聚影响经济增长，经济增长反过来又会影响经济活动的空间集聚，空间集聚和经济增长彼此间具有很强的内生性（陈德文、苗建军，2010）。

受经济水平影响，区域间的增长差距和空间集聚差距逐渐显现，促使城市的面貌和空间结构特征发生很大的变化，建设用地向城市边缘扩张，城市空间形态的发展呈现出外延式。为探讨社会经济与空间集聚的关系，本文选用地均 GDP（每平方千米土地创造的 GDP）来表征区域的发展程度和经济集中程度。相比于人均 GDP，地均 GDP 更能反映产值密度及经济发达水平。

本文选择 2015 年 GDP 增长率、人均 GDP、人均地方财政收入、人均工业总产值、人均实际利用外资总额、人均利用市外境内资金、城市居民人均可支配收入和地均 GDP 八个评价指标，来反映长沙市各区县（星沙区位于长沙县，出于数据获取的方便性，选取天心区、雨花区、芙蓉区、岳麓区、开福区和长沙县这六个县区的数据）的经济发展水平。利用 SPSS 统计软件对上述指标进行标准化处理，采用相关分析计算相关变量之间的显著程度，最后选取人均 GDP、人均固定投资和人均消费品零售额三个指标作为解释变量，构建地理加权回归模型。

（1）人均 GDP 对地均 GDP 影响的空间作用模式

人均 GDP 是衡量经济发展状况的指标。如图 3（a）可知，人均 GDP 与地均 GDP 呈正相关关系。从空间分布上来看，其回归系数绝对值总体上呈现出长沙县地区较高，向西逐渐减小的趋势，说明人均 GDP 在长沙县地区影响高于其他地区。星沙区的地均 GDP 受政府经济实力的影响较大，由于国家级长沙经济技术开发区地处东郊星沙，高新技术产业规模稳步扩张，工业总产值对经济发展起到了重要的拉动作用。随着政府一系列开发政策的出台并实施，星沙区的发展速度全面提升，以 11 万平方米的通程广场为辐射，汇集了易初莲花、新一佳、步步高等大型生活超市，苏宁、国美、通程三大电器零售巨头，可口可乐、百事可乐、博世、LG、三星、三菱、飞利浦等众多世界 500 强企业也纷至沓来。资金流、物流、信息流吸引了更多的人，采用中、英、韩三国语言的路标、高标准的道路、高密度的绿化都显示了星沙区强大的感染力、凝聚力和号召力，证明了星沙区有潜力成为增长中心。

（2）人均固定投资对地均 GDP 影响的空间作用模式

如图 3（b）可知，人均固定投资与地均 GDP 呈正相关关系，对地均 GDP 有正面的影响。从空间分布上来看，回归系数绝对值总体上呈现出长沙县地区较高，向西逐渐减小的趋势，说明投资水平在经济增长中的地位和作用，对长沙县的影响更为显著。这是因为星沙区有国家级经开区的存在，工业投资向园区集中，同时工业发展向大项目集中，为长沙县经济快速发展注入了强大动力，使其集聚效应日益明显。同时，在长沙县政府做出的"领跑中西部，进军五十强"的战略目标指引下，大批国内外客商前来投资兴业，14 家世界 500 强企业和近 200 家大型企业纷纷落户星沙，有效地促进了行业聚集和企业集群的快速发展。而岳麓区作为科教大区，文化底蕴深厚，科教优势明显，文化产品制造业和娱乐休闲业发达，投资水平对岳麓区的拉动作用有限。

（3）人均消费品零售额对地均 GDP 影响的空间作用模式

社会消费品零售总额是表现消费需求最直接的数据。由图 3（c）可知，人均消费品零售额与地均 GDP 呈负相关关系，回归系数绝对值较大值出现在长沙县，岳麓区与天心区等主城区的绝对值接近。

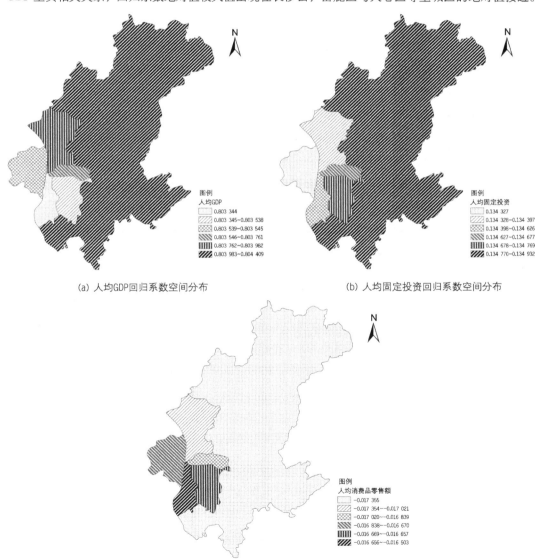

（a）人均GDP回归系数空间分布　　　　　　　　　（b）人均固定投资回归系数空间分布

（c）人均消费品零售额回归系数空间分布

图5　GWR模型回归系数空间分布

说明相比较而言，长沙县目前的经济难以有效驱动居民消费，地方政府更多地关注 GDP，不断加大基础设施建设力度，而刺激、拉动城乡居民消费的力度不够，加上物价、房价过快上涨，居民消费意识、观念滞后，导致居民倾向于储蓄。各类科研院所、长沙国家高新技术产业开发区、岳麓山国家大学科技园与岳麓山大学城齐聚岳麓区，各类科技人员约占全市科技人员总数的 1/2，高校云集的科技资源和发展优势使岳麓区成为一个重要的文化商贸中心。同时，作为科教大区的岳麓区，其教育产出的结果是人口素质的提高，增加了就业率，提高了人均消费，从而带动人均消费，以拉动内需的方式，给区域经济增长带来正反馈。依托中南大学、湖南大学和湖南师范大学的辐射与带动作用，形成一个巨大的文化消费群体。岳麓区作为旅游胜地，每年吸纳游客 300 万人以上，是一个巨大的文化产品消费市场。因此，岳麓区可以凭借交通区位优势及科教文化特色，吸引市内各区及周边市、州大量的消费群体。

4.3　政府政策因素

2001 年，长沙市人民政府西迁，使得岳麓区逐渐成为长沙市的行政办公中心；2004 年，湖南省政府南迁，使得河西与城南区域很快成为商业、居住等开发进驻的热门地段。长沙县 2014 年出台的《星沙城市风貌整体规划》与《星沙城市风貌整体规划通则》是长沙县打造"省会次中心"城市发展战略的重要举措。从东郊星沙国家级经开区的一系列规划来看，长沙经开区有基础、有条件、有能力率先建成现代城市工业经济综合体，从而使得星沙区有潜力成为省会城市次中心。

5　结论与讨论

本文运用空间句法理论对道路轴线集成度、集成核和智能度等参数进行定量分析，研究长沙城区空间形态和演变过程，分析除自然地理环境以及政府政策导向之外的形成原因，利用地理加权回归模型进一步从空间视角深入剖析形成这种空间结构区域经济差异的驱动成因。主要结论如下。

（1）全局集成度模型显示城市中心一直集中于主城区，并向东、东北方向偏移。集成核的主干线依然延续历史发展脉络，其句法轴线在主城区内部不断填充，形态逐渐完善，呈现出较为规则的方格网状。

（2）全局集成轴模型显示，沟通南北方向的万家丽路成为一条重要的全局集成核轴线，使得长沙空间结构由一种中心集成核通过与周围局部集成核的连接逐渐扩张，成为一个更大的集成核中心。这个大的集成核中心范围的街道轴线集成度高，牵引着人流运动，推动着城市空间结构和交通网络的不断互动与演化。

（3）集成核内部轴线功能发生转移，外部增长潜力中心衍生，在河西和星沙地区出现了因为局部集成轴线的数量增长而比较突出的局部集成核。由于道路网结构的集成核与中心区位置吻合，新的集成核代表了城市中心功能空间新的发展方向，可以判断城市空间向星沙和河西地区扩展，表明城市在发展过程中出现主次多核的空间模式。

（4）地理加权回归模型分析结果显示，政府经济实力和投资水平成为星沙区经济发展的两个重要引擎，消费水平在岳麓区对于经济发展的影响力持续走高。这是由于国家级长沙经济技术开发区地处东郊星沙，吸引中外知名企业在此集聚，对经济发展起到了重要的拉动作用。岳麓区一方面作为科教大区，其教育产出的结果是提高了人口素质，增加了就业率，从而带动人均消费，以拉动内需的方式，给区域经济增长带来正反馈；另一方面，依托中南大学、湖南大学和湖南师范大学等高等院校的辐射与带动作用，形成了一个巨大的文化消费群体；同时，其旅游业较为发达，是一个巨大的文化产品消费市场。

（5）地理环境的差异和优劣始终影响着人类的生存与发展。长沙市的地理环境促成了一个区域中心逐步在河东的五一商圈形成。尽管经济实力差异使得长沙市空间结构发生了改变，但是市政府的西迁和省政府的南迁，加上对经开区和岳麓区的一系列规划，政府的政策导向在推动长沙形成多中心的空间结构方面发挥了不可替代的宏观调控作用，使得岳麓区和星沙区有潜力成为次中心。同时，针对长沙市次中心的建设，其次中心功能的确定和发展都必须紧密结合本地优势与资源禀赋，在城市整体坐标下进行自我定位，不断突出次中心独有的职能特色，形成差异化竞争，使长沙的空间发展具有自己的城市特色。

（6）多中心城市区域作为城市区域发展的新形态，在国际上引起了广泛的关注：联合国 2016 年颁布的《新城市议程》中提出了城市改造、发展和拓展的思路，承诺运用城市规划设计方法来保障多中心理念，对城市多中心的建设持积极态度；联合国人居署 2015 年提交的《城市与区域规划国际准则》中强调，应当通过适当的产业、服务和教育机构集群，规划并支持相互连通的多中心城市区域的发展，从而增强城市之间的协同效应，并提升到战略层面。为响应联合国对城市建设的建议和意见，可以借鉴西方多中心城市区域发展的研究成果和经验，结合我国正处于城镇化快速发展阶段的实际情况，以期解决我国城市区域发展面临的问题，促进区域发展。

本文运用空间句法理论作为研究方法，该方法在结合人的认知与空间结构以分析城市空间形态方面具有独特的优越性，但由于轴线图的生成受到主观经验的干扰，轴线的属性结果可能存在偏差。同时，空间句法忽略了现实空间中道路的宽度、距离、速度等要素，仅仅从空间布局来预测人的行为，也可能存在一定的局限性。此外，由于数据获取的局限性，仅考虑了 2000 年和 2016 年两个年份的道路网，跨度较大，若进行多年份的比较，会使演化过程更加清晰明了。

致谢

本文受国家自然科学基金重大项目（41590844）、国家自然科学重点基金项目（41430635）、国家自然科学基金项目（41271128、41329001）资助。

参考文献

[1] Anas, R., Arnott, R., Small, K. A. 1998. "Urban spatial structure," Journal of Economic Literature, 36: 1426-1464.

[2] Dieleman, F. M., Faludi, A. 1998. "Polynuclear metropolitan regions in Northwest Europe: Theme of the special issue," European Planning Studies, 6 (4): 365-377.

[3] Garreau, J. 1991. Edge City: New York. NY: Doubleday.

[4] McDonald, J. F. 2000. "Employment subcenters and subsequent real estate development in suburban Chicago," Journal of Urban Economics, 48 (1): 135-157.

[5] McDonald, J., Prather, P. 1994. "Suburban employment centers: The case of Chicago," Urban Studies, 31 (2): 201-218.

[6] Meijers, E. 2005. "Polycentric urban regions and the quest for synergy: Is a network of cities more than the sum of the parts?" Urban Studies, 42 (4): 765-781.

[7] Spiekermann, K., Wegener, M. 2004. "Evaluating urban sustainability using landuse transpor interaction models," European Journal of Transport and Infrastructure Research, 4 (3): 251-272.

[8] Stanback, T. M. 1991. The New Suburbanization. Boulder, CO: Westview.

[9] 陈德文, 苗建军. 空间集聚与区域经济增长内生性研究——基于 1995～2008 年中国省域面板数据分析 [J]. 数量经济技术经济研究, 2010, (9): 82-93.

[10] 陈仲光, 徐建刚, 蒋海兵. 基于空间句法的历史街区多尺度空间分析研究——以福建三坊七巷历史街区为例 [J]. 城市规划, 2009, 33 (8): 92-96.

[11] 段进, 比尔·希列尔, 等. 空间句法与城市规划 [M]. 南京: 东南大学出版社, 2007.

[12] 冯长春, 谢旦杏, 马学广, 等. 基于城际轨道交通流的珠三角城市区域功能多中心研究 [J]. 地理科学, 2014, 34 (6): 648-655.

[13] 郭轩, 罗震东, 何鹤鸣. 基于出租车客流量的特大城市多中心空间结构的识别——以苏州市为例 [J]. 城市问题, 2016, (10): 22-29.

[14] 何子张, 邱国潮, 杨哲. 基于空间句法分析的厦门城市形态发展研究 [J]. 华中建筑, 2007, 25 (3): 106-108.

[15] 江斌, 黄波, 陆锋. GIS 环境下的空间分析和地学视觉化 [M]. 北京: 高等教育出版社, 2002.

[16] 蒋丽, 吴缚龙. 2000～2010 年广州外来人口空间分布变动与对多中心城市空间结构影响研究 [J]. 现代城市研究, 2014, (5): 15-21.

[17] 赖清华, 马晓东, 谢新杰, 等. 基于空间句法的徐州城市空间形态特征研究 [J]. 规划师, 2011, 27 (6): 96-100.

[18] 李金滟. 城市集聚: 理论与证据 [D]. 武汉: 华中科技大学, 2008.

[19] 刘承良, 余瑞林, 曾菊新. 国外城市交通系统的空间研究进展 [J]. 世界地理研究, 2011, 20 (1): 79-87.

[20] 梅志雄, 徐颂军, 欧阳军. 珠三角公路通达性演化及其对城市潜力的影响 [J]. 地理科学, 2013, 33 (5): 513-520.

[21] 钮心毅, 丁亮, 宋小东. 基于手机数据识别上海中心城的城市空间结构 [J]. 城市规划学刊, 2014, (6):

61-67.

[22] 孙斌栋，石巍，宁越敏.上海市多中心城市结构的实证检验与战略思考 [J].城市规划学刊，2010，（1）：
58-63.

[23] 孙斌栋，王旭辉，蔡寅寅.特大城市多中心空间结构的经济绩效——中国实证研究 [J].城市规划，2015，
39（8）：39-45.

[24] 孙铁山，王兰兰，李国平.北京都市区人口—就业分布与空间结构演化 [J].地理学报，2012，67（6）：
829-840.

[25] 王海军，夏畅，张安琪，等.基于空间句法的扩张强度指数及其在城镇扩展分析中的应用 [J].地理学报，
2016，71（8）：1302-1314.

[26] 王旭辉，孙斌栋.特大城市多中心空间结构的经济绩效——基于城市经济模型的理论探讨 [J].城市规划学刊，
2011，（6）：20-27.

[27] 韦亚平，赵民.都市区空间结构与绩效——多中心网络结构的解释与应用分析 [J].城市规划，2006，30（4）：
9-16.

[28] 张京祥，罗小龙，殷洁.长江三角洲多中心城市区域与多层次管治 [J].国际城市规划，2008，23（1）：
65-69.

[29] 张琪，谢双玉，王晓芳，等.基于空间句法的武汉市旅游景点可达性评价 [J].经济地理，2015，35（8）：
200-208.

[30] 周麟，金珊，陈可石，等.基于空间句法的旧城中心城区空间形态演变研究——以汕头市小公园开埠区为例
[J].现代城市研究，2015，（7）：68-76.

[31] 周群，马林兵，陈凯，等.一种改进的基于空间句法的地铁可达性演变研究——以广佛地铁为例 [J].经济地
理，2015，35（3）：100-107.

[32] 庄卓，田国行.基于空间句法的南阳市中心城区空间演变探析 [J].河北工程大学学报（自然科学版），2016，
33（1）：62-66.

论我国空间规划的过程和趋势

顾朝林

Process and Trend of Spatial Planning in China

GU Chaolin
(School of Architecture, Tsinghua University, Beijing 100084, China)

Abstract The article systematically reviews the process of regional (spatial) planning in China. The process is divided into five periods: start-up and interruption, highlighting importance role, transformation under the market system, convergence for multi-plans and planning failure, and rebuilding of the spatial planning system. This research also holds that it is necessary to strengthen the important position and role of spatial planning in order to finding out solutions for the problems of China's urban and regional development. Based on the pilot reform of the existing spatial planning system, China's urban planning system will be perfected by launching the "1 + X" spatial planning system, with "1" being regional development planning and "X" being the other spatial planning, such as economic development plan, urban comprehensive plan, and environmental plan. The regional development planning put stress on development areas, and the concept plans should be based on the development goals and strategies, the economic and social development conditions as well as the nature and ecological conditions, in order to achieving the idea of "one government, one plan, one blueprint" spatial planning system.
Keywords regional planning; spatial planning; "multiplans coordination and integration"

摘 要 文章系统论述了我国区域规划的发展过程，将这一过程分为初创和中断、重要性凸显、市场转型、趋同和失效、规划体系改革五个时期。文章认为，面对中国城市和区域发展问题，需要强化空间规划的重要地位和作用，在现有空间规划体系改革试点的基础上，建立健全我国"1+X"空间规划体系。以区域发展总体规划为统领，以规划编制背景、上级和本级政府确定的发展目标与策略、功能定位、发展规模、经济和社会发展条件以及自然资源开发和保护为基础，通过构筑"与自然和谐共生"平台，搭建循环经济和产业发展平台，编制重点功能板块概念规划，从而实现"一个政府、一本规划、一张蓝图"的空间规划体系设想。
关键词 区域规划；空间规划；"多规合一"

改革开放30多年来，我国经济快速增长促进了城市与区域发展，也滋生了一系列区域发展不协调问题（顾朝林等，2007）。它不是简单的各地区之间经济总量之间的差距，而是人口、经济、资源环境之间的空间失衡（马凯，2006）。面对迫切需要解决的区域协调发展问题，国家主管部门推动了空间规划体系改革试点（韩青等，2011）。本文通过系统论述我国区域规划的发展过程，提出"1+X"空间规划体系构想。

1 区域规划的初创与中断

1949年以前，由于长期实行封建国家制度，政府为百姓所养，政府管理主要是收取来自百姓的赋税，以维持政

作者简介

顾朝林，清华大学建筑学院。

权运行，而不需要国家经济和社会发展规划。城市发展就是城市建设，仅为传统中国文化的象征和符号，并不将民生、发展放在优先位置，因此古代的城市规划只是城市建设过程中贯彻和突出传统中国哲学、文化、艺术、威权的张本，并不是真正的城市建设的蓝图。直到民国后期，我国沿海半封建半殖民地城市才出现了由外国城市规划师帮助编制的具有现代意义的城市总体规划。

1.1 区域规划的发端

1949～1952 年是国家战后恢复时期，1951 年中央政治局扩大会议提出了"三年准备，十年计划经济建设"的重大决策，即从 1953 年起实施第一个五年计划。学习苏联计划经济体制，将国民经济各部门联接成为一个有机的整体，实现社会化大生产，因而客观上要求它们之间保持一定的比例关系。由于计划经济体制和全社会、全领域管理的需要，采取了"大政府、小社会"的政府管理模式，将经济、社会、建设、土地、环境、交通和能源等划分为不同的政府部门，各部门都为实现经济和社会发展目标编制了各自的规划或计划。这是我国国民经济计划和城市总体规划的初创时期。

1953 年国家编制"一五"计划，确定的基本任务是"集中主要力量，进行以苏联帮助我国设计的 156 个大型建设项目为中心、由 694 个大中型建设项目组成的工业建设，建立我国社会主义工业化的基础"。与此相对应，国家基本建设委员会也于 1956 年设立区域规划与城市规划局，我国的区域规划于 1956 年在苏联专家帮助下，以新建工业城市为中心首先展开，颁布了《区域规划编制和审批暂行办法（草案）》。1958～1960 年，许多省区均编制了区域规划。1960 年，在辽宁省朝阳市召开了全国区域规划经验交流会，对区域规划的理论和方法进行专门总结。对城市与区域规划来说，从重大工业项目的联合选址，到处理好工业项目与城市的关系、基础设施的配套建设，乃至原有城市的改扩建、各项建设的标准制定等，都发挥了重要的综合指导作用，为 1949 年以后中国工业体系的迅速建立做出了积极贡献（陈晓丽，2007）。

1.2 区域规划的中断

"一五"计划的实施成果辉煌，成为 1949 年以后国家经济发展和基本建设的象征。"二五"计划提出了工业"以钢为纲"、农业"以粮为纲"的不切实际的"赶超英美大跃进战略"。在基本建设领域，1960 年桂林会议后也开始了城市建设的"大跃进"，城市规划指导思想偏离城市发展的内在规律，盲目冒进取代了科学规划和决策，城市与区域规划的科学性受到质疑。1962 年，为了强调规划的科学决策，将城市规划设计院纷纷改名为城市规划设计研究院。1964 年，"建设"作为一个经济部门划归国家经济委员会领导，城市规划设计研究院不是物质生产单位，被合并到城市规划局，科研人员和编制被大幅裁撤，业务职能被限定在"只搞调查研究，不领导规划业务"。在"文革"时期，国民经济计划勉强维系编制，其中"三五"计划以"备战、备荒"为中心进行"山、散、洞"的"三线"建设；"四五"计划则基于当时的国民经济状况，不得不将粮食、棉花、钢铁、煤炭、发电量和铁路货运量等维持基本生活需求的产品生产列为国民经济发展的重点，城市规划和区域规划则被进一步废止（顾朝林，2015）。

2 "类"区域规划的再繁荣

1978 年，十一届三中全会确定"改革开放"政策，为规划编制注入新的活力，并提出新的要求。为了吸引国外资本、技术、管理和企业，营造良好的投资环境，我国规划学者和规划师开始学习西方国家的规划理论和方法，在经济、建设、土地、环境等政府事权分立的制度框架条件下，为了激发资本、土地、劳动力、技术和政策对经济与社会发展的拉动作用，满足国家"改革开放"需要，发展了"问题导向型规划"和"目标导向型规划"。

2.1 国民经济计划变革

改革开放初期，国家重新关注社会主义现代化建设问题，在总结前五次国民经济五年计划时认识到，国家计划重物质生产轻科学教育，导致了生产工艺落后、产量偏低，不能满足国家基本的物质消费需求，国民经济计划需要从产品生产计划走向生产要素发展规划的变革。据此，国民经济"六五"计划（1981～1985）开始关注科技和教育等社会要素，着重解决农业、能源、交通、教育和科学问题，将国民经济计划易名为国民经济和社会发展计划。国民经济和社会发展计划从片面追求工业特别是重工业产值产量的增长转向注重农轻重协调发展以及经济、科技、教育、文化、社会的全面发展；从指令性计划转向宏观、战略、政策性规划，实现了从五年计划到五年计划与长期计划相结合、从单纯的经济计划到国民经济和社会发展计划的转变。国民经济和社会发展的"七五"计划（1986～1990）更是提出"中国特色新型社会主义经济体制"、保持稳定增长和改善城乡人民生活，国民经济和社会发展计划编制也从农村经济转向城市经济，从经济规划转向综合规划（杨伟民，2003）。

2.2 城镇体系规划

到 20 世纪 80 年代，为发挥中心城市的作用，带动区域发展，我国长期缺失的区域规划、城市规划开始得到关注。1980 年，国家建委领导召开了全国城市规划工作会议，江苏、湖北、山东、湖南、江西等省区逐渐将城市规划提上议事日程，开始编制经济特区、经济技术开发区、高新技术开发区及其相关的城市总体规划。这一时期，规划师严重短缺，规划理论和方法也严重滞后。年轻的规划师，除了从建筑和城市设计的视角重拾过去的城市物质规划外，也为了适应外资和外企进入开发区的现实，对城市功能的认识逐渐跳出"重生产轻生活"的圈子，开始关注城市生活区、基础设施、社会服务设施的配套建设。后来逐步认识到，城市规划实际工作是在"促进经济建设和社会的全面协调发展"（陈晓丽，2007；张京祥、罗震东，2012），因此开始学习经济和社会分析方法，并将产业、用地、重大基础设施纳入城市规划（宋家泰等，1985）。随着劳动力、技术和资本等生产要素的流动，中心城市对区域经济的带动和辐射作用越发重要，城市规划师逐渐认识到，把握城市发展的客观规律需要"跳出城市看城市"，在缺乏区域规划的条件下，创造了中国特色的城镇体系规划（宋家泰、顾朝林，1988），重点解决"城市总体规划"编制中的城市功能定位、城市规模预测、城市用地发展方向选择（对应城镇职能类型结构、城镇规模等级结构、城镇地域空间结构"三个结构"）和基础设施、社会设施布局的区域因素考虑（对应城镇网络"一个网络"）。城镇体系研究在烟台城市总体规划中率先应用，后来逐渐在合肥、南京、徐州、南通、东营等城市总体规划编制时得到运用。1984年8月，建设部（即现住房和城乡建设部，下同）第36号令《城镇体系规划编制审批办法》颁布，在城市、省区层次推动城镇体系规划，并在20世纪80年代末编制了全国城镇体系规划。

2.3　国土整治与规划

这一时期，国家实行改革开放政策，计划经济向市场经济体制转轨，土地和银行信贷成为对外开放、吸引外资的两个激发因素，水、土、矿产等资源在城市与区域发展中的作用日益明显。1981年的政府工作报告指出："水是一种极为重要的资源，……过去我们对这一点重视得很不够。……必须同整个国土的整治结合起来，……做出合理利用的规划。"会后时任总理带队赴法国学习国土整治与规划经验，不久后正式的区域规划工作即以国土规划与整治的形式展开。1981年，国家基本建设委员会副主任吕克白负责筹备组建国土规划与整治部门；1982年，国土规划与整治政府机构从国家基本建设委员会转移到国家计划委员会（以下简称国家计委），成立了国土规划司，吕克白任国家计委副主任，主要分管国土规划工作，方磊任国土规划司司长，开展26个重点地区的国土规划编制试点，主导全国的国土规划与整治工作，并编制了《全国国土规划纲要（1985～2020年）》。国务院国发〔1985〕44号文件指出："国土规划是国民经济和社会发展计划的重要组成部分，对于合理开发利用资源，提高宏观经济效益，保持生态平衡等具有重要的指导作用，也是加强长期计划的一项重要内容。"1989年，国家计委计国土198号文进一步明确："国土规划是一个国家或地区高层次的综合性规划，是国民经济和社会发展计划体系的重要组成部分。"1990年，国家计委充分认识到"我国面临的人口、资源和环境问题十分严峻，必须重视并认真解决好这个问题"，在河北省保定市召开了全国国土工作座谈会，研究如何在治理整顿和深化改革中进一步搞好国土工作，在编制全国和省级国土规划的同时，探索并编制了地区级、县级国土规划，促进国民经济长期持续、稳定、协调地发展。

2.4　初创土地利用总体规划

1986年，为了遏制土地浪费，国家成立了土地管理局并颁布《中华人民共和国土地管理法（1986）》，规定"城市规划和土地利用总体规划应当协调，在城市规划区内，土地利用应当符合城市规划"。因此，编制的第一轮全国土地利用规划主要面对城市规划区外的农村土地，规划重点在于土地承载潜力研究、耕地开发治理研究、城镇用地预测研究等。

毋庸置疑，这一时期的国民经济和社会发展计划、国土规划与整治、城镇体系规划与土地利用总体规划，共同为我国的改革开放、吸引外资、构筑外向型经济体系搭建了环境平台。城市规划和土地利用规划以城市规划区为界，城市规划以城市土地利用为主，土地利用规划以保护耕地为主，各司其职，各守一方（顾朝林，2015）。

3 "类"空间规划的市场转型发展

1989年，我国度过了不平凡的一年。首先，建立了社会主义市场经济体制。朱镕基清欠"三角债"，强化中央财政实施分税制，推动人民币大幅贬值和汇率并轨，政策性金融和商业性金融初步分开，新的宏观经济调控框架初步建立，市场在资源配置中的作用明显增强，以公有制为主体、多种经济成分共同发展的格局形成，加快现代企业制度建设，初步建立社会主义市场经济体制。其次，允许土地使用权有偿转让，土地与空间资源的合理配置成为国民经济和社会发展计划、城市规划和土地利用规划的核心环节。

3.1 土地利用规划转型

1989年，土地管理局与地质矿产资源部合并成立国土资源部，计划和发展委员会下设的国土规划司也转移到国土资源部，负责编制实施国土、土地利用、矿产资源、地质环境等综合规划。与此同时，由于开发区的土地采用使用权有偿出让的方式进行了市场配置，各开发区之间为了竞争资源，大多以十分低廉的价格甚至是零地价出让，很快许多开发区土地资源耗尽，又通过"扩区"的方式来保障供地需求。为了保护土地资源，国土资源部主导的土地利用总体规划也从以农村土地利用规划为主转向全覆盖的城乡土地利用规划，通过土地用途分区，按照供给制约和统筹兼顾的原则修编了土地利用总体规划。土地利用规划运用土地供给制约和用途管制，在开发规模和开发地点选择上发挥了重要作用。

3.2 国民经济和社会发展规划转型

这一时期，国民经济和社会发展规划开始转向以增长拉动为主，GDP、人均GDP、财政收入年均增长率、出口总值、利用外资额等成为国民经济和社会发展规划的预期目标，经济与社会发展的总体构想、区域经济布局与国土开发整治、产业发展与布局、外向型经济与横向经济联合等经济和社会发展分区政策，也成为国民经济和社会发展规划的重要内容。毫无疑问，这一时期的国民经济和社会发展规划取得了空前的成功，"八五"计划期间中国经济年均增长速度达11%，到2000年实现了人均国民生产总值比1980年翻两番的目标。

3.3　城市总体规划转型

1991 年，建设部召开了第二次全国城市规划工作会议，提出"城市规划具有计划工作的某些特征"（陈晓丽，2007），"城市规划不完全是国民经济计划的继续和具体化，城市作为经济和各项活动的载体，将日益按照市场来运作"（张京祥、罗震东，2012）。1992 年，邓小平南巡讲话后，外国直接投资和城市土地市场化掀起了"开发区热"，中国城市、沿海地区进入大发展时期，对外开放的范围和规模进一步扩大，形成了由沿海到内地、由一般加工工业到基础工业和基础设施的总体开放格局，增长拉动型规划成为主流。由于空间增长的需求强烈，这一时期，除了以工业发展为主的"工业园""开发区"外，也衍生出一些"开发区"变体，如"科学城""大学城"等，"目标导向型规划"成为城市和开发区规划的特色。一方面，城市规划出现了发展目标和开发规模盲目膨胀、脱离实际的状态；另一方面，由于开发区体制肢解了城市发展的统一管理和协调发展，最终导致城市发展宏观失控。由于以开发区、新区为核心，城市总体规划从过去城市建设的蓝图转向城市发展的蓝图。

综上所述，这一时期的国民经济和社会发展规划、城市总体规划和土地利用总体规划"三个规划"，一方面，由于规划师对市场经济体制下生产要素流动规律和机制的认识不足，疲于应付各自部门因快速经济增长而出现的生产要素供给不足；另一方面，"三个规划"都涉及城市整体发展但都未获事权分管，出现"类"空间规划的目标不同、内容重叠，一个政府、几本规划、多个发展战略的局面。与此同时，由于快速经济增长，对土地、劳动力和资本的供应需求加大；快速城市化和快速增长也为城市与区域发展中的经济结构性问题、空间和社会极化问题、资源生态环境问题以及大城市病埋下伏笔。

4　"三规"趋同以及规划失效

2000 年，我国加入世界贸易组织（WTO），东南沿海很快成为"世界工厂"。2002 年，中共"十六大"进一步提出全面建成小康社会目标，国民经济也进入快速发展时期。2008 年，北京举办第 29 届夏季奥林匹克运动会。我国很快成为世界第二大经济体和第一大贸易国，社会发展也进入变农业国家为工业化、城镇化、信息化和农业现代化的社会转型阶段。内地劳动力和自然资源加快向沿海地区流动，大城市的人口和经济、社会活动过度集聚，给沿海地区城市的运行造成了巨大的压力，拓展新的城市发展空间成为紧迫需求。

一些城市采取了建设"新区"或"新城"的方法，一些城市采取引导郊区集中发展的方式缓解老城区人口增长的压力，实现城市结构的优化，因此逐渐形成了经济高速持续增长对内过分依赖于房地产开发、对外过分依赖出口的局面。而同在 2008 年，源自美国的次级房屋信贷危机导致投资者对按揭证券价值失去信心，引发的流动性危机开始失控，并导致多个大型金融机构倒闭或被政府接管。随后衍生出欧元区如希腊债务危机，极大地挫伤欧美国家居民购买能力，从而对我国外向型经济体系形成了巨大的冲击，拉动内需、寻找新的增长点和增长区成为非常急迫的问题。在国内外问题和矛盾复杂多变的情况下，过去的"类"空间规划虽然竭尽所能地发挥各自对生产要素和空间协调的作用，终因体制、机制和部门利益等原因收效甚微，由于我国持续高速的经济增长衍生的一系列"资源—环境—生态"问题日益凸显，转型发展和可持续发展的资源与环境压力日益加剧，盲目投资和低水平总量扩张与社会事业发展滞后的矛盾日益尖锐，区域和空间协调发展面临日益严峻的挑战。

4.1 "三规"趋同

（1）国民经济和社会发展规划

为了应对新的国际国内经济形势和挑战，实现由中等收入国家转变为发达国家，避免落入中等国家陷阱的目标，规划体制改革被提上议事日程。时任国家发展和改革委员会（以下简称国家发改委）规划司长杨伟民认识到，政府在制定规划的时候不仅要考虑产业，还要考虑空间、人口、资源和环境的协调，带领研究团队通过调研和试点后起草了关于规划体制改革的意见（杨伟民，2003）。2003年，国家发改委委托中国工程院研究相关课题，提出增强规划指导、确定主体功能的思路。后来，中共中央关于"十一五"规划的建议明确提出了主体功能区的概念，并最终列入国家"十一五"规划纲要（马凯，2003）。"十一五"规划纲要重视区域问题，进行主体功能区规划，划定优化开发、重点开发、限制开发、禁止开发地区；结合世界金融危机对国民经济的影响，提出转变经济发展方式，将重点转向内需、城镇化、节能减排、包容性增长等；强调以人为本，坚持科学发展观，按照统筹城乡发展、统筹区域发展、统筹经济社会发展、统筹人和自然和谐发展、统筹国内发展和对外开放的要求，更大程度地发挥市场在资源配置中的基础性作用，为全面建成小康社会提供强有力的体制保障，并试点经济、建设和土地"三位一体"的空间规划（杨伟民，2010）。

（2）城市总体规划

经济全球化、市场原则主导的快速发展，给大城市发展注入了活力，刺激了大城市的旧城重建、近郊蔓延和"新城开发热"。作为制造"增长的机器"的工具，城市总体规划的"建设蓝图"角色被"发展蓝图"进一步引导为城市发展的"公共政策工具"，2006年开始施行的《城市规划编制办法》提出，"城市规划是政府调控城市空间资源的重要公共政策之一"。为了满足城市快速发展和大产业园区发展以及为项目配套基础设施和社会设施，寻找新的发展空间，城市规划编制不再是为了建设城市，而是为了"营销城市"的土地，在城市规划相关法律法规的基础上形成"寻租"空间，甚至城市总体规划成为"政策型"规划（李晓江等，2011）。巨大市场力和经济全球化对城市发展的冲击前所未有，也导致没有充分考虑这些因素编制的城市总体规划的失效。

（3）土地利用总体规划

由于1997年第二轮土地利用总体规划修编过分强调对农用地，特别是耕地和基本农田的保护，以"严格限制农用地转为建设用地，控制建设用地总量""确保耕地总量不减少"为目标，对国民经济发展必须的建设用地的保障不够，对生态环境变化的影响和需求的研究不多，使得规划在实际操作过程中缺乏科学性、合理性和可行性，规划目标和用地指标一再被突破，并没有真正发挥土地规划的"龙头"作用。2006 年第三轮土地利用规划修编，树立"全局、弹性和动态"的理性发展观念，从经济、生态、社会三方面构建节约集约用地评价指标体系，对特定区域的土地利用情况进行时空分析及潜力分析，为规划中的各项控制指标分解以及建设用地的空间布局分配提供依据（肖兴山、史晓媛，2004）。这样，土地利用规划也走向了基于土地资源利用的区域综合规划之路，使原来土地利用的单一要素规划向满足经济、社会与资源环境相互协调发展的多目标转变，规划内容也更加综合，包括确定土地利用方向、调整土地利用结构和布局、确定各业用地指标、划定土地利用分区和确定各用地区域的土地用途管制规则等（王勇，2009）。土地利用管理的主要策略转向"管住总量、控制增量、盘活存量"。

4.2　环境保护规划初创

在"发展是硬道理"旗号下，环境保护规划长期落后且让位于"发展规划"。直到 2002 年，分散的乡镇企业严重污染了区域的水、大气和土壤，环境保护部和建设部才联合出台《小城镇环境规划编制导则（试行）》，结合小城镇总体规划和其他专项规划，划分不同类型的功能区，提出相应的环境保护要求，特别注重对规划区内饮用水源地功能区和自然保护小区、自然保护点的保护，尤其严格控制城镇上风向和饮用水源地等敏感区有污染项目（顾朝林，2015）。后来的环境保护规划，也都是在进行环境功能区划分，局限在污染了的水、土壤、大气、噪声、固体废物的环境综合整治方面，主动的生态环境保护规划并没有开展起来。

4.3　城镇体系规划失效

这一时期，发端于城市规划，繁荣于发挥中心城市作用需求的城镇体系规划，慢慢变成了弱势，越来越发不出声音。在市域层面，市域城镇体系已经融入相应的城市总体规划中，臃肿的内容成为规划文本和说明书多余、不可操作的代名词。在县层面，县城规划扩展为县域总体规划，县域城镇体系规划也变成县城总体规划中区域分析的内容；在一些城镇化快速发展省区，小城镇发展获得关注，主管村镇的建设系统开始编制自封闭性质的县域村镇体系规划，分散了县域城镇体系规划作为县主体的空间规划的事权和权威性。事实上，由于住建部门事权的限制，县层面县域总体规划（除县城规划外）、县域城镇体系规划或县域村镇体系规划等大多成为有规划不实施的"墙上挂挂"规划。在省域层面，主管部门利用先发的法规优势推动省域城镇体系规划编制，但由于城镇体系规划的传统理念和方法不能适应市场经济体制的需求，存在明显的计划经济体制痕迹，即：先编出省域城镇体系规划，从上一个层次规定城市的等级规模结构、功能定位和职能结构、用地空间结构和发展方向，然后指导下层次各城市的总体规划。在后来城市土地财政普遍形成的情形下，所有的城市都希望通过城市总体规划扩大建设用地范围和数量，城镇体系规划的总量控制和城市总体规划的数量扩张，不可避免地产生出无法调和的矛盾，最终编制的省域城镇体系规划也大多成为一纸空文，无人实施。在这样的尴尬情形下，有的省区进一步推动省区城镇体系规划编制内容改革，从原来的"三个结构一个网络"改为区域空间结构、城镇空间结构、生态空间结构和交通空间结构"四个结构"（张泉、刘剑，2014），"城镇体系规划"逐步演化为"迷你版"的省区空间规划。然而，由于区域空间、城镇空间的土地、生态空间和交通空间的事权分散在发改、住建、国土、环保、林业、交通等政府职能部门，这样的以城镇体系为主体、内容庞杂的区域规划，由于实施主体的事权不掌握、不明确或缺失，规划的科学性、操作性和实用性难以保障。在全国层面，2005年建设部编制完成的《全国城镇体系规划（2006～2020年）》于2007年上报国务院，因为全国城镇体系规划的实施主体不明确，最终未获批准。

这一时期，一方面，在社会主义市场经济体制下，这些"类"空间规划在国际层面诚然促进了国家经济、重要城市与全球经济和全球城市体系的连接，为东南沿海世界工厂发展提供了强大的物质空间支撑；在国内层面，规划对实现国家战略目标，弥补市场失灵，有效配置公共资源，促进协调发展和可持续发展等发挥了巨大的作用；中国经济进入15年黄金增长期，GDP年增长率10％以上，实现从国际收支基本平衡到巨大外汇盈余。另一方面，由于空间规划的政府事权划分不清，国民经济和社会发展规划、城市总体规划、土地利用总体规划乃至环境保护规划都在面对城市与区域的可持续发展问题，都将"空间协调发展和治理"列为各自的规划目标，更加注重空间目标、更加突出和强调公共政策等，规划理论、编制方法和实施途径趋同，关于空间规划编制事权的争夺也越演越烈（王磊、沈建法，2014）。从现状国家颁布的法律法规看，真正具有法律地位的区域（空间）规划是城镇体系规划，它是事实上的"一级政府、一级事权、一本规划"，尽管生产要素和空间协调对这样的城镇体系规划实施显得非常紧迫，但由于规划内容除了涉及城市建设的部分外大部均超越了住建系统自身事权的管辖范围，规划实施因缺乏政府管理权限变得遥遥无期。

5 空间规划体系改革

5.1 顶层空间规划编制

2011年，国家出台《全国主体功能区规划》，明确了未来国土空间开发的主要目标和战略格局，我国国土空间开发模式发生重大转变。为了贯彻落实国民经济和社会发展规划纲要，国家发改委规划司和地区司开始选择跨省区、重点地区编制面向区域发展政策的区域发展规划，如《国务院关于支持赣南等原中央苏区振兴发展的若干意见》等，弥补区域规划的不足。同年，国土资源部也编制了面向国土资源开发的第二轮《全国国土规划纲要（2011～2030年）》。2012年，国家发改委认识到城镇化成为新时期经济增长和社会发展非常重要的因素，组织编制《国家新型城镇化规划》。2014年，中共中央、国务院印发了《国家新型城镇化规划（2014～2020年）》，并发出通知，要求各地区各部门结合实际认真贯彻执行。

5.2 "多规合一"空间规划试点

面对上述多规分立、各自为政的国家空间规划体系局面以及日益严峻的不可持续发展问题，《国家新型城镇化规划（2014～2020年）》提出：加强城市规划与经济社会发展、主体功能区建设、国土资源利用、生态环境保护、基础设施建设等规划的相互衔接。推动有条件地区的经济社会发展总体规划、城市规划、土地利用规划等"多规合一"。"多规合一"是指推动国民经济和社会发展规划、城乡规划、土地利用规划、生态环境保护规划等多个规划的相互融合，融合到一张可以明确边界线的市县域图上，实现"一个市县一本规划、一张蓝图"，解决现有规划自成体系、内容冲突、缺乏衔接协调等突出问题。

2014年，国家发改委、国土资源部、环境保护部与住房和城乡建设部四部委联合下发《关于开展市县"多规合一"试点工作的通知》，提出在全国28个市县开展"多规合一"试点。这项试点要求按照资源环境承载能力，合理规划引导城市人口、产业、城镇、公共服务、基础设施、生态环境和社会管理等方面的发展方向与布局重点，探索整合相关规划的控制管制分区，划定城市开发边界、永久基本农田红线和生态保护红线，形成合力的城镇、农业和生态空间布局，探索完善经济社会、资源环境和控制管控措施。

2017年1月，中共中央办公厅、国务院办公厅印发《省级空间规划试点方案》，推动九个省级空间规划试点，要求牢固树立新发展理念，以主体功能区规划为基础，全面摸清并分析国土空间本底条件，划定城镇、农业、生态空间以及生态保护红线、永久基本农田、城镇开发边界（"三区三线"），注重开发强度管控和主要控制线落地，统筹各类空间性规划，编制统一的省级空间规划，为实现"多规合一"、建立健全国土空间开发保护制度积累经验，提供示范。

6 "1＋X"空间规划体系思考

城市和区域发展，两者互相依存，互为发展，区域规划或"类"空间规划，对解决生产要素的城市和区域内部及外部的流动、交换、均衡与不均衡发展，无疑都发挥了巨大的作用。然而，由于我国的中央政府与中央和地方事权划分重叠或空缺以及历史上曾经的25年（1953～1978）计划经济体制，行政区和城市长期成为政府部门管理的实体单元，跨行政区的生产要素流动不足，城市的发展也局限于行政区内部，形成了重视城市建设规划、轻视区域发展规划的普遍局面。改革开放30多年来，在早期商品经济、后期市场经济体制框架下，极大地激发了资本、土地、劳动力和技术等生产要素的跨城市与跨区域流动。在区域发展的早期，交通运力不足、信息阻塞阻碍了城市和区域经济的发展，交通和流通"两通发展"成为破解城市与区域发展"瓶颈"的战略选择；后来，外资和技术的输入促进了快速或高速的经济增长，土地、劳动力、水资源和能源需求成为城市与经济发展的保障条件，跨城市、跨区域甚至跨大区的调水、调煤、调粮、输电、农民工流动和交通组织、行政区划调整和土地资源析出以及信息化和信息高速公路建设等，都成为"类"空间规划编制中要素供给的核心内容；再后来，由于经济、生产在城市或区域的加速集聚，进一步突破了城市或区域自身的淡水资源、排污容量、土地供给、生态环境承载力的限制，即所谓"资源的面状分布和发展的点上集聚"的矛盾加剧和激化，而同期的区域规划或空间规划严重滞后、失效或不作为，进一步加剧了人口爆炸、交通拥堵、住房不足和房价高涨、环境污染以及生态严重退化等这些发展中孳生的问题。这些区域问题和大城市病问题，如果不能及时解决，任其蔓延，会进一步衍生出一系列的空间、经济、社会、制度、环境、生态问题，从而导致区域竞争力下降，投资环境恶化，最终使得区域严重衰退（图1）。这就是当下我国经济和社会发展与区域空间不协调面临的巨大区域问题。

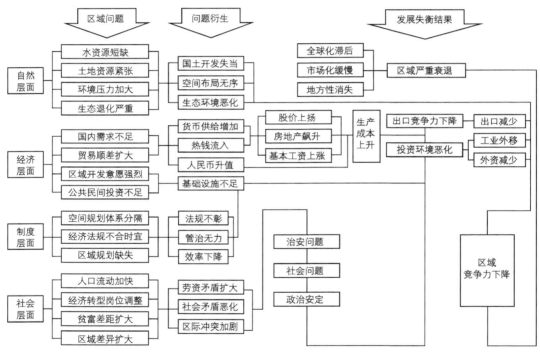

图1 区域问题导致区域衰退的逻辑关系

资料来源：顾朝林等，2007。

如何化解这个巨大的区域不协调问题？如何解决由于区域不协调孳生的城市和区域发展中的诸多问题？笔者认为：通过重划政府事权、推进政府部门重组、重构国家空间规划体系的激进主义改革，会从根本上解决上述问题，但也存在体制改革的巨大风险。笔者建议，在原有部门规划制度框架和"类"空间规划的基础上，通过"渐进性改革"，将各部门规划的"空间规划"元素全部抽取出来，形成一个高于这些规划的"一个政府、一本规划、一张蓝图"，这个规划就是欧美国家规划体系中的区域规划，德国和荷兰等国家的"空间规划"，建构基于"多规融合"的"1＋X"新空间（区域）规划体系。这样的空间规划制度设计，无论是管理成本、规划实施，还是规划理论和方法，都是实际和可行的，也能避免因为规划制度的变革产生新的规划管理问题。

　　所谓基于"多规融合"的"1＋X"新空间（区域）规划体系，核心就是"1"，即空间发展总体规划的设计。笔者设想：在国家及省区的社会和经济发展目标指引下，编制空间发展总体规划。这个规划从自然、经济和人口三个方面切入，对市县人口、经济、产业、交通和市政设施、绿色基础设施、公共服务设施进行空间配置，并对土地、水资源、天然资源分配预规划，市县地方政府赋予区域发展总体规划以独立的地方开发裁量权（发展区划定）、区域交通设施和绿色基础设施建设投资划拨权，使规划编制可操作、可实施。空间发展总体规划编制技术框架如图2所示（顾朝林、彭翀，2015）。

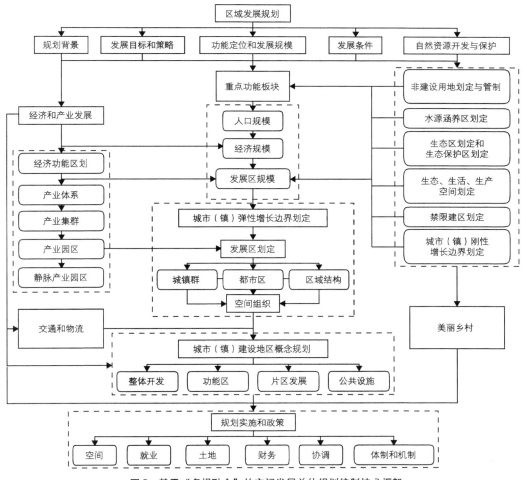

图2　基于"多规融合"的空间发展总体规划编制技术框架

资料来源：顾朝林、彭翀，2015。

不难看出，该区域发展的总体规划框架，是建立以规划编制背景、上级和本级政府确定的发展目标和策略、功能定位、发展规模、经济和社会发展条件以及自然资源开发和保护为基础，以空间开发和规划为中心，实现满足生态和环境承载力的经济（产业）和（城乡）人口的既可持续又最大化的区域总体发展。

首先，构筑"与自然和谐共生"平台。根据市县发展目标和策略、功能定位、发展规模以及自然资源，进行非建设用地划定与管制，划定水源涵养区、生态保护区、生态—生活—生产空间、禁止和限制建设区以及城市（镇）刚性增长边界，使未来空间开发、社会和经济发展均建立在"与自然和谐共生"的基础上。在自然资源开发和保护的基础上，进行美丽乡村规划建设。

其次，搭建循环经济和产业发展平台。以规划编制背景、发展目标和策略、功能定位和发展规模、经济和社会发展条件以及自然资源为基础，基于循环经济和绿色生态产业理念，进行市县经济功能区划，为空间发展中重点功能板块和发展区做准备。同时，构建基于各经济功能区的产业体系、产业集群、产业园区以及以循环、再利用、再制造为特征的"3R"静脉产业园区，编制经济和产业发展规划。依据产业和发展区空间组织，进行市县区域交通和物流规划，为发展区概念规划提供对外交通、物流、信息基础设施条件。

再次，按发展区编制建设规划。在市县重点功能板块的基础上，根据人口和产业规模确定各重点功能板块的发展区规模，划定城市（镇）弹性增长边界和发展区，在城镇群、都市区和区域结构的基础上进行发展区空间组织，进而编制发展区建设地区概念规划，确定整体开发方案、功能区组织、片区发展和公共设施布局。

最后，在空间、就业、土地、财务、跨区协调等方面保证规划实施，从而实现"一个政府、一本规划、一张蓝图"干到底的设想。

7 结语

"多规合一"的核心要义是为了解决目前规划编制太多、互相矛盾、互相牵制，无法真正实施的问题，方向是正确的。然而，由于短期内无法进行相关的政府体制改革到位和政策法规修改，"多规合一"的空间规划需要分步走，即："先融合，再合一"。本文从我国区域（空间）规划的发展过程入手，根据当下中国的实际，提出基于"多规融合"的"1＋X"空间规划体系框架，按照现有的体制和制度框架，是可以形成"一级政府、一级事权、一本规划"的，区域发展总体规划编制完成后，与其他的部门的规划能够协调，也可以实施这个规划。但是，要在学术界、规划界、政府管理部门都统一到这样的认识上，可能还需要时间。

致谢

本文受国家自然科学基金重大项目"特大城市群地区城镇化与生态环境交叉胁迫的动力学模型与

阈值计算"（41590844）资助。

参考文献

[1] 陈晓丽. 社会主义市场经济条件下城市规划工作框架研究 [M]. 北京：中国建筑工业出版社，2007.

[2] 顾朝林. 多规融合的空间规划 [M]. 北京：清华大学出版社，2015.

[3] 顾朝林. 论中国"多规"分立及其演化与融合问题 [J]. 地理研究，2015，34（4）：601-613.

[4] 顾朝林，彭翀. 基于多规融合的区域发展总体规划框架构建 [J]. 城市规划，2015，39（2）：16-22.

[5] 顾朝林，张晓明，刘晋媛，等. 盐城开发空间区划及其思考 [J]. 地理学报，2007，62（8）：787-798.

[6] 韩青，顾朝林，袁晓辉. 城市总体规划与主体功能区规划管制空间研究 [J]. 城市规划，2011，35（10）：44-50.

[7] 李晓江，赵民，赵燕菁，等. 总体规划何去何从 [J]. 城市规划，2011，35（12）：28-34.

[8] 马凯. 用新的发展观编制"十一五"规划 [J]. 宏观经济，2003，（11）：3-12.

[9] 马凯.《中华人民共和国国民经济和社会发展第十一个五年规划纲要》辅导读本 [M]. 北京：北京科学技术出版社，2006.

[10] 宋家泰，崔功豪，张同海. 城市总体规划 [M]. 北京：商务印书馆，1985.

[11] 宋家泰，顾朝林. 城镇体系规划的理论与方法初探 [J]. 地理学报，1988，43（2）：97-107.

[12] 王磊，沈建法. 五年计划/规划、城市规划和土地规划的关系演变 [J]. 城市规划学刊，2014，（3）：45-51.

[13] 王勇. 论"两规"冲突的体制根源——兼论地方政府"圈地"的内在逻辑 [J]. 城市规划，2009，33（10）：53-59.

[14] 肖兴山，史晓媛. 浅析第三轮土地利用总体规划 [J]. 资源与人居环境，2004，（7）：29-31.

[15] 杨伟民. 规划体制改革的理论探索 [M]. 北京：中国物价出版社，2003.

[16] 杨伟民. 发展规划的理论与实践 [M]. 北京：清华大学出版社，2010.

[17] 张京祥，罗震东. 中国当代城乡规划思潮 [M]. 南京：东南大学出版社，2012.

[18] 张泉，刘剑. 城镇体系规划改革创新与"三规合一"的关系——从"三结构—网络"谈起 [J]. 城市规划，2014，38（10）：13-27.

"多规合一"改革中的政府事权划分 [①]

宣晓伟

Government Power and Responsibility Division in the Reform of "Multiple Plans Coordination and Integration"

XUAN Xiaowei
(Development Research Center of the State Council, Beijing 100010, China)

Abstract The article analyzes the progress and problems of the reform of "Multiple Plans Coordination and Integration", and focus on the issues of government power and responsibility division in it. To continue the reform, it is needed to clarify the power and responsibility among different levels of governments in the spatial planning system. The key action is to adjust the identical pattern of planning systems of central and local government. In central level, the integration mode of plan system is more preferable, and in local level, the coordination mode is more suitable.

Keywords multiple plans coordination and integration; central and local government relationship; power and responsibility division

摘　要 文章讨论了我国市县层面"多规合一"改革中的进展和问题,认为目前的症结在于政府事权划分不清。要继续推进"多规合一"改革,就必须实现空间事权在横向职能部门之间和纵向各级政府之间的合理划分,根本举措在于打破目前中央和地方"事权共担、部门同构"下各层级规划体系"上下一般粗"的格局,按照"治理现代化"的要求,构建中央层面遵循"协调"模式和地方层面遵循"整合"模式的空间事权划分类型。

关键词 多规合一;中央地方关系;事权划分

　　"多规合一"改革是指在市县范围内,推动经济社会发展规划、城乡规划、土地利用规划和生态环境保护规划等融合,形成"一个地区、一本规划、一张蓝图"[②]。推进"多规合一"改革,是为了解决目前我国规划领域存在的规划过多、规划打架和规划有效性不足等突出问题(苏涵、陈皓,2015;顾朝林,2015;朱江等,2015)。2014年,中央全面深化改革领导小组将"推进市县'多规合一'改革"作为经济体制和生态文明体制改革的一项重要任务。国家确定辽宁省大连市旅顺口区、黑龙江省哈尔滨市阿城区等28个"多规合一"改革试点市县后,各地区在发展与改革委员会(下称发改委)、国土资源部(下称国土部)、环境保护部(下称环保部)、住房和城乡建设部(下称住建部)四部委的指导下,对"多规合一"改革的多个方面进行了探索,取得了相应的进展。然而,原定由上述四部委在提炼总结地方试点经验的基础上,共同研究起草上报中央全面深化改革领导小组,并在各地推广实施的市县"多规合一"的改革方案,却迟迟未能完成。

作者简介
宣晓伟,国务院发展研究中心。

事实上，就如何继续推进"多规合一"改革、构建相关的空间规划体系，目前仍处在众说纷纭的阶段，各方面的看法还存在不小的分歧（邓兴栋等，2017；许景权等，2017；何冬华，2017；董祚继等，2017）。

由于"多规合一"改革相当复杂，涉及议题众多，难以在一篇文章做出面面俱到的分析。本文将从实际问题出发，选取事权划分的视角，侧重探讨"多规合一"改革中相关事权如何在不同层级政府和不同部门间进行合理配置，以期对继续推进"多规合一"改革提出建议，也为我国空间规划体系的建构和空间治理能力的提升提供参考与借鉴。

1 "多规合一"改革的进展和问题

1.1 各地"多规合一"改革试点的进展

总体来看，当前各试点地区在"多规合一"改革中主要取得以下成绩。

一是各地较好地完成了改革试点任务，形成了一系列的改革成果。围绕"一个市县一本规划、一张蓝图"的改革目标，各试点县市形成了以"几个一"为标志的"多规合一"改革系列成果，实现了"探索完善市县空间规划体系、划定'三区'（城镇、农业、生态）和'三线'（城市开发边界、永久基本农田红线和生态保护红线）"的改革要求，对于如何推进"多规合一"，衔接融合各相关规划，在技术、方法、机制等多方面做出了富有创新意义的探索。"多规合一"的核心是要解决"规划打架"的问题，各地在统一规划期限、空间坐标、用地分类、数据格式等多个领域做出了积极尝试，较好解决了各规划衔接的难题。

二是各试点地区在运用"多规合一"的改革成果方面取得初步成效。①各地利用"多规合一"信息平台，推动各部门管理流程的协调和整合，提高了项目审批的效率。许多试点市县通过改革，对发改委、住建部、国土部、环保部等各部门的数据资源进行整合，构建了"多规合一"体系下统一的信息平台，并利用这个平台初步开展了项目的选址决策、项目预审、联合审批等业务，显著缩短了审批时间，提高了部门的办事效率。②更好地统筹产业发展和项目落地，加强生态环境和基本农田的保护，优化整个区域的空间布局。在"多规合一"改革中，试点市县得以更好地谋划整个区域的空间布局，平衡好保护和发展的关系，使地区的总体发展战略在空间得到更为有效的落实。③通过协调规划矛盾，盘整激活土地资源。在原有规划分立的条件下，常常发生的情况是一块地在不同规划中的定位不同，由此导致许多"争议"或"沉淀"地块难以得到有效的利用和开发。在"多规合一"改革过程中，试点市县通过合理调整来消除不同规划的图斑差异，从而使得相应的土地资源得到盘活。

1.2 各地"多规合一"改革试点所面临的问题

1.2.1 在如何推进"多规合一"的认识、做法等诸多方面仍存在较大分歧

试点过程由发改委、住建部、国土部、环保部四部委分别选取各自的市县进行指导③，各试点地

区虽然都在推进"多规合一"改革，但是对"多规合一"中的"一"（即"一本规划、一张蓝图"）应该是什么样子、应该采取何种办法来"合"成这个"一"，仍存有很大的差异。

一是对"多规合一"的认识有明显的不同。有观点认为，"多规合一"的"合"主要是协调原有各规划之间的冲突，重点是消除图斑差异，实现各规划在期限、坐标、数据等方面的统一。在这种思路下，"多规合一"改革是在保留原有规划的基础上，通过统筹协调产生一个新的"一本规划"。这种看法强调，虽然原有的各规划存在多方面的冲突，给实际工作的开展带来了许多困扰，但各规划都有自身的职能以及相应的管理体系，很难通过一个规划将几个规划都整合甚至替代了（赵燕菁，2016）。因此，"多规合一"的"合"是一种"协调""融合"，推进"多规合一"改革并不是要重新编制一个全新的规划，而是要完成"规划的协调工作"，是完善"隐藏于法定规划之后的协调手段和机制"（朱江，2015）。

但也有观点认为，上述做法只是暂时性地消除甚至掩盖了不同规划之间矛盾的表面工作，仅能做到某个时点的各个规划的一致，而产生规划冲突的深层次机制仍然存在。保留原有各规划的生成和实施机制，则一段时间后即会产生新的矛盾，又需新一轮的协调。因此，"多规合一"改革不能仅着眼于协调规划之间的表面矛盾，而是要根除产生冲突的深层次机制。换言之，要一劳永逸地解决规划冲突问题，必须从根本上对现有的规划进行整合。"多规合一"的"合"就是"整合""替代"，即是将各个规划合并成一个新的"空间规划"，无须再编制原有的土地、住建等"类"空间规划。在市县层面这类相对较小的地域范围内，应该将几种规划整合为一个全新的空间战略规划，真正做到"一本规划、一张蓝图"，这也应该是"多规合一"改革的本来目的，这样既解决了规划打架的问题，又解决了规划过多的问题（谢英挺、王伟，2015）。

二是推进"多规合一"改革的做法有较大差异，形成的"多规合一"改革成果并不一致。住建部和国土部等部门倾向于保留原有的各自规划、协调融合产生新规划的改革思路，以自身的规划为基础推进"多规合一"改革。例如，住建部提出应"积极探索以城乡规划为基础的'多规合一'工作方法"；国土部则希望"以国土规划、土地利用总体规划为基本规划，推进区域布局、城乡建设、交通发展、土地利用、国土整治、生态保护等空间规划编制过程、成果要求的统一或融合"①。与此相反，发改委则强调推进根本性的制度变革，即坚持将原有多个规划整合为一个空间规划，而不再编制原有规划的改革思路。

因此，在形成"一本规划、一张蓝图"的过程中，各试点地区在不同部门指导下，在以哪个规划为基础、采用何种坐标、依据哪些数据、形成怎样的规划体系等多个方面存在明显的不同。有的试点地区以城乡规划为基础，采用地方坐标体系和城乡规划中的土地分类和数据；有的地区以土地利用规划为基础，采用西安80坐标系统和土地利用规划中的土地分类及国土二调数据；有的地区则采用国家地理信息局的2000坐标体系和地理普查数据，构建了新的土地分类。由于指导部门不同，各地区在如何构建规划体系、统筹协调各类规划、消除差异中所采取的原则和方法也存在明显的差异，并无统一的做法。

1.2.2　"多规合一"改革成果缺乏明确的定位，与现有规划体系的运行产生潜在的矛盾

较为普遍的看法认为，"多规合一"改革是在原有各规划基础上的综合，无论"合"是"融合"还是"整合"，所形成的"一本规划"的地位应高于原有的各规划，起到统筹、协调其他规划的引领作用，然而这一思路的实现存在极大的困难。

一是存在原有各规划能否继续编制的问题。我国现有的《城乡规划法》第十四条、《土地管理法》第十七条和《环境保护法》第十三条分别明确规定，县市一级政府应当编制相应的"城市总体规划""土地利用总体规划"和"环境保护规划"，如果采取"将各规划整合成一个规划，原有各规划不再编制"的"整合"思路，则会面临需要调整已有法律规定的问题，这绝非轻而易举之事。

二是存在"多规合一"所形成的规划和原有各规划的地位高低问题。即使采用"保留原有的各规划，协调产生新规划"的"融合"思路，也存在"多规合一"所形成的规划和原有各规划间"谁服从谁"的问题。例如现有试点县市"多规合一"改革所形成的规划，其规划期限均到 2030 年，相应规划中各项指标数值的设定也到 2030 年，其中包括最为重要的基本农田保护面积、建设用地规模等指标，然而目前国家和省级层面"土地利用总体规划"的期限只到 2020 年，对相应指标的设定也只到 2020 年⑤。如果以"多规合一"规划统筹引领原有规划，使原有规划服从"多规合一"规划，则难以确保已有"多规合一"所形成的指标与未来"自上而下的各级原有规划"的一致性，而对于基本农田保护面积、建设用地规模等核心指标的未来数值，难以完全通过编制"多规合一"规划的方式由市县层面"自下而上"地设定。

三是存在"多规合一"改革所形成规划的审批问题。有看法认为，如同各级政府的国民经济和社会发展五年规划，"多规合一"改革所形成的规划只需本级人大批准通过即可。但更多的观点认为，如果需要"多规合一"规划发挥统筹引领作用，就必须得到更高层级的政府批准。考虑到市县的城市总体规划、土地利用规划多由省政府或是国务院批准，因此"多规合一"规划的审批层级应该高于或者至少不低于原有各自规划的审批层级。然而在原有规划体系繁杂的审批流程下，如果又新增一套"多规合一"规划的审批流程，而且其与原有各规划的内容有着很大程度的重叠，不仅会造成规划审批体系的叠床架屋，还会大大增加规划之间冲突的可能。

因此，由于目前对"多规合一"的认识和具体做法存在较大的分歧，"多规合一"改革形成的规划定位不清，与原有各规划的关系难以理顺，所以在现实中，各试点地区更多还是按照原有的规划体系和审批流程在操作，花费大量人力、物力所形成的"多规合一"成果，难以真正得到各上级主管部门的认同，并未充分发挥其应有的效果。"多规合一"试点改革的成果正在更多地变成展览和演示。如果缺乏合理有力的进一步举措，轰轰烈烈的"多规合一"改革恐怕难逃虎头蛇尾的结局，而这样的结果在过去的历次规划改革中并不鲜见。

2　事权划分视角下的"多规合一"改革

如上所述，在"多规合一"改革的认识和做法等方面存在的分歧，很大程度上源于各部门管理职权间的冲突，涉及"空间事权"应该如何在不同部门之间分配；而"多规合一"改革所形成规划的定位不清、与现有规划体系产生矛盾等问题，与究竟该由哪一级政府拥有相关的规划编制和审批等权限有密切关系，又涉及"空间事权"应该如何在不同层级政府之间分配。因此，要有效解决当前"多规合一"改革中的问题，需明确"空间事权"在不同部门和不同层级政府之间的合理配置，所以有必要从"事权划分"的角度对此进行探讨。

2.1　空间事权的划分及其面临的关键问题

"事权"是政府对资源配置施加影响的权力，这种影响既可以是直接地对资源进行分配（例如公共资源的配置），也可以是间接地、通过设立相关的规则对资源进行配置（例如编制和实施规划）。政府事权的本质是一种公权力，即代表公共利益和公共意志对资源配置施加影响的权力，同时也意味着政府在此过程中所应承担的任务和职责，规定了各级政府所承担各项事务的性质和范围①。

"空间事权"是"各级政府对空间资源的配置施加影响的权力"。"空间"是一个地理意义上的范围，既包括相应面积的土地（海洋等），也包括附着在具体空间上的设施和资源，例如房屋、森林等。同样的，"空间资源配置"既包括特定空间（土地、海洋等）用途的变化，也包括附着在空间上资源的变化，例如城市建筑的变化。

空间事权的划分，是指在不同层级政府和不同具体部门之间，对一个具体空间资源配置产生影响的权力进行分配②。

空间事权的划分，首先涉及政府各部门之间管理职权的界定（即"横向"划分）。当前"多规合一"改革所遇到的主要困难之一，是如何解决不同部门之间规划的协调问题以及由此带来的认识和做法上的差异。而不同部门之所以会产生冲突，多是因为不同的部门根据各自的管理职能，针对同一个具体的空间资源（地块），给出了不同的定位和用途。由于空间资源是唯一的，但定位和用途是不唯一的，不同部门根据自身的管理职责编制不同的规划，给出了各自的定位和用途，就很有可能导致冲突。因此，如何解决"空间资源的唯一性"和"空间资源管理的多样性"之间的矛盾，是空间事权划分的关键问题之一，也是空间事权在不同部门之间实现合理配置的前提。

其次，空间事权的划分还涉及不同层级政府之间的权力和责任配置（即"纵向"划分）。由于不同层级政府对于同一空间资源配置的诉求和取向可能是不同的，例如中央政府站在保证全国粮食安全的角度，在空间资源利用上对于基本农田保护会有着更强的偏好；地方政府出于发展本地经济的愿望，往往更倾向于减少本地基本农田保护的面积，增加建设用地的规模。因此，加强中央政府在空间资源配置上应有的权力和责任，确保上级政府的决策对于下级政府约束的有效性，是空间事权合理划分的重要原则之一。

与此同时，我国《宪法》第一章第三条指出："中央和地方的国家机构职权的划分，遵循在中央的统一领导下，充分发挥地方的主动性、积极性的原则。"在现有的中央地方关系安排下，地方政府承担着促进本地经济社会发展的重任，一个具体地块应该如何利用才能更好地促进本地的发展，下级政府往往比上级政府掌握更多的信息，能做出更好的判断。所以，在保证中央统一领导的同时，如何给予地方政府在空间资源配置上足够的灵活性，以充分发挥地方的主动性和积极性，也是空间事权划分的一项原则。

可见，不同层级政府之间的空间事权划分，既要保证"从上到下的约束性"，以实现中央政府对于空间资源配置的战略意图；又要保证"从下到上的灵活性"，否则中央管得过多过细，地方就会丧失应有的活力和积极性。因此，如何解决空间资源配置"从上到下的约束性"和"从下到上的灵活性"之间的矛盾，是空间事权划分的另一难题，也是空间事权在不同层级政府之间实现合理配置的前提。

综上，空间事权的划分涉及政府对空间资源配置进行影响的权力和职责，如何在不同部门之间做横向分配、不同层级政府之间做纵向分配，前者需要解决"空间资源的唯一性"和"空间资源管理的多样性"的矛盾，后者需要协调"从上到下的约束性"和"从下到上的灵活性"的矛盾。

2.2 "多规合一"改革中的事权划分问题

根据试点地区"多规合一"改革的已有实践来看，在市县范围内协调不同规划以及相应各部门之间的矛盾并不容易，但只要当地领导重视，尤其在书记或市（县）长亲自督促的情况下，解决地区之内不同部门之间的冲突还是能够做到的，真正的困难在于能否得到上级主管部门的认可。事实上，地方政府的具体职能部门接受着双重领导，背负着双重责任：一方面是本级政府的直接领导，有着促进本地经济社会发展的责任；另一方面是上级主管部门的业务指导，有着贯彻落实上级部门具体政策的责任。

如上所述，在空间事权的划分中，首先要保证的是中央政府决策从上到下的约束性。在我国现有中央地方制度安排下，这种"约束性"是通过具体职能部门层层传递来保证的。例如中央层面的国土部，将土地指标分解到省国土厅，后者再将指标分解到市或县的国土局，直至乡镇，从而保证各级地方政府土地指标的规模符合中央的决策。与此同时，在空间资源配置上，中央对于地方的要求是多方面的，例如保护基本农田、促进生态环境保护、推动经济社会发展等，这些要求也都通过不同的具体职能部门来层层传递完成，由此形成各个部门相应的管理体制、法律法规和规划体系。

而中央部门之间的管理职责也会存在冲突。例如，不同部门基于自身的管理职责，对空间资源配置出台各自的规划，其中可能存在冲突，但由于上级政府的规划多是大尺度、示意性的，且它们在执行对地方的管理中，更多的是在对下级政府发号施令，因此这些矛盾在中央部门层面多是隐性和潜在的，矛盾并未暴露。但这些规划层层落实到基层政府后，当一个基层政府定位具体地块的用途时，可能存在同一地块有着不同的管控要求的情况，基层政府面对来自不同上级部门的互相冲突的要求，陷入了难以协调的困境，管理部门和各自规划之间的矛盾就此充分显现。

由此可见，目前"多规合一"改革中问题的症结在于两个方面：一是不同职能部门之间的空间事权划分不清，尤其是中央部门管理职责之间的冲突；二是不同层级政府之间的空间事权划分不清，尤其是对于地方政府到底拥有哪些权力，没有明确的说法。一方面，如果部门之间的事权能真正做到全面、合理地横向划分，规划之间冲突的问题就不会如此严重；另一方面，即使存在部门之间的横向冲突，如果能够合理地纵向划分不同层级政府之间的事权，而不是由中央政府通过各级职能部门"一竿子到底"，那么市县层面的规划冲突问题也能够在市县区域的范围内得到较好解决。

因此，当前我国市县层面"多规合一"改革面临的困难，表面看来是由于不同部门之间的横向事权划分不清以及因此产生的职能和规划冲突，但深入来看是由目前中央地方关系安排下，中央对地方的管理方式导致的。部门之间的横向事权划分有各级政府编办的"三定方案"加以明确和规范⑧，但由于每个职能部门都承担着中央对地方在不同领域的管理任务和意图，而这些职能部门在不同层级政府之间的纵向事权划分并不清晰，且不同层级政府的事权划分缺乏相应的法律和文件，存在很大的模糊性和不确定性，使得空间事权的横向划分和纵向划分纠缠在一起，"部门"之间的冲突又遇上"央地"之间的矛盾，最终导致了当前市县层面"多规合一"改革难以继续推进的困局。

3 先进国家空间事权划分的特征

在探讨如何合理划分我国的空间事权之前，对先进国家的做法和经验进行借鉴总结，无疑是十分必要的。实际上，其他国家的各部门之间也存在职能冲突，相关规划也有各种各样的不足⑨，然而并没有我国这样突出的"规划过多""规划冲突"和"规划约束力不足"的问题。那么，先进国家是如何解决空间事权划分的难题，协调空间事权划分中"空间唯一性"和"管理多样性"的冲突以及平衡"中央约束性"和"地方灵活性"的矛盾呢？

可以看到，做得相对成功的先进国家，在空间规划体系构建和事权划分上也是千差万别的（陈钢等，2002；周静等，2017；罗超等，2017；蔡玉梅等，2014）。表面上看，事权的划分仅仅是在不同政府部门和不同政府层级之间进行权力的配置，但这种划分会受到政治、经济、社会等多种因素的影响，是深深植根于国家历史文化传统和制度安排演进之中的，所以，不同国家事权的具体划分必然呈现出极其复杂的面貌。现实中各个国家在空间事权划分上的具体做法有着明显的不同，并没有整齐划一、放之四海而皆准的统一模式。但是为什么这些模式各异的先进国家还能够相对较好地解决空间事权划分中的难题呢？事实上，这些模式之间还是存在一些有助于缓解空间事权划分矛盾的共同特征。

3.1 主要依据"影响范围原则"区别不同层级政府的空间事权归属

根据"影响范围原则"，如果事务的影响是局部和地方性的，则该项事权应归属地方政府；如果事务的影响是全局性和跨区域的，则该项事权应归属中央政府。一般情况下，影响范围越大，上级政府的权力和责任越大；影响范围越局部，下级政府的权力和责任越大。尽管在现实中，许多政府事务常常由不同层级的政府共同行使事权，难以做到将各级政府的种种事权都非常清晰地加以界定，然而"影响范围原则"仍然是先进国家事权划分最为根本的依据，深入贯彻于各级政府空间事权的划分实践中。

3.2　空间事权划分具有较为明显的层级性

因为"影响范围原则"决定着不同层级政府的事权划分，所以各级政府在空间事权行使上表现出明显的层级性。一方面，这种层级性体现在不同事务上，各级政府有着相对明确、各自不同的责任和权力，例如对于有全局影响的特定空间资源的保护，多是由中央政府亲自管理的，并不把责任转嫁给地方；另一方面，在各级政府混合行使事权的同一事务上，不同层级政府的目标、内容、重点也存在明显的不同，例如在规划的制定和实施上，不同层级政府规划的内容有着各自的侧重，在尺度上有着明显的区分，虽然中央和地方都对同一个空间做出规划，然而上级政府的规划更多是指示性和意向性的。事权划分中的空间层级性降低了"中央约束性"的刚性和具体程度，由此大大缓解了"中央约束性"和"地方灵活性"的矛盾。

3.3　上级政府对下级政府运用事权时经常采取诱导的方式

中央与地方产生矛盾的重要原因是两者存在不同的偏好和取向，因此要解决"中央约束性"和"地方灵活性"之间的冲突，关键是要解决中央和地方激励不相容的问题。在中央和地方事权共享的事务中，中央避免总是采取强制性的方式，更多采用政策优惠、资金补助等各种诱导的措施，创造一个激励相容的环境，促使下级政府按照上级政府的意愿行事，从而保证"中央约束性"和"地方灵活性"的诉求一致。例如，美国联邦政府大量采用类似方式对地方政府的事务加以影响，一个地方自治程度越高、地方权利越明确的国家，其中央政府对诱导式方式的依赖也往往越强。

3.4　事权行使的法治化和规范化程度较高，司法在调节政府事权关系中扮演重要角色

上级政府命令下级政府遵照执行的强制性事权，多由相关的法律法规明文规定。一方面避免中央部门任意出台针对地方政府的强制性政策，用法律来规范"中央约束性"；另一方面确保地方政府能够遵循上级政府的政策，用法律来约束"地方灵活性"。例如，日本地方分权化改革中的一项重点任务，就是对中央省厅委托给地方执行的众多"国家事务"进行规范化，明确分为由地方自行决策实施的"自治事务"和有法律明文规定的"法定受托事务"，从而实现中央委托地方事务的法治化。

此外，一旦地方政府在事权行使中产生异议，可以经由程序化的公开渠道加以申诉和协调。例如，日本《地方自治法》第250条设立了"国家地方纷争处理委员会"，地方政府对中央政府做出的行政干预不服从时，可以向该委员会提出审查请求[⑮]。司法途径也是地方政府维护自身权利的重要方式。例如，德国的联邦宪法法院负责审理"关于联邦与各邦之权利义务，尤其关于各邦执行联邦法律及联邦对各邦行使监督发生歧见之案件"（《基本法》第93条），联邦宪法法院还可以对联邦与各州颁布的

各项法律以及其他的法律规范和决定是否符合宪法做出裁定（沃尔夫冈·鲁茨欧，2010）；英国的地方政府也经常采用司法审查的途径维护自身的自由裁量权（戴维·威尔逊，克里斯·盖姆，2009）。

3.5　民主责任制原则在地方治理中得以较好贯彻，地方自治权力有较强保障

民主责任制原则，是指地方百姓能够对涉及其切身利益的地方事务有相应的权力和责任。民主责任制的实施使得地方百姓能够通过直接或间接的方式表达自身的诉求，从而保证公众对于规划的充分参与和对地方政府的有效控制。地区的民主自治程度比较高，则一些准政府或非政府的第三方组织往往可以发挥重要的作用，协调地区间不同部门之间的矛盾。例如，许多国家的地方"规划委员会"在编制和实施地方总体规划中扮演着重要作用。此外，在民主责任制落实得比较好的地区，地方议会也往往有着解决本地区部门之间职能冲突的最终权力，因此"空间唯一性"和"管理多样性"的矛盾也能得到相当程度的缓解。事实上，事权划分处理得较为成功的国家，地方都有明确的自治权力且能够得到较为切实的保障，通常会有相关的法律对地方的自治地位和权力加以明确，对于中央地方的事权也常常会较为详细地划分[①]。

综上，先进国家的空间事权划分形式多种多样，其规划体系也不同程度地存在各种问题。然而，能够相对成功地解决空间事权划分中"中央约束性"和"地方灵活性"以及"空间唯一性"和"管理多样性"的矛盾，化解"规划过多""规划冲突"和"规划约束力不足"的问题，是与各国空间事权划分模式具有上述总体特征密不可分的。

4　我国现有中央地方关系下的空间事权划分

上述先进国家在解决空间事权划分难题中相对成功的经验和做法，能否借鉴应用以及怎样借鉴应用到我国？要回答这个问题，需要对我国中央地方关系的模式和政府间事权划分的特征有一个基本的把握。

4.1　我国中央地方关系的模式和特征

4.1.1　中央地方关系遵循"中央决策、地方执行"模式

不同于按照影响范围划分不同层级政府事权的做法，我国的绝大多数事权是将事务的各个环节分配至不同层级政府，即"中央决策、地方执行"。更确切地说，上级政府更偏向于决策、部署和监督环节；下级政府更偏向于具体的实施环节。

我国"中央决策、地方执行"的事权划分模式有着独一无二的特点。一是中央决策范围之深之广。在理论上，中央对于任何事务的决策权是没有限制的，包括在"影响范围原则"下本该由地方决策的事务，只要中央有决议，都可以纳入自身的决策范围。二是地方执行范围之深之广。在我国，中

央本级财政支出和中央政府公务员所占的比例都远低于其他国家的平均水平，我国中央本级的财政支出占全国财政支出的 14.6%，而英国、美国和法国均高于 50%，经济合作与发展组织国家平均为 46%；中央政府公务员占公务员总数的 6%，而世界平均水平在 1/3 左右（楼继伟，2014）。因此，中央政府的绝大多数事务是经层层委托，交由基层政府执行的，甚至一些有全国性影响的事务也都由地方参与和实施。可以说，我国中央政府在决策事权上的集中程度之深之广、地方政府在执行事权上的分散程度之深之广，特色鲜明。

4.1.2 中央拥有决策上的绝对权威，地方具有实际上的自由裁量权

由于我国幅员辽阔，各个地方的差异非常大，中央的统一决策难免有不适应地方实际的情况，所以"中央决策、地方执行"的模式始终面临"中央政令一统"与"地方情况多样"之间的矛盾。由此，一方面中央保持理论上的绝对权威，地方必须要"时刻与中央保持一致"；另一方面地方具有在执行各项事务中的自由裁量权。由于政策的具体执行主要依靠地方，任何政策的实际效果都在很大程度上依靠地方政府的努力和配合，在当前政府承担事务的覆盖面和复杂程度不断增加的情况下，地方所具有的自由裁量权也不可避免地有所增加。

目前"中央拥有决策上绝对权威"与"地方具有执行上自由裁量权"并存的局面，形成了中央和地方双方互为依靠、互为制约的独特状态，虽然在一定程度上缓解了"中央政令一统"与"地方情况多样"之间的矛盾，但难以从根本上解决问题。

4.1.3 各级政府形成"事权共担、部门同构"的格局

在"中央决策、地方执行"模式下，各级政府都在同一项事务上共同行使事权，具体事项没有办好可能是中央政府决策有误，可能是中间层级政府传达贯彻不力，也可能是基层政府没有较好地执行，很容易形成各级政府责权不清的局面。即各级政府"事权共担"极易导致"责任模糊"的后果。

与此同时，在"中央决策、地方执行"模式下，为保证中央决策能够贯彻到位，不同层级政府的部门设置往往是一致的，形成了"上下一般粗"的格局。基层政府"麻雀虽小、五脏俱全"，其职能部门的设置也与上级政府大体保持一致。因为在这一模式下，基层政府的部门承担着具体执行的任务，上级政府各个不同职能部门的决策最终需要通过基层部门加以落实，即"上面千条线、底下一根针"，所以不同的上级职能部门都需要在基层政府有各自相应的执行部门以具体落实决策。如果基层政府想根据自身的实际情况调整本级职能部门，例如撤并某些部门，往往会受到上级主管部门的反对。

4.1.4 事权划分主要通过行政方式加以调节，规范化和法治化程度低

目前我国各级政府事权的划分遵循"行政主导"的模式，较少采用"人大立法"的方式，更多依据国务院或相关主管部门制定的法规条例，很多情况下只是根据部门发布的"通知""通告"等红头文件，各级政府的事权大多缺乏明确、翔实的法律条文的界定。各级政府的事权划分主要通过行政方式加以规定，带有较强的不确定性，容易带来"因事而异、因人而异、因时而异"的结果，很难形成一种相对稳定、可预期的环境。行政主导下事权划分的不确定，也加剧了各级政府"责权不对等"和

"责任模糊"的情况。

4.1.5　地方民主责任制有待加强，地方的权力需要进一步的法律保障

政府间的事权划分不仅是在各级政府之间配置权力，还受到市场和社会等各种力量的影响，当地百姓能否较好地组织起来，行使自身权力和表达意见，能否有效地约束地方政府从而实现自身利益，对各级政府尤其是地方政府所拥有的事权的多寡具有重要的影响。在我国的不同地区，百姓对于本地政府的约束力有强有弱，影响程度有高有低，但总体来看，我国地方的民主责任制原则还有待进一步发挥，地方百姓对于本地政府的制约作用还需要显著增强。地方自治传统比较弱，民主责任制落实不力，也在很大程度上解释了为何目前我国政府事权划分中，上级政府尤其是中央政府处于更为主动和强势的一方。

此外，在"行政主导"事权划分的模式下，地方政府的事权并没有明确详尽的法律规定，如果地方政府对此产生异议，也缺乏程序化、公开化的申诉渠道，只能通过与上级主管部门的非正式协商沟通加以解决，地方政府的权力难以得到法律的明确界定和司法途径的有效保障。

4.2　我国空间事权划分存在的问题

空间事权划分是政府间事权划分的一个具体领域，它的表现深受中央地方一般性事权划分的影响，在"中央决策、地方执行"和"事权共担、部门同构"的模式下，我国现行的空间事权划分存在以下几个突出问题。

（1）规划成果"上下一般粗""千规一面"的现象比较突出。由于不同层级政府管理的对象不同，因此所出台的规划在目标、内容、举措等方面理应有明显的不同。中央出台的规划应有中央规划的形式，地方政府出台的规划应该有地方规划的特色。然而在行政主导的模式下，各级政府的职能管理部门上行下效，不同领域出台的规划（例如发改、住建、国土、环保等）都遵循着同一形式，国家、省、市、县的规划几乎一模一样，不同地区的规划也十分相似，单从谋篇布局上来看，很难区分到底是哪一个层级、哪一个地方的规划。在"事权共担、部门同构"的模式下，不仅在各个层级政府部门的机构设置上呈现出"上下一般粗"的特征，连规划成果也具有了"上下一般粗"的样式。

（2）规划的层级性较差，各级政府相应的责权不清。在现行的中央地方关系格局下，我国不同层级政府在规划中的事权划分模糊，具有相当大的随意性，从而导致规划的层级性和各级政府责权关系并不清晰。例如在规划的审批中，哪些规划内容该由上级政府负责核准，哪些内容可以由下级政府自行确定，并无准的说法，常常发生的情况是，上级政府要对下级政府递交的一本厚厚规划的全部内容进行审核，由此导致规划审批过程十分漫长。此外，在"事权共担"的格局下，各级政府互相之间的权责关系错综复杂，如果规划实施不力，产生了具体的规划问题，到底是哪一级政府该承担责任，大多数规划的责任主体和相应的罚则都尤为模糊。

（3）"从上到下的约束性"和"从下到上的灵活性"难以有效落实。在"中央决策、地方执行"模式下，中央在理论上具有对地方的绝对权威，由此导致许多原本应该由地方自主负责的事项改由中

央部门来决策，在规划编制和审批过程中，体现为上级部门对地方规划的许多具体事项规定得过多过细，或是地方规划面临上级部门的过度审批，严重妨碍了地方的自主性，难以充分体现地方的多样性，规划"从下到上的灵活性"也无法得到保障。

与此同时，规划的具体实施是由地方完全负责的，地方握有事实上的自由裁量权，由于激励不相容和信息不对称，上级部门难以对规划的实施进行有效的监控，规划"从上到下的约束性"很难得到完全的贯彻和落实。可见，在已有空间事权划分模式下，极易导致"一方面规划既多且细，另一方面规划又缺乏足够的管控力"的困境。

（4）各管理部门职能和规划冲突的现象比较严重。如果一级政府拥有足够的权限，能够针对自身的实际情况灵活调整本级政府的行政机构设置，那么职能部门之间的冲突相对容易得到控制。事实上，在北京、上海、广州等大城市已经进行了国土和规划部门的合并，从而大大减轻了职能部门和规划的冲突。但在我国现有中央地方关系的格局下，这样的职能部门合并和调整对基层政府而言绝非易事。上级部门工作的开展都需下级政府对应部门的协助，"上面千条线"有赖于"底下的一根针"，如果地方职能部门的调整使得一些上级部门失去地方上的"腿"，则必然遭到强烈反对。

在"事权共担、部门同构"下，不同层级政府的机构设置要保持相当强的一致性，因此各级政府根据自身需要调整机构设置的灵活性就被大大削弱了。在这种情况下，上级政府职能部门之间的矛盾就很容易蔓延到下级政府，从而导致各级政府的职能部门间都存在较为严重的职能和规划冲突。

4.3 中央地方关系变革和空间事权调整

要有效推进"多规合一"改革，就必须实现空间事权横向和纵向的合理划分，而这就涉及更大范围的中央地方关系调整。正如《中共中央关于全面深化改革若干重大问题的决定》所指出的，全面深化改革的总目标是推进国家治理体系和治理能力现代化，理顺中央和地方关系、厘清各级地方政府的事权则是其中的重要内容。

改革开放以来，中央向地方逐步放权，有效调动了地方发展的主动性和积极性，中央和地方关系的合理调整是我国30多年来经济社会迅猛发展的重要原因之一。1994年分税制改革在收入侧厘清了中央与地方的权利关系，成为目前中央地方关系制度安排的基石，但由于当时事权划分改革的难度太大，因此并未真正触动事权和支出责任的划分，而是基本延续了既有做法，造成中央与地方在事权划分上的不明确、不细致，特别是涉及全局性资源配置的支出责任被大量划给地方政府（楼继伟，2013），造成"财权层层上收、事权层层下放"的现象。在现有中央和地方事权划分模式下，一方面，地方承担了许多全局性的事务，而中央政府相应的责任不足，中央政府对跨区域和全国重大事项的统筹协调能力不够；另一方面，中央的各个部门对许多原本应由地方决策的事项干预过多，地方自主性无法得到保证（杨志勇，2015）。目前，中央地方关系改革的主要思路是调整中央和地方在各个领域的事权，合理区分不同层级政府的责任权利关系，"按照影响范围适度区分各级政府的事权，加强中央政府对全局事务的管辖能力，提高各级政府事权划分的规范化和法治化水平"则是当前中央地方事权改革的总体方向。因此，要推进我国空间事权的合理划分，不能仅仅局限在规划领域内考虑问题，要将之放到更为宽泛的中央地方关系改革的大背景下，明确我国事权改革的总体趋势。

当前我国中央与地方关系所遇到的难题，与现有"中央决策、地方执行"和"事权共担、部门同构"的划分模式有着密不可分的关系，如何调整"中央决策、地方执行"和"事权共担、部门同构"模式，不仅是推进"多规合一"改革和空间事权合理划分的必然之举，也是更大范围内中央地方关系调整的关键内容。

5 推进"多规合一"改革事权划分的思路和举措

5.1 "多规合一"事权划分改革原则

（1）要根据"影响范围原则"划分各级政府的空间事权。"影响范围原则"一直是推进中央地方关系改革的重要方向，也是符合事权划分的理论要求和国际上许多国家的成功经验。必须按照影响范围来明确不同层级政府的空间事权边界，中央或上级政府关注跨区域的事务，基层政府负责本地区的空间事权，不能随意越界。

（2）各级政府的空间事权对象必须体现明确的层级性。中央或上级政府不能随意地采用"一竿子到底"的方式直接管理具体的地块，如确实需要中央或上级政府进行直接管理，则应适度加强自身的人力、物力，不能采用层层委托代理的方式。

（3）各级政府的空间事权应区别不同的属性。中央或上级政府应着眼于"约束型"空间事权，它对于下级政府而言是"强制性"或"刚性"的；而中央或上级政府的"发展型"事权只能是"指导性"或"弹性"的。中央政府应当谨慎行使"发展型"事权，避免在不同地区形成不公平的竞争氛围。地方政府的空间事权更多是"发展型"的，但它必须在上级政府"约束型"事权的控制之下。

（4）中央政府对于地方政府应该制定明确的空间事权的权力清单。目前来看，政府部门对于市场、企业、公众制定的相应的权力清单，已经获得了共识，然而同等重要的是制定对下级政府的权力清单，厘清中央部门行使空间事权的权力边界。

（5）中央或上级部门要进一步明确对于下级规划审批的范围和内容，提高审批的规范化和法治化水平[②]。尽管目前已经有一些针对规划审批的规范性文件，但总体来看中央和上级部门审批的随意性与自由裁量权还是太大，需要进一步规范审批内容和程序，给予地方更为宽松的审批环境。

5.2 "多规合一"事权划分改革思路

目前来看，继续推进"多规合一"改革、构建空间规划体系的主要思路是两种——"协调"与"整合"。

"协调"模式是指在坐标、土地分类、期限、数据格式等各方面把已有不同规划衔接起来，消除规划之间的差异。"协调"的关键是如何消除差异，按照什么样的原则、方法、举措，以谁为主。"协调"模式保留了原有各职能部门的规划编制审批管理体制，而试点地区产生的"多规合一"规划，可以只由本级人大批准，其中相关的专业内容（例如国土、环保等），仍然服从各自的专项规划。

"整合"模式是指将不同规划的空间元素抽取出来，形成一个新的空间规划。在整合方式下，各个部门的"空间规划"职能被剥离出来，组建一个统一的规划部门，整合来自发改委、国土部、住建部、环保部等部门有关空间要素安排方面的要求，形成一张统一的空间规划图。不同层级政府形成各自的空间规划图，由此形成一个国家、省、市、县的逻辑清晰、协调一致的空间规划体系。在"整合"模式下，原先各职能部门有关空间要素的规划将不再编制，原有各职能部门的规划审批体制也需做出相应改变，由地方政府的规划部门对接上级或中央政府的规划部门。

"整合"模式可以通过加强上下一致的空间规划体系的对接，加强从上到下的约束性，以解决当前规划体系所面临的"规划过多""规划打架"和"规划约束力不强"问题。表面上来看，"整合"模式的障碍是要对已有的规划体系进行大变革，这涉及规划编制、审批等管理体制以及已有的相关法律法规的全面调整，困难极大。事实上，其真正的危险在于试图用一种简单化的模式来处理复杂的现实，由此可能会带来更大、更深层次的问题，原因如下。

（1）有可能形成一个权力过大的部门，不利于部门之间的权力制衡，也难以真正化解部门之间的职能冲突。虽然在国外有类似的规划部门，但这些部门的职能范围是极其有限的，其拥有的权力也是偏虚的，并不直接支配空间资源。但如上所述，设立一个整合其他职能部门所有空间诉求的规划部门，那么这个部门就拥有了安排不同职能部门空间诉求优先次序的权力，被赋予了超越其他部门的权限。一旦中央层面的规划部门拥有这个权力，其权限范围就很难得到遏制。

客观上看，不同部门的职能存在一定程度的矛盾和冲突，是必然和必需的，由此才会形成部门之间的制衡。如果将空间规划的权力都归属到一个部门，就有可能打破这种制衡，而这样的权责安排也不利于部门之间的专业化分工。

（2）上下一致的空间规划体系可能打破中央和地方的利益平衡机制，摧毁"从上到下"和"从下到上"的双轨互动渠道。如何平衡"从上到下的约束性"和"从下到上的灵活性"，是维护中央地方利益平衡的关键。在原先规划分立的情况下，尽管存在规划相互之间的冲突，但在客观上也保证了"从上到下中央约束"和"从下到上地方利益"双轨渠道的畅通，使得中央与地方的利益冲突能够得到较好的化解和平衡。如果形成上下一致的空间规划体系，尽管从上到下的约束性有可能在强有力的中央规划部门的推动下大大增强，但从下到上的地方利益保障机制会被明显削弱，双轨互动的局面就可能被打破，从而使得中央和地方的利益失衡，地方的灵活性难以得到有效保障。

因此，无论是"协调"模式还是"整合"模式，都有各自的优点和缺点，单靠一种模式并不能一劳永逸地解决问题。上述两种思路之所以难以完全行得通，是它们都暗含了一个未曾明确的前提条件，即中央和地方的规划体系的构建都要遵循同样的模式，不同层级政府的规划体系都是"上下一般粗"的，这在现有"中央决策、地方执行"和"事权共担、部门同构"的格局下，显然是不言而喻和顺理成章的。然而，事实上中央和地方所面临问题、关注的重点是截然不同的，不同层级政府的规划体系并非一定要遵循"上下一般粗"的格局，也完全没有必要采取相同的模式。

在微观的县市级层面，地域范围较小，又涉及具体的项目和地块，确实没有必要叠床架屋地搞多个规划，采用"整合"模式推进"多规合一"，构建空间规划体系是更为合理的；而在宏观的国家层面，各职能部门出于各自的管理需要，出台大尺度的指导性、示意性规划，并不涉及具体的地块，因此不必将众多涉及空间要素的规划都整合到一个空间规划中，采取"协调"模式是更为可取的。

目前来看，把不同规划的坐标、土地分类、期限、数据格式统一协调起来，是继续推进"多规合一"领域最具迫切性和可操作性的改革举措。但囿于部门之间的利益，这方面的进展尚难如人意。因此，需要在制度设计上考虑如何超越部门利益，在中央层面应将"协调不同规划的差异"作为进一步推动"多规合一"领域改革的突破口。

5.3　"多规合一"事权划分改革具体举措

按照上述思路，"多规合一"事权划分改革的根本举措是要打破目前中央和地方"事权共担、部门同构"下"上下一般粗"的格局，按照"治理现代化"的要求，构建中央层面遵循"协调"模式和地方层面遵循"整合"模式的空间事权划分类型。

5.3.1　中央层面空间事权划分"协调"模式

在中央层面，不同部门的空间事权划分遵循"协调"模式，具体的措施如下。

（1）成立"空间规划委员会"。此委员会并非国务院的职能部门，不承担规划编制和审批等任何具体行政职能，其性质为专业委员会，主要任务是确定和统一空间类规划的坐标格式、土地类型、数据标准、规划期限等技术性工作，负责维护全国统一的空间规划底图。该委员会可由专家学者、相关部门政府官员等组成。

（2）各相关部门依据自身管理职能开展全国层面的规划编制工作，涉及的空间类要素须统一按照"空间规划委员会"规定的技术标准执行。

（3）除已有法律明文规定的，中央各部门编制的空间类规划，不得强制要求各级地方政府遵照执行编制类似规划。即中央部门只负责全国层面的规划，不得任意要求地方政府配套执行各类规划的编制和审批。确有需要地方配合的，应采取自愿试点等手段，不得采取强制的方式。

（4）中央对地方空间类规划的审批，应明确具体的内容和范围，划清中央部门审批的权力边界。要明确中央职能部门对专业类空间规划审批的具体内容和范围，不能随意扩张、事无巨细。只要地方满足相应的审批内容和范围，中央部门不能对地方递交审批内容的形式做强制性规定。

（5）中央部门对地方的空间类管控要求，应有相应的法律规定，中央部门应制定明确的空间管控权力清单，不能通过行政文件的方式，随意扩张自身的空间管控事权。

5.3.2　县级层面空间事权划分"整合"模式

县级层面的空间事权划分，更多遵循"整合"模式，当然根据各地的自身情况，对于整合的程度、机构调整的模式也可以因地制宜。

（1）成立专门从事空间类规划编制的"规划办"。在国家层面"空间规划委员会"的专业支持下，将县级层面的各种"空间类"要素集中起来，编制类似"多规合一"的统一"空间规划图"。县级"规划办"只负责空间规划的编制，具体的管理、执行由具体各职能部门分别负责。

（2）统一的"县级空间规划"由本级人大审批。

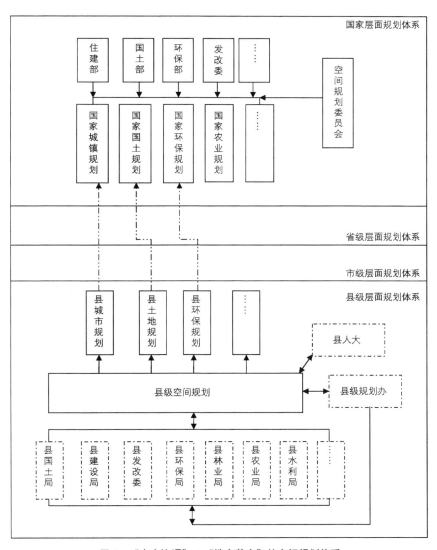

图1　"中央协调"＋"地方整合"的空间规划体系

　　（3）在统一的"县级空间规划"下，抽取不同的空间元素，形成各专业类的空间规划，由县规划办和相关的职能部门负责上报相应的上级部门进行审批。在目前的法律条文下，只是规定各级政府要编制和报批相应的专业类空间规划，但对于报批规划的具体内容和形式并没有明确的规定，因此，只要中央职能部门明确审批的范围，大幅压缩规划文本内容，完全可以由"县级空间规划"抽取相关的内容，形成相应的专业类报批规划。长远来看，可以通过调整法律来进一步理顺上级部门专业规划与下级政府空间规划的关系。

　　省、市层面规划体系的设置，可以根据各地情况因地制宜，省级层面应更接近国家层面的体系，而市级层面应更接近县级层面的体系（图1）。

　　总体来看，要继续推进"多规合一"改革，突破目前的困境，一个根本的思路是要跳出原有"事权共担、部门同构"的窠臼，如果地方政府有了更多的灵活性和自主性，问题就不难解决，事实上"多规合一"的实践已经体现了改革的初步成果，目前要进一步赋予地方应有的责权。随之而来的疑问是如何保证"从上而下的约束性"。可以看到，在上述的改革举措中，原有各职能部门的规划审批体制仍被保留，只是上级部门审批的内容和范围更为明确和缩小，中央部门"管得少些，才能管得好些"，对于下级政府的空间管控事权范围的适当收缩，才能保证中央部门的有效管控力度。与此同时，加强本级人大、公众等对于地方政府的制约和监督，仍然是极为重要的方面。

　　"多规合一"改革事关我国空间规划体系的构建，对推进我国治理体系和治理能力现代化有重大意义，其牵涉面广、各种利益关系错综复杂、相关问题的专业化程度较高，即使单从事权划分的角度出发，也涉及不同部门、不同层级政府之间极其繁杂又具体的责权分配。与此同时，从理论和国际经验来看，并不存在一个放之四海而皆准的空间事权划分的统一模式。那些做得比较成功的国家的制度安排往往是基于自身的文化传统、历史沿革和各种机遇而形成的，在空间事权划分上呈现出丰富多彩的样式和做法。有鉴于此，本文认为，继续推进"多规合一"改革的根本举措是要跳出原有中央地方关系下事权划分的惯性思维，打破不同层级政府规划体系"上下一般粗"的格局，真正实现"一级政府、一级事权、一级规划"，从而为我国空间规划体系的构建和完善提供一个新的视角与思路。

注释

① 本文为国务院发展研究中心 2016 年招标课题"多规合一改革中的事权划分研究"的成果，文中观点不代表作者所在单位的意见。

②《关于开展市县"多规合一"试点工作的通知》，发改规划〔2014〕1971 号，2014 年 8 月 26 日。

③ 28 个试点市县中，发改委和环保部共同负责 15 个指导地区，住建部负责 8 个地区、国土部负责 7 个地区，其中有两个地区由四个部委共同负责。

④ 参见住建部、国土部对市县"多规合一"试点工作的批复意见。

⑤ 目前全国层面最新的土地利用总体规划为《全国土地利用总体规划纲要（2006～2020 年）》，各省级层面土地利用总体规划的期限都与国家层面规划保持一致。

⑥ 蔡社文认为："事权是一级政府从事社会经济事务的责任和权力，它规定了各级政府承担社会经济事务的性质和范围"；倪红日认为："事权是各级政府承担的由本级政府提供的公共服务的职能和责任"；马海涛等认为："事权的内涵就是公共物品供给职责"；王浦劬等认为："事权是政府承担职能和事务的责任和权力"。参见王浦劬等人所著的《中央与地方事权划分的国别研究及启示》一书。

⑦ 对"空间资源配置"施加影响的，除了政府，还可以是企业、社会组织、公民个人等主体。换言之，空间资源配置的结果是由政治（行政）、经济（市场）、社会等多种力量决定的。其他主体和力量对空间资源配置影响的方式与程度，反过来也会对政府内部的空间事权划分产生影响。例如，地方的公民团体自治程度高、力量强，对当地政府的约束较为有效，那么中央政府对于地方政府的约束就可以相对放松，空间事权归属将会更多倾向于地方政府，反之则不是。

⑧ "三定方案"即确定每个部门的职能范围、岗位和编制数目。编办即"编制委员会办公室"，中央层面的编办确定中央部门的"三定方案"，地方层面的编办确定地方部门的"三定方案"。参见《地方各级人民政府机构设置和编制管理条例》。

⑨ 例如，西方国家也曾普遍存在规划实施效果不佳的问题。尼格尔·泰勒于2006年就明确指出："地方规划当局发展管理部门负责的城市规划活动，被视为一项设计与制定规划（总体规划）的创新性活动，很少有人去思考如何实施这些规划的问题，……结果，许多地方规划当局的规划文件架上堆满了'用处不大'的规划，实施起来困难重重。"

⑩ 参见日本《地方自治法》第250、251条，引自万鹏飞等所著《日本地方政府法选编》。

⑪ 例如德国宪法《基本法》对于联邦和州的权限划分有着明确且详细的规定，包括立法权限范围（第70～82条）、司法管辖范围（第92～104条）、财政关系（第105～115条）等各方面。类似的，日本在其《宪法》第92条明确了"地方自治"的原则，并制定了专门的《地方自治法》（共有300多条）对地方的权利加以详尽的界定和保障。参见《德意志联邦共和国基本法》和万鹏飞等所著《日本地方政府法选编》第2页。

⑫ 有评审专家认为："在涉及不同层级多规合一规划的审批时，应该按照事权划分，坚持事权在哪一级，规划的审批就在哪一级，上级政府对下一级政府编制的规划，主要承担协调职责而不是审批职责。"这样审批事权的划分，无疑更为符合"按照影响范围原则划分各级政府空间事权"的做法，但却难以在我国现有的体制下得到彻底的贯彻执行。这是因为，与美国等联邦制国家不同，我国是单一制国家，《宪法》第一百一十条既明确"地方各级人民政府对本级人民代表大会负责并报告工作"，又规定"地方各级人民政府对上一级国家行政机关负责并报告工作。全国地方各级人民政府都是国务院统一领导下的国家行政机关，都服从国务院"，可见各级地方政府承担的是既向"本级人大负责"，又向"上级政府负责"的"双重责任"。与此同时，《宪法》并未明确当"双重负责制"产生矛盾时，何者优先，又如何解决相关的冲突。在现有的规划实践中，如何改变上级政府的审批过多过细的问题，无疑是空间规划事权调整的重要内容，但地方政府的规划要完全由本级人大审批，在目前的体制下还难以做到。更为可行的方法是明确不同层级政府审批的权限和范围，提高相应的法治化和规范化水平。未来，地方编制的空间规划应由本级人大审批，但其中的一些关键性内容要得到上级相关部门的审批认可，具体的做法参见本文论述。

参考文献

[1] 蔡玉梅，王国力，陆颖，等. 国际空间规划体系的模式及启示 [J]. 中国国土资源经济，2014，(6)：67-72.

[2] 陈刚，刘欣葵，张瑾. 美国地方政府的规划实践（之二）[J]. 北京规划建设，2002，(2)：72-74.

[3] 邓兴栋，何冬华，朱江. 空间规划实践的重心转移：从用地协调到共治规则的建立 [J]. 规划师，2017，33 (7)：55-60.

[4] 董祚继，吴次芳，叶艳妹，等. "多规合一" 的理论和实践 [M]. 杭州：浙江大学出版社，2017.

[5] 顾朝林. 多规融合的空间规划 [M]. 北京：清华大学出版社，2015.

[6] 何冬华. 空间规划体系中的宏观治理与地方发展的对话 [J]. 规划师，2017，33 (2)：12-18.

[7] 楼继伟. 中国政府间财政关系再思考 [M]. 北京：中国财政经济出版社，2013.

[8] 楼继伟. 推进各级政府事权规范化、法律化 [A].《〈中共中央关于全面推进依法治国若干重大问题的决定〉辅导读本》编写组.《中共中央关于全面推进依法治国若干重大问题的决定》辅导读本 [M]. 北京：人民出版社，2014.

[9] 沃尔夫冈·鲁茨欧. 德国政府与政治 [M]. 熊炜，王健，译. 北京：北京大学出版社，2010.

[10] 罗超，王国恩，孙靓雯. 从土地利用规划到空间规划：英国规划体系的演进 [J]. 国际城市规划，2017，32 (4)：90-97.

[11] 苏涵，陈皓. 多规合一的本质及其编制要点探析 [J]. 规划师，2015，31 (2)：57-62.

[12] 尼格尔·泰勒. 1945 年后西方城市规划理论的流变 [M]. 北京：中国建筑工业出版社，2006.

[13] 万鹏飞，白智立. 日本地方政府法选编 [M]. 北京：北京大学出版社，2009.

[14] 王浦劬，等. 中央与地方事权划分的国别研究及启示 [M]. 北京：人民出版社，2016.

[15] 戴维·威尔逊，克里斯·盖姆. 英国地方政府：第三版 [M]. 张勇，胡建奇，王庆兵，译. 北京：北京大学出版社，2009.

[16] 西尾胜. 日本地方分权改革 [M]. 北京：社会科学文献出版社，2013：17-18.

[17] 谢英挺，王伟. 从 "多规合一" 到空间规划体系重构 [J]. 城市规划学刊，2015，(3)：15-21.

[18] 许景权，沈迟，胡天新，等. 构建我国空间规划体系的总体思路和主要任务 [J]. 规划师，2017，33 (2)：5-11.

[19] 杨志勇. 分税制改革中的中央和地方事权划分研究 [J]. 经济社会体制比较，2015，(2)：22-31.

[20] 赵燕菁. 城市规划的几个热点问题 [J]. 北京规划建设，2016，(5)：170-171.

[21] 周静，胡天新，顾永涛. 荷兰国家空间规划体系的构建及横纵协调机制 [J]. 规划师，2017，33 (2)：35-41.

[22] 朱江，邓木林，潘安. 三规合一：探索空间规划的秩序和调控合力 [J]. 城市规划，2015，39 (1)：41-47.

健全地域空间规划体系

胡序威

Improving the System of Regional Spatial Planning

HU Xuwei
(Institute of Geographic Sciences and Natural Resources Research, Beijing 100101, China)

国土是指国家主权管辖范围的地域空间，包括陆域、海域和近地空域。国土规划可包括全国性的空间规划和不同地域范围的空间规划。省域、市域、县域规划和跨省市、跨县市的区域空间规划，均属不同地域范围的空间规划。

在我国实行计划经济年代，主管国民经济计划的国家计委只重视发展规划，不太重视经济社会发展与人口、资源、环境在不同地域空间相互综合协调的空间规划。相对来说，主管开发建设的部门，尤其是城市建设部门，比较重视城市规划、区域规划等空间规划，因为要规划各项开发建设的布局必须落实到具体的地域空间，必须考虑到如何与当地的资源、环境和人口综合协调。

改革开放后，鉴于法、德、日等发达国家都较重视对国土开发整治的综合规划管理工作，1981 年中央做出决定，在当时的国家建委内设立国土局，主管对国土开发整治的统筹协调，为开展具有战略性、地域性、综合性特点

作者简介
胡序威，中国科学院地理与资源研究所。

的国土规划作积极准备。1982 年国家机构调整后，国家建委与国家计委合并，改由国家计委国土局全面负责国土规划工作，原分管国土工作的国家建委副主任吕克白转任国家计委副主任，继续分管国土工作。在当时的国家计委主任宋平的大力支持下，国土规划工作曾一度搞得有声有色，不少省市编制了地区性国土规划，《全国国土总体规划纲要》经多次讨论修改后上报国务院。当时涉及空间规划的管理部门国家土地管理局和国务院环境保护领导小组均转交国家计委代管，住建部（原建设部，下同）城市规划局一度改由建设部和国家计委双重领导，为开展空间综合协调的国土规划创造了良好条件。令人遗憾的是，随着国家计委领导成员的变动，国土规划工作渐趋式微，至 20 世纪 90 年代后期已基本停顿，国土地区司的工作重点转向地区发展规划。1998 年，原国家土地管理局与地质矿产部门合并，成立了国土资源部。国家计委改名为国家发展与改革委员会（以下简称国家发改委）后，将国土规划的职能也转给了国土资源部。该部在新世纪初即先后在深圳、天津、广东等省市开展新时期国土规划的试点。住建部城市规划司在国家计委退出双重领导后，继续全面开展具有空间规划性质的全国和各省市的城镇体系规划，并推动城市群、都市圈等大量区域规划的编制。随着我国改革的深化，国家发改委认识到，在市场经济的作用下，发展规划由指令性转为指导性，对其管控趋松，而空间规划具约束性，对其管控趋严。因而在进入新世纪后，他们也想从区域规划入手，重抓空间规划工作，进行了某些城市群或重点区域的空间规划。这就导致出现国内多部门共争区域规划空间的乱象。

近年来，我国的国土空间规划工作取得了较大进展。国家发改委从 2005 年开始着手编制《全国主体功能区规划》，已于 2010 年获国务院批准实施。国土资源部从 2009 年就开始着手编制《全国国土规划纲要》的工作，吸纳了《全国主体功能区规划》的成果，在国家发改委的支持下，完成了《全国国土规划纲要（2016～2030）》。虽然此规划纲要尚未经国务院批准，但已于 2017 年 2 月由国务院新闻发布会发布。此前不久，中共中央办公厅和国务院办公厅还印发了《省级空间规划试点方案》，要求"以主体功能区规划为基础，统筹各类空间性规划，推进'多规合一'的战略部署，深化规划体制改革与创新，建立健全统一衔接的空间规划任务，提升国家国土空间治理能力和效率，在市县'多规合一'试点工作基础上，制定省级空间规划试点方案"。说明我国的国土空间规划工作已开始逐步走向健全和深化。下面仅就现存主要问题，对如何健全我国的地域空间规划体系提些具体建议。

（1）成立国家规划委员会或将国家改革与发展委员会改名为国家改革、发展与规划委员会，赋予统筹各类国土空间规划的职能，加强与国土资源和城乡建设部门规划机构的联合，共同负责国土空间规划的综合协调。

国土空间规划的核心任务，是对各项涉及国土开发与整治的规划进行空间综合协调。经济发展的区域协调与产业布局，人口城镇化的城市空间演变和城镇体系格局的变化，各种基础设施的主轴与网络建设，土地、水、气候、生物、矿产、景观、历史经济文化基础等各种资源的开发利用，以及对生态和环境的治理与保护，需要在不同地域空间进行综合协调；编制不同类型、不同地域范围的空间总体规划，需对其经济效益、生态效益和社会效益进行综合论证与统筹兼顾。将具有如此高度综合性和战略性的国土空间规划交给主要分管土地与矿产资源的国土资源部来承担，必然会遇到较大困难。应由综合管理部门成立规划委员会，邀集涉及空间安排的各专业部门的规划力量，尤其是综合性相对较强的城乡建设和国土管理部门的规划机构，共同参与对各类国土空间规划的综合协调，或在规划委员会的统筹协调下，由城乡规划和土地利用规划机构各自分担不同类型、各有侧重的地域空间规划的编制任务。

（2）国土空间规划应包含全国、跨省市区域、省域、跨地市区域、市（地）域、县（市）域等不同地域层次，并以县域规划作为"多规合一"试点和强化空间管控的重点。

编制国土空间规划的目的是加强对国土空间的合理管控。《全国国土总体规划》只能是框架性的、粗线条的规划，只能从宏观进行总体把控。《全国主体功能区规划》将全国划分为优化开发区、重点开发区、限止开发区和禁止开发区，却很难在全国地图上划出明晰的空间分界线，将某些县整县划入限止开发区或重点开发区内，也未必合适。因而要对国土空间进行科学合理的管控，必须将国土空间规划按由全国到省、市、县域的不同地域空间层次逐步深化、细化。包括有些因特殊需要而进行的各种跨行政区的区域规划空间设计，也应尽量落实到县域规划。不同层次的地域空间规划，有时也需要在上下相互协调后作某些必要的调整。一般而言，下一层次的空间规划只是上一层次空间规划的进一步落实和具体化，不能背离上一层次空间规划的基本框架。县是我国行政区划的基本单元。县域规划，包括某些已由县改为市辖区的空间规划，应成为我国最基本层面的地域空间总体规划，新农村建设规划和乡镇规划也可纳入县域规划统一管控。通过县域规划可把对国土空间的管控落实到较大比例尺的图纸。我国正在推行的"多规合一"的试点，将重点放在县域总体规划，完全有可能将县内各类涉及空间开发利用和治理保护的规划都落到同一张蓝图，真正有效地对国土空间进行科学合理的规划管理。

（3）要加强对国土空间的规划管理，必须建立和完善能涵盖多种类型、不同地域层次空间规划的管理法规。

我国较早建立的空间管理法规是《城市规划法》和《土地管理法》。新世纪初，国家发改委曾想推动区域规划立法，未能如愿。2007年，经全国人大常委会通过，以《城乡规划法》代替原《城市规划法》。住建部原打算使《城乡规划法》兼具区域规划的内容，亦未获成功，致使我国迄今还没有关于区域规划和国土规划的空间法规。建议由各有关部门联合，共同协商，妥善分担各自对不同类型空间规划的管理职责与权限，尽快推动能涵盖多种类型、不同层次地域空间规划的国土与区域规划法或国土空间规划法的立法，以利于依法加强对国土和区域的不同层次空间规划的编制和管理。

（4）为迎接我国国土系列地域空间规划高潮的到来，要及早大力培养能胜任从事各类地域空间规划编制和管理的专业人才。

自改革开放以来，随着经济社会的迅猛发展，我国人口聚居地区的国土面貌发生了翻天覆地的变化。但在取得巨大成就的同时，也应清醒地看到，由于长期缺乏科学合理的国土系列地域空间规划对国土空间开发的严格管理，也存在着大量开发无序、空间失控、建设布局不合理、严重影响生态环境和社会公平等问题。因而，要实现中华民族的伟大复兴，需通过对广域国土的合理开发和整治，将其建设成为全国人民所共享的富裕、文明、和谐、舒适、安全、美丽的广土乐园。国土系列的地域空间规划将在全国广泛开展、逐步深化，已是大势所趋。

为迎接地域空间规划高潮的到来，高等院校应及早筹划，为地域空间规划的编制和管理培养输送大量专业人才。由于空间规划的综合性强、涉及面广，需由建筑与工程科学、地理与生态科学、经济学与社会学等多重学科领域培养规划人才。尤其是具有地域性和综合性特点的地理科学，以研究人地关系地域系统为主要对象的人文与经济地理学领域，更应为国土系列的地域空间规划积极培养具有丰富地理知识，擅长地域开发综合分析和空间布局综合论证，熟悉地理信息系统应用和遥感制图等基本技能的综合性规划人才。

北京产业升级重组与区域空间重构研究

刘晋媛

Study on Beijing's Industrial Upgrading and Its Regional Space Reformation

LIU Jinyuan
(Beijing Tsinghua Tongheng Urban Planning & Design Institute, Beijing 100085, China)

Abstract As the driving forces of regional development, the development of megalopolis is closely related to the whole region. To strengthen its global competitiveness, megalopolis needs to improve itself by functional re-construction. Regions around the megalopolis will benefit from its functional spillover and support the development of the megalopolis in return. The promotion and re-allocation of industries of megalopolis play a vital role in its functional re-construction. This article examines the influence of the dispersal of Beijing's noncapital functions on its industrial upgrading, and the effect of the industrial transformation and re-allocation on the regional spatial reformation. After exploring the industries variations in Beijing during recent years using Long Credit Data, this article advises to promote high end industries in the inner city, and to agglomerate specialized industries in new towns to construct clustered, specialized, and networked regional form.

Keywords megalopolis; industries upgrading; regional spatial reform; Beijing

摘 要 作为区域的重要引擎,特大城市的变化关系到区域发展的进退。作为参与全球竞争的主要载体,为增加其竞争能力,特大城市自身需要不断地功能重组与提升。区域的发展一方面得益于特大城市的引领能力和功能外溢,另一方面要为特大城市的功能提升起到支撑作用,两者是不可偏废的整体。功能提升的重要内容是产业的升级及其空间进退,其导向与结果将影响到特大城市本身功能升级的成败,也将影响到区域空间重构的成败。文章在北京非首都功能疏解的背景下,研究北京产业升级及其空间重组对京津冀区域空间重构的推动,以及区域空间重构对产业重组的促进,应用龙信数据分析了近些年北京产业的集聚与外迁,提出中心城区产业提升、外围新城产业集聚的"集聚化、专业化、网络化"空间发展建议。

关键词 特大城市;产业升级;区域空间重构;北京

1 引言

近年来,伴随着中国快速城镇化进程(顾朝林,2011),北京涌进了大量外来人口,出现了环境质量严重下降、房价居高不下、交通日益拥堵等问题;同时,京津冀区域内部功能结构失调、"环首都贫困带"带来的发展不平衡成为制约区域整体发展的重要因素。为此,中央启动了疏解北京非首都功能的战略部署(新华网,2014),通过对非首都功能及其相关产业的有效疏解,保证北京的有限资源用于首都功能提升,同时北京周边地区通过接纳疏解出来的部分功能,实现产业、人口集聚发展,其中疏解北京

作者简介
刘晋媛,北京清华同衡规划设计研究院。

的部分非首都功能产业是政策施行的重点（于化龙、臧学英，2015）。产业升级及其空间重组将直接影响城市空间布局和区域城市群结构（赵民、陶小马，2001）。京津冀一体化及北京非首都功能疏解背景下区域产业空间如何重组，如何利用产业空间重组集聚升级推进区域城市空间重构？本文应用龙信数据①分析了近年来北京主导产业空间转移态势，提出针对性的空间发展策略。

2 北京主导产业和禁限产业情况

改革开放以来，北京经济发展经历了从工业经济到服务经济的结构转变，2015年，第三产业占地区生产总值比重达到79.7%。从行业发展来看，金融业（21.4%），批发和零售业（12.8%），信息传输、软件和信息技术服务业（13%）三大服务业占据第三产业的比重达到47.2%；汽车制造业（17.6%），电力、热力生产和供应业（14.6%），计算机、通信和其他电子设备制造业（6.2%）三大工业占据第二产业的比重达38.4%。可以说，上述六大产业已经成为北京的支柱产业（图1）。

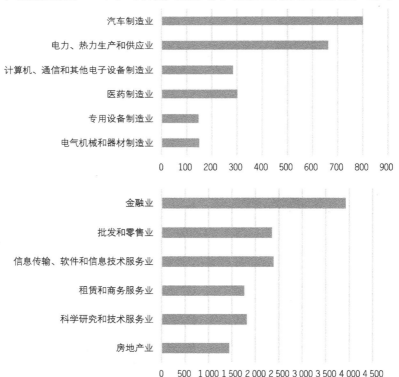

图1 2015年北京第二、三产业中前六位产业发展情况（亿元）

资料来源：2016年北京统计年鉴。

2.1　金融业及其空间分布特征

北京当前 80% 的金融业集中在中心城区，其中在金融街、国留地区、中关村形成了明显集聚态势，且各具特色（图 2、图 3）。金融街集聚了大量金融知名企业以及三大国有银行总行、中保集团总部、中央国债登记结算有限公司等国有大型金融服务机构。国留地区集聚了上千家外资金融机构、国际交易机构、国际传媒机构以及与金融相关的商务服务企业。中关村地区则集聚了与科技创新相关的金融服务机构，如人民银行中关村支行、深交所中关村上市基地、拉卡拉、蚂蚁云金融等。金融业是文化、科技创新的"钱袋子"，也是北京参与全球竞争的最重要"王牌"，其职能将得到强化，空间上将依托现有的金融街、CBD 和中关村深植。

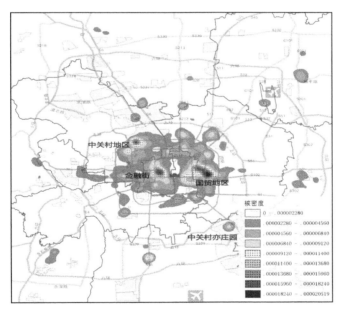

图 2　2015 年货币金融业空间分布

资料来源：龙信数据。

2.2　批发和零售业及其空间分布特征

当前批发业已经在朝阳、石景山、丰台、大兴连片发展；而近几年在海淀区中关村、东城区王府井、朝阳区三里屯周边则呈现十分明显的自然消亡特征，此外还有石景山丽泽区域、丰台区南部以及大兴黄村等地区，这与区域地租上涨等经营成本密切相关（图 4、图 5）。2014~2015 年，北京政府介

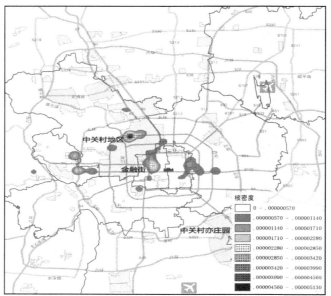

图3　2015年其他金融业空间分布

资料来源：龙信数据。

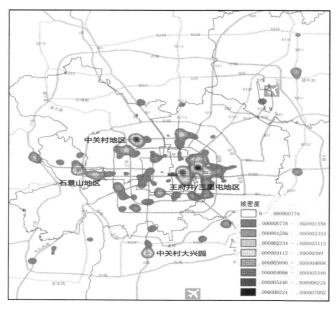

图4　2013年批发业主要消亡地区

资料来源：龙信数据。

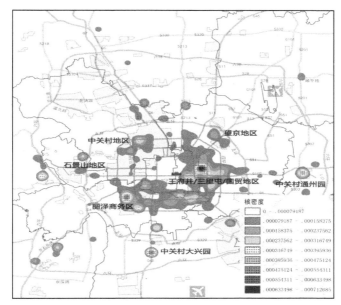

图 5 2015 年批发业空间分布

资料来源：龙信数据。

入批发业疏散，大量低端市场、动物园批发市场等区域性批发市场搬迁腾退，进一步加速了批发业的消减。批发业在北京中心城区的退出为首都职能的提升提供了空间。

零售业在海淀中关村、朝阳区国贸周边高度集聚，在西单、望京、大上地及丰台部分地区等多区域繁荣发展；而近几年在海淀区中关村地区、朝阳区三里屯周边地区呈现十分明显的消亡特征，此外还有望京电子科技城地区、海淀南部地区及清河地区、房山长阳、昌平南部等地区，这与信息产品、服饰等消费品零售业态受到互联网冲击有关（图 6、图 7）。

2.3 汽车和电子设备制造业及其空间分布特征

作为工业支柱的汽车（图 8）、电子设备制造业（图 9）已在朝阳区、亦庄、海淀区形成较好的发展基础，这也意味着这三大地区将成为重点疏解提升地区。这些地区的制造型企业需尽快做出调整，将不符合目录的低端制造环节向外疏解。具体来看，当前汽车制造业高度集聚的中关村亦庄园应尽快疏解汽车制造业重点生产制造环节，朝阳电子城应尽快疏解电子设备业的低端制造环节。

2.4 通用装备和专用设备制造业及其空间分布特征

作为北京工业的重要组成部分，通用装备制造业（图 10）、专用设备制造业（图 11）等一般制造

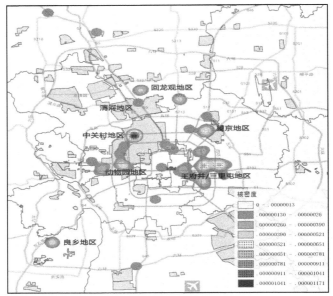

图 6　2013 年零售业主要消亡地区

资料来源：龙信数据。

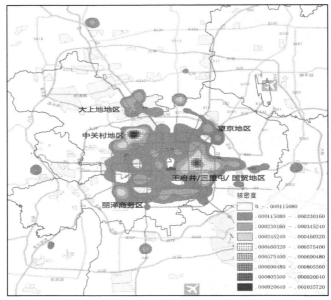

图 7　2015 年零售业空间分布

资料来源：龙信数据。

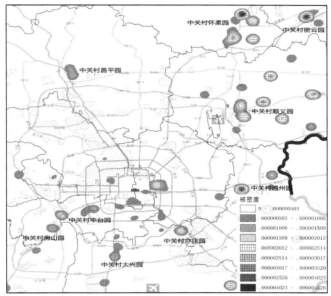

图8　2015年汽车制造业空间分布

资料来源：龙信数据。

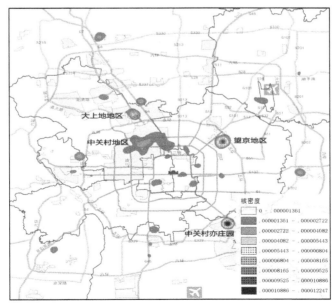

图9　2015年电子设备制造业空间分布

资料来源：龙信数据。

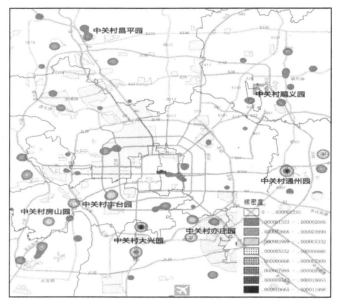

图 10　2015 年通用装备制造业空间分布

资料来源：龙信数据。

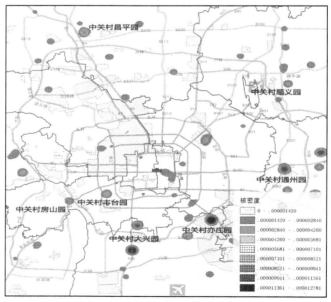

图 11　2015 年专用设备制造业空间分布

资料来源：龙信数据。

业，主要布局在中关村亦庄园、大兴园、通州园、顺义园等中关村产业园区之中，行业涉及的钢铁铸件制造、食品、饮料、烟草及饲料生产专用设备制造等生产制造环节，也需要根据最新要求进行疏解。这些专业性强的制造业及设备业应在更大的京津冀区域空间内布局，而非囿于北京一地发展。

3　协同规划背景下北京非首都职能疏解要求

当前北京已进入新一轮经济转型调整期，根据《北京市主体功能区规划（2012）》及《北京市新增产业的禁止和限制目录（2015 版）》，北京核心功能区、城市功能拓展区的禁限产业比例达到79％。从限制的产业门类上看，78％为制造业，制造业中优势不突出的生产加工环节，如计算机通信、汽车制造、通用设备等行业，禁限产业小类达 11 个。全市范围内的区域性物流基地、专业市场将成为重点疏解对象，2015 年已明确的疏解市场有 150 个（表1）。这将对以批发和零售业、汽车制造业、电子设备制造业等六大产业为支柱的经济基础带来较大冲击，改变北京市当前的产业空间格局。如果这些政策得到长期执行，其结果必然是禁限产业的萎缩，直至最终被清场。以东城、西城构成的首都功能核心区，以朝阳、海淀、丰台、石景山构成的城市功能拓展区内，将不再有农林牧渔业、采矿业、制造业、设备业、物流等产业，所释放出的空间资源应如何配置，需从区域空间重构的整体视角看待。

4　北京主导产业升级重组与区域空间重构的建议

北京的主导产业应与北京首都职能相适应。在空间发展战略上，中心城区（包括首都功能核心区和城市功能拓展区）、城市发展新区（包括规划中的新城）、市域外城市形成产业扩散互补和空间功能互补的"网络化、专业化、集聚化"新局面。

4.1　以首都核心职能提升中心集聚

在北京新一轮总规调整的"一主、一副、两轴、多点"格局下，强化文化、政治、国际交往、科技创新四大首都职能在中心城区以及城市副中心的集聚发展，引导科技创新带动下的高新技术产业及创新服务业、国际交往带来的国际会议交流等产业、由文化功能延伸的文创产业在中心城区集聚。当前北京金融产业已在中心城区的国贸地区、金融街、中关村高度集聚且有向周边扩散态势。

未来随着新兴产业的发展，对于创新空间、商务空间、交往空间、文化交流空间等新型产业空间的需求将会持续高涨。2015 年，北京承担金融、商务等功能的写字楼空置率下降至 1.25％，创近三年的新低，国贸地区、金融街面临存量租赁面积有限的制约，供不应求，将影响高端产业集聚优势的发挥。建议围绕中心城区动物园批发市场等大量市场腾退、中关村大街建设、首钢地区改造等，基于促进产业集聚发展意图，结合产业空间布局现状，重新谋划金融、审计、法律服务等现代生产性服务业以及创新、文化、交往等新型产业的空间布局。

表1　北京市新增产业的禁止和限制目录（2015版）按门类名称

功能区域	农林牧渔业	采矿业	制造业	电力、热力、燃气及水生产和供应业	建筑业（禁止新投资）	批发和零售业	交通运输、仓储和邮政业	住宿和餐饮业	信息传输、软件和信息技术服务业（数据处理中心）	房地产业（住宅、大型公建）	租赁和商务服务业（京外央企总部、会议展览设施）	居民服务、修理和其他服务业	教育（中等职业学校教育、高等教育、培训机构）	文化、体育和娱乐业（丝网印刷、高尔夫球场）	卫生和社会工作（医院）	公共管理、社会保障和社会组织（党政机关、国家机构）
首都功能核心区（西城区、东城区）	×	×	×	○	×	×	○	○	×	×	×	○	×	×	×	×
城市功能拓展区（朝阳区、海淀区、丰台区、石景山区）	×	×	×	○	×	×	○	○	×	○	×	○	×	×	○	×
城市发展新区（通州区、顺义区、大兴区及昌平区以及房山区的平原地区）	○	×	○	○	—	○	○	○	○	○	○	○	×	×	—	—
生态涵养发展区（门头沟区、平谷区、怀柔区、密云县、延庆县以及昌平区、房山区的山区部分）	○	×	×	○	—	○	○	○	○	○	○	○	×	×	—	—

注：×表示禁止新建和扩建，○表示部分产业的禁止新建和扩建，—表示目录中未涉及。
资料来源：《北京市新增产业的禁止和限制目录（2015版）》。

4.2 以专业化职能谋划新城建设

结合新城建设，对于较独立的、有机会形成专业化职能中心的新城产业进行有保留地疏解。如具有空港条件且产业基础良好的大兴、顺义、昌平、房山等区县，支持其依托汽车、航空、新能源、生物医药等自身优势产业打造创新集群。同时，疏解对本区域发展影响微弱的一般制造业或者高端制造业的一般环节，如通用装备、专用装备制造业和汽车制造业的传统生产线。

当前，北京的工业主要布局于外围郊县/区，并且以工业园区为主要载体，但工业园区与郊县城区基本呈现产城分离状态，园区服务配套发展滞后。未来空间战略调整中，应对较为独立的、有机会形成专业化职能中心的新城，加强园区与郊县城区的功能整合及服务配套设施整合，促进居民就业与居住的就地平衡，使新城与中心城区形成"多中心"发展的均衡网络。这些新城多位于北京对外联系轴带上，有条件在距中心50～100千米范围内，打造成为"宜居宜业、职住平衡"的反磁力中心。其中，北京南中轴线上，永定门—南苑—新航城—雄安的战略格局已初现雏形。

4.3 以网络化格局进行区域重构

解决北京城市功能升级应与京津冀区域功能、空间重构同步考虑。北京非首都功能疏解为周边地区带来机遇的同时，也可能带来混乱。上述北京外围新城需与北京市域外、京津冀区域内的相邻城市联合发展，使疏解出来的功能和产业获得更适宜的发展空间和机遇，得到更多发展支撑，同时培育这些地区的产业重新集聚，如在物流业、批发业、设备制造业等方面集聚，推进地区功能定位的调整。

在接纳北京非首都功能产业基础上，接纳地的社会服务功能完善亦是区域空间重构的关键。这些城市需综合考虑居住、交通、医疗、教育等各方面，进行高起点、高标准建设或完善，形成若干定位明确、特色鲜明、职住合一、规模适度、专业化发展的中型城市。综合交通及区位条件因素，位于主要交通枢纽，高速、高铁沿线及发展带上的中小城市是较理想的选择，其中首都第二机场周边的大兴、廊坊、固安联合发展是较好案例。

致谢

本文得到国家社会科学基金项目（14BGL149）的资助。感谢北京清华同衡规划设计研究院郝新华、韦荟、王昆、旷薇的研究协助。

注释

① http://www.longcredit.com.

参考文献

[1] 顾朝林.城市群研究进展与展望[J].地理研究,2011,30 (5):771-784.

[2] 新华网.打破"一亩三分地"习近平就京津冀协同发展提七点要求[EB/OL].http://news.xinhuanet.com/politics/2014-02/27/c_119538131.htm.2014-02-27.

[3] 于化龙,臧学英.非首都功能疏解与京津产业对接研究[J].理论导刊,2015,(12):67-73.

[4] 赵民,陶小马.城市发展和城市规划的经济学原理[M].北京:高等教育出版社,2001.

雄安地区人居环境之演进

孙诗萌　武廷海

The Evolution of Living Environment
in Xiong'an Region

SUN Shimeng, WU Tinghai
(School of Architecture, Tsinghua University,
Beijing 100084, China)

Abstract　The Xiong'an Region covers
the Xiong'an New Area and areas around
Baiyangdian Lake, including Xiongxian
County, Anxin County, Rongcheng
County, Renqiu City and Gaoyang Coun-
ty. This article explores the evolution of
the living environment in this region, and
finds out that its geographical condition
has transformed from a natural wetland
to an artificial lake and further to a
northern watery town. Its regional
position has transformed from a border
area to a frontier fortress and further to a
part of the capital region. Its human set-
tlement pattern has transformed from a
sparsely populated area to a frontier set-
tling and further to an urban and rural
network. The current living environment
in this region was mainly shaped by arti-
ficial practices in the past thousand
years, especially those national-level pro-
jects. This research is aimed at providing
a broader natural background and historic
context for the planning and construction
of Xiong'an New Area.
Keywords　Xiong'an New Area; Xiong'an
region; living environment; Baiyangdian
Lake; urban planning

作者简介
孙诗萌、武廷海（通讯作者），清华大学建筑
学院。

摘　要　雄安地区包括雄安新区在内，涵盖环白洋淀的雄
县、安新县、容城县、任丘市、高阳县。文章考察雄安地
区人居环境之演进，发现万余年来雄安地区的地理环境经
历了从天然洼地到人工湖淀到北国江南的变迁，区域地位
经历了从边陲地区到北边前哨到京畿腹地的变迁，人居形
态经历了从地广人稀到边地人居到城乡网络的变迁。当前
雄安地区的人居环境主要是近千年来对自然环境大规模人
工治理，特别是国家工程建设的结果。雄安地区研究可以
为雄安新区规划建设提供更为广阔的自然与环境基础以及
更为深远的历史与文化脉络。

关键词　雄安新区；雄安地区；人居环境；白洋淀；城市
规划

2017 年 4 月 1 日，中共中央、国务院决定设立国家级
新区——雄安新区，规划范围涉及河北省雄县、容城、安
新三县及周边部分区域，起步区面积约 100 平方千米，中
期发展区面积约 200 平方千米，远期控制区面积约 2 000 平
方千米。雄安新区建设要"突出建设绿色智慧新城，建成
国际一流、绿色、现代、智慧城市"，"打造优美生态环境，
构建蓝绿交织、清新明亮、水城共融的生态城市"（新华
社，2017）。本文所说的雄安地区包括雄安新区在内，涵盖
环白洋淀的雄县、安新县、容城县、任丘市、高阳县，总
面积约 3 000 平方千米，现状人口 200 余万（图 1）。

王会昌（1983）、朱宣清等（1986）、何乃华等（1992）
等运用地质学与考古学资料考察了雄安地区的环境变迁，
贾毅（1992）、彭艳芬（2012）、梁松涛与姜珊（2017）等
对该地区湖淀利用、水患治理等历史经验进行了总结，但关

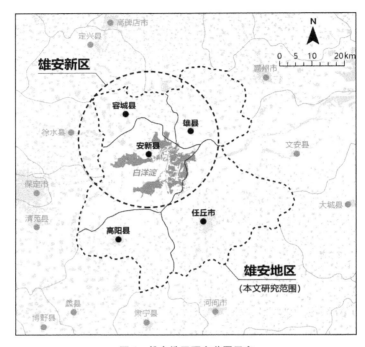

图 1　雄安地区研究范围示意

于雄安地区人居环境建设的深入研究尚有缺失。本文拟对雄安地区人居环境之演进脉络进行专门探讨，分别从河北平原低湿洼地与地方人居、边疆地区战备工程与边地人居、京畿腹地与城乡人居三个时段总结其基本规律，尝试为雄安新区规划建设提供更广阔的自然环境基础与更深远的历史文化脉络。

1　河北平原低湿洼地与地方人居（公元 960 年以前）

地质学、古地理学与考古学研究表明，约距今 10 000 年前，古雄安地区已出现早期人类活动，直至唐末，该地区的人居环境建设规模仍然有限，总体上属于地方性人居。

1.1　低湿洼地，河道屡变，制约大规模人居建设

王会昌（1983）指出，白洋淀地区在地质构造上位于新生代以来由差异性断陷下沉所形成的冀中拗陷，距今 10 000～7 500 年前的全新世早期，白洋淀地区以河流沉积为主；距今 7 500～2 500 年前的全新世中期，该地区以湖沼沉积为主；距今 2 500 年以来的全新世晚期，该地区复以河流沉积为主，

洼地湖沼水域逐渐收缩，在东、西、南三面发生较大变动（图2）。此后至公元十世纪之前，该地区并无大型、稳定且常年积水的湖淀环境，其自然地理景观主要表现为太行山东麓南（滹沱河）、北（永定河）两大冲积扇间向东延伸的若干低湿洼地，雨季时，较深的洼地形成小型季节性洼淀，但这些小洼淀在时、空上并不稳定（朱宣清等，1986）。

　　距今10 000年左右，雄安地区已经出现早期人类活动。白洋淀上游徐水南庄头遗址（距今10 500～9 700年）出土的早期陶器表明，早在全新世初期先人们已摆脱了对洞穴的依赖，下到靠近水淀的地区活动（《安新县志》2000）。白洋淀淀区内则发掘出梁庄磁山文化遗址（距今8 500～7 000年）、留村仰韶文化遗址（距今7 000～6 000年）、哑叭庄龙山文化遗址（距今4 600～4 000）等早期人居遗迹。新石器时代以来，白洋淀地区存在着基本连续的史前文化形态，但聚落数量和分布范围皆受到宏观气候变动和自然地理环境的影响（段宏振，2017）。总体而言，大规模人居环境的条件尚未形成，早期人居规模小而不稳定（图3）。

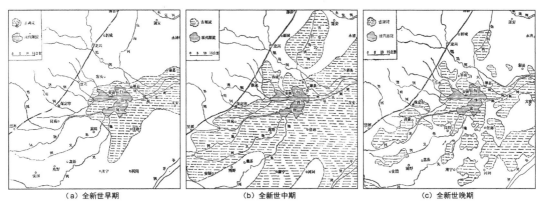

（a）全新世早期　（b）全新世中期　（c）全新世晚期

图2　全新世早、中、晚期的白洋淀

资料来源：王会昌，1983。

1.2　九河下梢，潴水成淀，边地城邑出现

　　周定王五年（前602年），黄河改道南移，古白洋淀地区失去了古黄河的冲积，仅遗留下黄河故道。太行山前地带河流众多，滹沱、浣、寇、博、卢、孤诸水，几乎都为东西向，仍沿黄河故道进淀入海，古白洋淀地区形成"九河下梢"之势，潴水成淀。

　　春秋战国时期，白洋淀地区属于"燕南陲，赵北际"的边地，群雄争霸。战国时，燕国为防御南方的赵国与齐国，沿滹水修建起南长城，正是燕、赵两国的分界线。据考古发现的燕南长城遗址，"西起易县太行山下，向东蜿蜒经徐水、容城、安新、雄县、文安等县直至大成，总长近260千米"（段宏振，2017）。其在淀区内的段落，则被后世沿用筑堤，北宋以后形成白洋淀北界。史载春秋初期

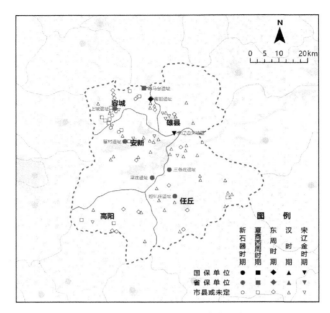

图3　雄安地区历史文化遗存分布

资料来源：根据《中国文物地图集·河北分册》相关信息绘制。

燕桓侯曾迁都"临易"，战国时为"易"。今容城境内南阳遗址发掘有城墙、大型夯土建筑基址等遗迹以及戳印"易市"的陶器等，有可能就是春秋时的临易（战国时的易）（段宏振，2017）。据史籍记载，当时淀中还有阿城（今安州镇）、浑埿城（今安新县城）、鄚城（今鄚州镇）、高阳等早期城邑（图4）。战国时荆轲刺秦王时所献燕国地图中，最肥沃的"督亢之地"就大致位于目前雄安北部区域。

秦置郡县，雄安地区属广阳、巨鹿、恒山三郡交界地带，境内仅有易县及高阳邑。西汉时，雄安地区属幽州涿郡，境内有容城、易、鄚、高阳、阿陵、高郭六县，其中两个为侯国。当时雄安地区经济与人居环境已有一定程度的发展，东汉开国皇帝刘秀主要依靠河北士族势力夺得天下，其中也包括雄安地区。东汉时该地区主要属河间国，境内有易县、鄚县、高阳三县及易京、葛城等邑。

根据郦道元《水经注》记载，北魏时期的白洋淀地区并无大面积连片淀泊。《水经注》中"易水""滱水"两条存有对今雄安及白洋淀地区的具体记述："易水"条中谈到易水、濡水、雹水、泥水等河流的走势及所经城邑，"滱水"条中谈到滱水、博水、徐水、曹水等河流的走势及所经城邑，但关于湖淀，"易水"条仅谈到今白洋淀地区之"大渥、小渥"二淀，"滱水"条记述了蒲阴县之"阳城淀"，并未提及今白洋淀地区有其他湖淀。这一时期，雄安地区大体上分属瀛洲、幽州之域，境内有高阳郡（高阳县）、鄚县、易县、容城、扶舆等县。魏晋南北朝时期虽然动乱，但无论胡汉政权，"山东世家

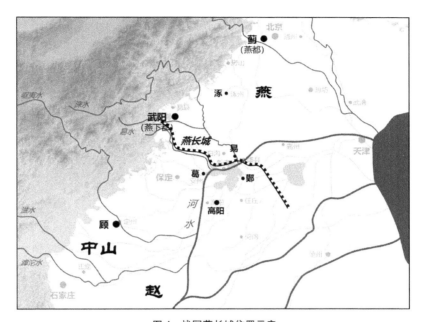

图4　战国燕长城位置示意

资料来源：根据《中国历史地图集》相关信息绘制。

大族"①始终是主导力量，雄安地区附近的范阳卢氏、博陵崔氏等都实力雄厚，且绵延千年，背后是繁盛的经济、文化支撑。

　　唐代，雄安地区分属莫、瀛、易、幽四州，境内有莫县、任丘、唐兴、长丰、高阳、归义、遒县等县。与今日市县格局相比，仅任丘位置未变。考《旧唐书·地理志》，此四州行政建置调整频繁，今雄安地区范围内诸县皆经历多次兴废析并。从人口来看，天宝十三年（754年），覆盖今雄安地区绝大部分面积的莫州，县均人口5.7万；较其南边的瀛洲（13.3万/县）、冀州（9.2万/县）、深州（8.7万/县）、沧州（7.5万/县）、定州（6.2万/县）等州为少，但较其北边的易州（3.2万/县）、幽州（1.7万/县）等州，已属人居户口较繁之地②。关于湖淀，《新唐书·地理志》全篇仅出现"淀"字三处，第一处言莫州"有九十九淀"，第二处言任丘有通利渠"以泄陂淀"，实亦言莫州之淀——说明当时莫州之大面积水淀景观已现雏形，全国闻名，且已有灌溉蓄池之人工调节③。晚唐安史之乱及之后的河北三镇割据，表面上是胡人作乱，实际上源于河北本土汉人世家大族④。

　　综上所述，从早期平原洼地中受制于自然环境的不稳定人居，到秦汉以后设州置县人口渐繁，人居环境建设已得到相当程度的开展，但与北宋大规模驻边屯田尤其明清移民开发后的状况仍有较大的差距。据孙冬虎（1989）统计，环白洋淀五县市现存聚落中始建于周至五代时期的仅占总数的11.5%。除去朝代更迭、战争破坏等原因，尚不稳定的自然环境、缺乏大规模人工治理的动力及能力等因素，皆制约着该地区早期人居环境的发展。

2　边疆地区战备工程与边地人居（960～1125 年）

唐末以降，中国北方战事不断，河北一带长期沦为北方游牧民族与中原王朝拉锯争夺的战场。宋辽对峙时期，河北成为国家北部的战略前沿，开展了大规模的水上军事防线兴筑及屯田守边工程，即便在"澶渊之盟"后双方停战时期亦未曾松懈。这一时期大规模的塘泊建设造就了白洋淀淀区的基本格局。雄安地区因地处这条防线上的重要战略位置，在行政建置、防御工事、道路交通、城市建设、商贸交往等方面，均获得前所未有的发展机遇，面向战备的一系列国家工程建设为雄安地区的人居环境发展奠定了基础。

2.1　宋辽对峙，塘泺防线，筑塘屯田

唐末五代时期，生活在东北的西辽河流域的契丹族逐渐强盛，建立辽（907～1125 年），不断向中原地区各王朝进攻掳掠。中原王朝原本凭借长城及燕山天险进行抵抗，但公元 936 年后晋高祖石敬瑭割让"燕云十六州"给辽之后，"自飞狐以东，重关复岭，塞垣巨险，皆为契丹所有。燕蓟以南，平壤千里，无名山大川之阻，蕃汉共之。此所以失地利而困中国也"⑤。后周显德六年（959 年），周世宗柴荣大举北伐，夺回原莫、瀛、易等州共 17 县地，使国境线向北推进；并在边境地区以瓦桥关为雄州，割容城、归义两县隶之；以益津关为霸州，割文安、大城两县隶之。北宋（960～1127 年）继承后周与辽之边境线，大致由山西北部向东经白沟延伸至海。为收复燕云诸州失地，北宋初年曾多次北伐征辽，均未果。景德元年（1004 年），辽军南下，真宗应战，最终在澶州与辽议和，约定双方以白沟为界，互不进犯，并于边境设置榷场进行互市贸易。此后百余年间宋辽双方维持着和平局面，直至公元 1125 年辽为金所灭。

宋辽对峙初期，今保定—雄安一线成为北宋的北部边疆，数量庞大的军队后勤补给必须依靠水运，北宋于是在此整修河道、挖掘运河，并建设起一道规模庞大的"塘泊"防御工事，以迟滞北方骑兵的快速进攻。据《宋史·河渠志》记载，其总体规模"自边吴淀东至泥沽海口（今天津一带），绵亘七州郡，屈曲九百里，深不可行舟，浅不可徒涉"。

修筑塘泊的计划最早由时任沧州知州的何承矩于端拱元年（988 年）提出，为达到造水田以蓄军粮、设水险以固边防、事成后减少守戍兵士的三重目的（杨军，1999）。计划一经提出即得到太宗批准开始实施，但次年停工。直至淳化四年（993 年），适逢河北"频年雨涝，河流淄溢"亟待治理之机，筑塘屯田计划方再次启动。据《宋史·食货志》，是年三月，"置河北缘边屯田使，……发诸州镇兵一万八千人给其役。凡雄、莫、霸州、平戎、顺安等军，兴堰六百里，置斗门，引淀水灌溉"。同时屯田种稻，"初年种稻，值霜不成，（沧州临津令黄）懋以晚稻九月熟，河北霜早而地气迟，江东早稻七月即熟，取其种课令种之，是岁八月，稻熟"；自此有"莞蒲、蜃蛤之饶，民赖其利"。而后又在

陶河至泥沽海口之间的九百里边境线上置寨铺、设戍卫、部舟楫，"往来巡警，以凭奸诈"⑤。真宗时期又在地势较高的静戎军（后改安肃军）、顺安军、威虏军（后改广信军）等界进一步置方田、开河道以遏制敌骑。澶渊之盟后双方约定不再增加战备，塘泊建设明里暂停，但暗中仍有扩建。据沈括《梦溪笔谈》记载，庆历、熙宁中"复踵为之"，"于是自保州（今保定）西北沉远泊，东尽沧州泥沽海口，几八百里，悉为潴潦，阔者有及六十里者，至今倚为藩篱"。

　　塘泊由河北屯田司、沿边安抚司、河北转运使兼都大制置共同管理。前者负责屯田兴修以收取地利；中者负责堤防维护以巩固边防；后者统领。塘泊管理一方面严格保持适度水量，水多则泄，水少则灌；另一方面定期清淤，加固堤防，并有专门立法保护堤防设施。《宋史·河渠志》中对当时各处塘泊的水深有详细记载，例如今雄县至高阳之间的塘泊，"东起雄州，西至顺安军，合大莲花淀、洛阳淀、牛横淀、康池淀、畴淀、白羊淀为一水，衡广七十里，纵三十里或四十五里，其深一丈或六尺或七尺"，水深合今 1.9～3.2 米（图 5）。

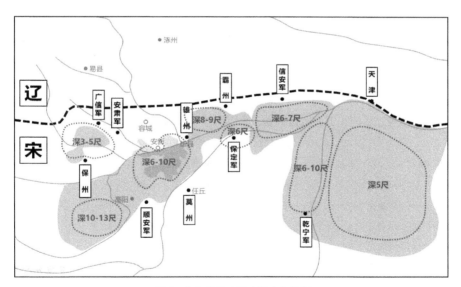

图 5　北宋塘泊工程建设水位控制

资料来源：根据《安新县志》相关信息绘制。

　　北宋塘泺防线的建设，使河北平原河渠相连、洼淀相通，白洋淀地区大小湖淀串通一体的形态基本形成。可以说，白洋淀最终的成"淀"，主要是北宋大规模人工筑堤围堰的结果。顺便指出，北宋在雄安地区除了挖掘"塘泊"外，还大规模修建了高规格的地道，其中很多至今保存完好，被列为国家级文物保护单位。雄安地区西部则是北宋皇室祖陵所在地，据《保定府志》载，"太平兴国中，以祖宗陵墓所在，因置保州"。其遗址位于今保定市东南郊，为省级文物保护单位。

2.2　区划加密，道路开辟，城镇发展

宋代雄安地区经济、文化发达，人居环境建设随之有了整体性推进，具体表现在行政区划调整加密、城市建设加强、道路交通开辟、商业设施增加等方面。

（1）行政区划调整加密。据唐开元二十九年（741 年）的行政区划，在太行山以西、拒马河以南至滹沱河之间的北宋塘泊地区，仅划莫州及易、幽、瀛三州的局部地区。到北宋政和元年（1111 年），作为边疆前哨，塘泊地区范围内设有莫州、雄州、霸州、保州、顺安军（今高阳）、安肃军（今徐水）、广信军（今遂城）、永宁军（今蠡县）、保定军（今文安）、信安军（今永清）十州军。雄安地区范围内则有归信、容城、任丘、高阳诸县，分属雄州、莫州、顺安军三州军。此三州军之疆域已与今天雄安地区四县一市范围高度吻合，可见北宋时期这一地区行政区划调整加密的深远影响。

（2）交通网络重构与道路开辟。长期以来，京津冀地区的南北向陆路交通线一直存在至少东、西两条骨干线路，一条近山，一条滨海。唐代以前，全国性的交通干线网络长期以长安、洛阳二都为中心向外辐射，位于东北方向华北、东北、蒙古三大板块之结合部位、具有重要战略区位的今北京地区，主要沿太行山东麓南下渡黄河向西而与都城联系。此幽州—范阳—定州—恒州一线，即太行山东麓大道（侯仁之，1998），雄安地区当时位于这条通道以东。安史之乱以后，河北地区藩镇割据，太行山东麓大道的重要性逐渐降低。五代以后，随着都城东迁开封，在河北地区逐渐形成一条能快速联系开封与辽南京的南北新通道，大致路线为开封—大名—冀州—深州—莫州—雄州—涿州—析津府（辽南京）一线（王文楚，1996）。无论宋军北伐或辽军南下，多出兵雄—莫一路。雄州因此成为"河北咽喉"，常屯重兵。北宋初期为防范辽军骑兵，于雄州以南一路"专植榆柳，中通一径，仅能容一骑"[⑦]。战时这条道路是由都城向边境调配军队物质的战略通道；澶渊之盟以后则成为两国使臣往来的必经之路。除加强南北交通外，北宋时亦沿塘泊堤防开辟横向道路，以联通边境诸州军（图 6、图 7）。

（3）城防为主的城市建设。后周至北宋，随着雄安地区成为战略前沿，这一地区的城池建设也大为发展。一方面，此前频繁多变的城市选址大多在这一时期固定下来。鄚县（汉县）、任丘（北齐设县）一直是莫州地域内两个县级中心，自唐景云二年（711 年）置鄚州（开元十三年改莫州），州治常设于鄚县。直到北宋元祐二年（1087 年），任丘替代鄚县成为领县政区中心；至明清虽降州为县，但治城一直稳定。安州地域古有葛城，唐代始设县[⑧]；北宋淳化三年（992 年）置顺安军（金改安州），使葛城成为领县政区治所。金、元、明三代，安州治曾在高阳、葛城、渥城（今安新）三址间变动，清道光后复治葛城。今雄县，则在后周显德六年（959 年）设为雄州，成为领县政区治所；虽然明清降州为县，但治城一直稳定。另一方面，这一时期基于军防的城池建设活跃，所确立的城郭规模多为明清沿用。以雄州城为例，后周始筑时城周七里，北宋增筑外城，扩至"九里三十步"，这一规模一直延续至清末。当时城内还有不少兼具军防战备与日常民用的建设活动（杨军，2004）。再如安州城，始建于北宋，据道光《安州志》载系"杨延朗为团练使时另取易州坚土以筑城也"。城周五里三十步，一直延用至清末（图 8）。

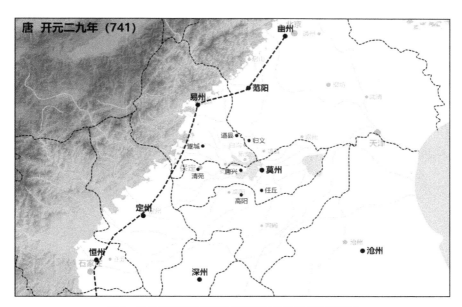

图 6　唐代中期雄安及周边地区的城镇体系与交通格局

资料来源：根据《唐代交通考》相关信息绘制。

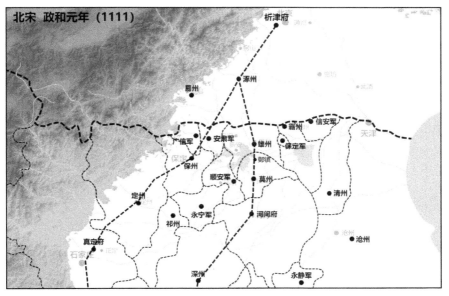

图 7　北宋晚期雄安及周边地区的城镇体系与交通格局

资料来源：根据《中国历史地图集》相关信息绘制。

	雄州	顺安军（安州）	渥城县（今安新）	莫州（今任丘）
设治时间	**后周**显德六年（959）**雄州**（今址）	**唐**如意元年（692）**武昌县**（今址）；**宋**淳化三年（992）**顺安军**（今址）	**金**泰和四年（1204）**渥城县**（今址），八年（1208）为**安州**治	**北齐**（550-577）**任丘县**（今址）；**宋**元祐二年（1087）**莫州**治（今址）
选址时间	**后周**显德六年（959）**雄州**始定今址	**战国**有**葛城**；**唐**如意元年（692）**武昌县**定今址	**汉**有**浑渥城**；**金**泰和四年（1204）**渥城县**定今址	**汉**有**任丘城**；**北齐**（550-577）**任丘县**定今址
定名时间	**后周**显德六年（959）**雄州**	**金**天会七年（1129）曾**安州**（治高阳，1188迁回葛城）	**元**至元九年（1272）**新安县**，属安州	**唐**开元十三年（725）改**莫州**（治鄚县）
建城时间	**后周**显德六年（959）始建城；**宋**景德（1004-1007）初北扩，筑外城	**宋**杨延昭筑土城；**明**万历中改砖城	**金**泰和四年（1204）始建城，周9里，门4；**明**正德九年（1514）重建	始建不详；**明**洪武七年（1374）重建；
城池规模	周9里30步；门3	周5里30步；门4	周7里13步；门4	周5里95步；门4
规模示意	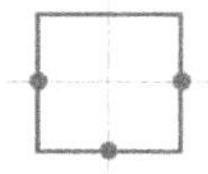	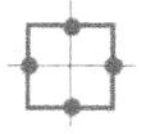	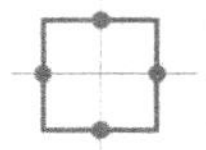	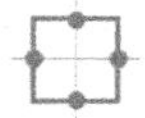

图 8　宋辽金时期雄安地区的城市建设

（4）设立榷场与宋辽贸易。宋辽对峙期间有边境贸易往来。太平兴国二年（977 年）始在镇、易、雄、霸、沧等州设由官方管理的榷场，进行"香药、犀象及茶"等贸易。每有战事则关闭榷场，关系稍缓则重新开辟。澶渊之盟后，沿边榷场基本稳定在雄州、霸州、安肃军、广信军几处。《宋史·食货志》载："终仁宗、英宗之世，契丹固守盟好，互市不绝。"北宋通过河北榷场获得的收益可以弥补每年给辽国的岁币支出，正所谓"祖宗朝赋予治费皆出于岁得之息，取之于虏而复以予虏，中国初无毫发损也"[①]。此足见当时边境贸易利润可观，对北宋具有相当重要的经济意义。

宋辽时期，今雄安地区的人居环境建设有了重大发展。前期对峙时期主要集中在区域性防御工事的建设，大规模塘泊兴修奠定了后世白洋淀淀区的基本规模与形态；双方停战后的和平时期，该地区在道路开辟、城市建设、商贸交往等方面继续发展，虽然仍带有备战目的，但该地区的人居环境格局雏形已基本确立。

3　京畿腹地与城乡人居（1153～1911 年）

北宋之后，雄安地区完全归入金管辖。公元 1153 年，金迁都燕京，改名中都，正式开启了北京作为首都的历史。雄安地区位于金的核心区域，经济、文化均较为发达。此后，元朝于 1272 年迁都北京，名大都。明朝于永乐十九年（1421 年）迁都北京，为京师。近 300 年间，以北京为中心的区域性交通网络和京畿体系逐渐形成。从明永乐迁都北京后至清末，北京已经成为全国交通与城镇体系的绝对中心。北京周边地区则因为拱卫京师的重要区位，具有了重要的战略、安防、经济、交通价值。

就地理格局而言，拒马河、白洋淀、滹沱河实构成了当时京畿山水格局南界之心理空间标志，雄安地区正位于这一标志性区域。明嘉靖时期余光《北京赋》曰："封畿四环，开地千里，略其远形，即其近鄙：则西巘为壁，不下函崤；沧海为潢，罔论长河；银山崇墉，北压红罗；巨马连淀，南迫滹沱，敷博爽以中广，岿雄拔于周遭。"在经济、交通、水利、安防、游憩等方面，雄安地区则对京师起着支撑或辅助作用。金元明清时期，雄安地区摆脱了战时塘泊防线的形态，向着充实人口、增广农耕、治水通航、强化景观的方向发展。

3.1　京畿腹地，永乐移民，人居充实

金元至明初，朝代更迭，战乱频仍，河北平原屡为战场。明初为增繁户口、恢复生产，发动了大规模的移民屯田。但农事稍复，1399～1403 年又发生靖难之役，京津以南战争尤为惨烈，"所过多墟，屠戮无遗"[⑩]。据统计，靖难之役后顺天八府户口仅为洪武二十四年的一半，耕地仅为其四成（董倩，1998）。当时河北地区土地荒芜、民生凋敝的现象十分严重。

朱棣称帝并驻跸北京后，为充实京畿人口、恢复农业生产，开始向北京及河北地区大规模移民。一方面，诏原籍北京诸郡避乱移出者回京，鼓励垦荒复业；另一方面，仿效洪武后期"狭乡之民迁于宽乡"的移民政策，多次从山西等地迁丁多田少及无田之家者实北平各府州县，发放农具、减免税收，鼓励移民屯垦（董倩，1998）。据曹树基（1997）统计，永乐年间北京城及顺天府境迁入移民 130 万，保定、永平、河间、真定诸府移民在 10～30 万不等。

当时京畿各地皆对移民进行了重新编户。以保定府为例，"各属亦有迁民，或曰迁，或曰屯，俱永乐中迁山西羡户填实畿辅者"[⑪]。明嘉靖《雄乘》也记载了当时原民与移民的情况："今县编户社有十二，屯七。王齐曰：社为土民，屯为迁民；迁民皆永乐间迁南人填实京师者。"据曹树基（1997）对当时保定府社、屯数记载清晰的 12 州县的统计，移民屯约占社屯总数的 37％；安州约有 47％的社屯为移民屯，新安约有 55％，雄县约有 37％，三者都是保定府中移民比例较高的州县。又据孙冬虎（1989）统计，白洋淀周边五县市 1 000 余自然村中有 60％形成于明代，大多是永乐年间山西移民所创；村名多以迁居家族姓氏命名，与明代以前的聚落命名方式十分不同。永乐移民进淀定居后，建村筑房，筑堤挖沟，造田垦殖，以渔、苇生产为主开始劳作，极大地促进了当地的农业生产和人居环境建设。永乐时期是雄安地区人口大幅充实的重要时期，奠定了今天该地区的村镇格局（图 9）。

3.2　流域治理，疏水屯田，津保通航

海河流域水患频仍，容易导致水运瘫痪，流域治理与水利工程建设至关重要。据冀朝鼎（1981）统计，河北地区的治水活动在明代有所激增（228 次），并且是当时华北地区（包括河北、河南、山西、山东诸省中）最高者；其在清代也维持着较高的水平（542 次），仅次于河南（843 次）。

明万历年间，徐贞明奏请在京畿地区兴水利农耕以自足，并提出在湖淀地区"上游疏渠灌溉，下游开支泄流，深淀潴水，浅淀圩田"的具体策略[⑫]，使白洋淀地区的圩田初有成效。清雍正三年

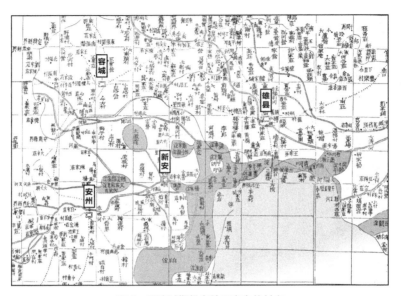

图9 明清时期雄安地区密布的村庄

资料来源：根据《保定府志》相关信息绘制。

（1725年）直隶大水，"霖雨月余，河水泛滥，东南西北四堤冲决如平地矣"。为治水患，雍正任命怡贤亲王（胤祥）总理京畿水利。胤祥实地相察河间、保定、顺天所属州县后，发现水患总因湖淀淤塞、流通不畅所致。他认为，"治直隶之水，必自淀始"，下流治乃可导上流之归，上流清乃可分下流之势，此二者"相须而不可偏废"也；于是提出复古淀，疏河道，开引河，筑堤岸，增阔桥，圩稻田的治水营田策略[15]。他建议增设河道管理官员，将直隶之河分为四区专门管理，其中雄安地区所在的"苑家口以西各淀及畿南诸河绵亘地方五六百里，经由州县二十余处，亦应为一局"；又建议增设营田官员，于"京东之滦蓟天津，京南之文霸任邱新雄等"沿河濒海、施功容易之地，"经画疆理，招募熟农，课导耕种"。随着上述建议的落实，京畿地区河道营田的管理体系与制度建立起来。农民收获营田之利，积极性大为提升。以安州为例，"自开局营田，新（安）民坐获美利。州人羡之，相率垦洿泽，引河流，自行插莳，营田一千六百三十余亩，收获甚丰。虽经画未施，而闻风兴起，亦足验舆情之忻跃云"，以致"凡畿疆可以兴利之处，靡不浚流圩岸，遍获丰饶"[16]（图10）。

在流域治理的同时，新的交通网络也逐渐形成。从清代《直隶山东两省地舆全图》可见当时河北地区密布的水、陆交通网络。其中南北向的陆路通道主要有"京师—保定—正定"一线（太行山东麓大道）和"京师—新雄—河间"一线（雄—莫一线），水路有京杭大运河；东西向的水陆通道则有联通保定与天津之间的天然河道"津保内河"（图11）。这条航道属大清河水系，早在曹魏时期已初步整理其下游河道。北宋建设"深不可行舟，浅不可徒涉"的塘泺防线，一定程度上限制了水路联通，但

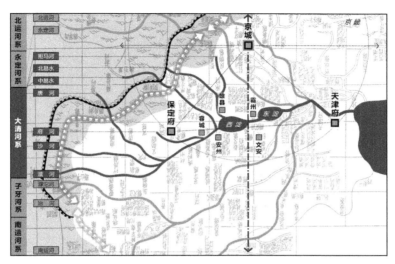

图 10　清《畿辅河道图》所见大清河水系与城镇格局

资料来源：根据《畿辅河道图》绘制。

局部仍可行船运粮。这条航线真正意义上的形成在明代中期以后，保定为省城、畿南重镇，天津为天子渡口，由江南北上的货物先经大运河到天津，再经大清河运至雄县，后转运至保定一带。清初治理京畿河道后，津保之间的航运一直畅通，直到 20 世纪 60 年代。1963 年发生海河特大洪水后，为根治水患，在上游修建了大量水库，又在中下游增设闸堰，津保航线遂中断。

3.3　皇家行宫，北国江南，风景日佳

北宋时期雄安地区大规模的塘泺建设多以军防、屯田为主要目的，金以后该地区水乡泽国的景观属性开始显现，开始出现审美文化考虑的人居环境建设。一方面，金代以后帝王常到白洋淀巡幸游赏并修建行宫，白洋淀逐渐成为畿辅南境具有江南水乡风貌之风景区；另一方面，明清时期雄安地区州县编修方志时往往有"八景"之说，可视为对地方人居风景特色的总结。

（1）皇家行宫的建设。金章宗宠妃李师儿家乡在浑渥城（今安新），章宗为陪其回乡省亲，常到白洋淀地区围猎游玩，在此修建行宫"建春宫"，并于泰和四年（1204 年）改浑渥城为渥城县（初隶安州），泰和八年（1208 年）升为州治。皇帝的经常到访促进了安新的城市建设，城池拓建至周围九里，规模可观，并兴建了一系列观赏功能的景观建筑⑮。

清代，由于满族皇帝保持习武行猎传统，白洋淀成为康熙、乾隆两位皇帝钟爱的水围胜地，修建了大量皇家行宫。仅在湖淀之中，就建起四座行宫：康熙十六年（1677 年）建赵北口行宫，康熙四十四年（1705 年）建郭里口行宫，康熙四十七年（1708 年）建端村行宫，乾隆十八年（1747 年）建圈

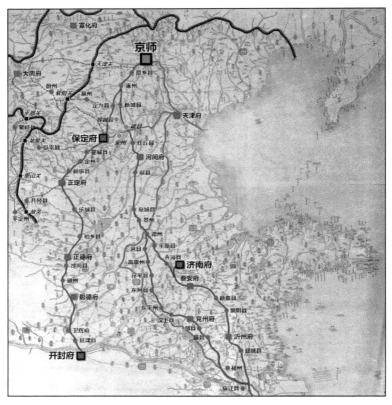

图11 《直隶山东两省地舆全图》所见水陆交通网络

资料来源：根据《直隶山东两省舆地全图》绘制。

头行宫（安新县地方志编纂委员会，2000）。帝王水围往往规模宏大且持续数日，如乾隆十五年的水围自二月二十四日持续至三月初六，皇帝先后驻跸端村行宫、圈头行宫、郭里口行宫、赵北口行宫四处。当时帝王下江南、巡五台、登泰山、朝曲阜，皆走雄—莫一线的"京德御道"，行至白洋淀附近便在雄—莫州之间的几处行宫驻跸。以乾隆十六年（1751年）首次南巡为例，正月十三日由紫禁城出发，三日到雄县，驻赵北口行宫；五月返程时亦住赵北口（邱士华、郑永昌，2017）。康熙、乾隆在旅行途中多次称赞白洋淀的水乡风光，认为其"仿佛江南图画"[⑯]。康熙有诗云："平波数顷似江声，风阻湖边一日程。可笑当年巡幸远，依稀吴越列行营"[⑰]。乾隆亦有"万柳跋长堤，江乡景重题。谁知今赵北，大似向杭西"之句[⑱]。

（2）地方八景建设。元明清时期，雄州、安州、新安、容城都出现了地方八景的总结和相关诗画的创作，为地方人居环境建设点睛。

　　"雄州八景"出现于明嘉靖年间,由时任雄县教谕、后任南京工部主事的魏纶所总结。"安州八景"为元代安州太守完颜安远所定,清道光《安州志》中进行了核定。"新安八景"出现于清代,有两个版本:一为清顺治朝新安籍刑部尚书高景(1608～1681年)所定;二为清末新安拔贡伊人镜重定[⑱]。"容城八景"出现于清代,由当时教谕李伸总结。

　　此四州县八景共32景,空间上覆盖了白洋淀及周边大部分地区(表1)。其中,三分之二的景观为历史上人工建设形成的人文景观,又70%依托金、元、明三代的建设所形成,且多为亭台楼阁等景观建筑,说明这一时期人居环境建设的重点已经从军事防御转向宜居生活;另三分之一的景观描绘了天然佳美的湖淀风光,说明白洋淀地区"北国江南"的风景特色已经形成。

表 1　四州县八景

州县	地方八景
雄州八景	雄山晚照;易水秋声;瓦桥夜月;石罏甘泉;望山云树;莲浦晴游;柳溪垂钓;吕庙烟波
安州八景	云锦春游;齐云晚眺;石臼停舟;白洋垂钓;柳滩飞絮;蒲口落花;板桥晓月;易水秋风
新安八景	静修书院;妃子妆台;聪寺晓钟;台城晚照;东堤烟柳;西淀风荷;鹅楼凌云;鸭圈印月
容城八景	古城春意;易水秋声;玉井甘泉;白沟晓渡;贤冢洄澜;忠祠松雪;古篆摇风;白塔鸦鸣

　　雄安地区的白洋淀是华北平原最低洼之处,在20世纪80年代之前是整个海河流域诸多塘泊洼淀之一,但80年代初连续几年发生彻底干淀,引起了国家相关部门的高度重视。为防止再次干淀,提出保护白洋淀生态环境,并多方引进水源;亦尝试多种帮扶举措,包括引进外资和驻港央企扶持建立"白洋淀温泉城开发区"、"清苑中国科技城"、台资"华北工业城",由国家主要领导人题词"华北明珠白洋淀"等,使白洋淀脱颖而出,成为京津冀地区最受重视的湖泊湿地。

4　雄安地区人居环境变迁基本规律

　　纵观雄安地区万余年来的人居环境之演进,可以发现雄安地区的地理环境经历了从天然洼地到人工湖淀到北国江南的变迁,区域地位经历了从边陲地区到北边前哨到京畿腹地的变迁,人居形态经历了从地广人稀到边地人居到城乡网络的变迁(图12)。

　　(1)地理环境从天然洼地到人工湖淀到北国江南。从自然地理景观来看,这一地区在唐代以前长期保持着太行山东麓拒马河与滹沱河之间季节性低湿洼地的自然形态,并无长期稳定的大面积湖淀景观及成规模的人工经营与利用。直到北宋时期,为限辽骑南下,依托湖泊密布、水网纵横的自然地形,修筑起东西绵延八百里的大规模人工塘泊,形成北方边境水上"塘泺防线",也奠定了后世白洋淀淀区的基本格局。金元明清时期,随着人口增加、农业开发、水利与乡村建设等,该地区的景观面貌又从水上军防工事逐渐转变为北国水乡景观。可以说,大尺度的国家工程建设是这一地区自然景观变迁的最主要驱动力。

（2）区域地位从边陲地区到北边前哨到京畿腹地。雄安地区的区域功能地位与其和国家中心（都城）及边疆的相对关系密不可分。唐代以前，国家中心长期稳定在长安—洛阳地区，雄安地区地处东北边陲。宋辽对峙时期，位于都城开封北方的雄安地区显示出北边前哨的战略地位，战争时期是宋辽对抗之区，和平时期则是双方交往、商贸往来地带。因此北宋时期成为雄安地区人居环境营建史上的重要一页。金以后，随着国家中心稳定在北京，雄安地区成为拱卫京师的京畿腹地，为京师提供经济、交通、安防、景观休憩等方面的支撑。雄安地区与都城地区互动明显，一直延续到20世纪70年代。可以说，国家在不同时期对雄安地区的功能要求，决定性地影响着该地区的人居环境建设和面貌。

（3）人居形态从地广人稀到边地人居到城乡网络。距今万年以前，该地区已有早期人类活动，春秋战国时期，该地区已出现城市。但自然环境尤其河流水系的频繁变动以及战争活动等因素，制约着人居环境的稳定发展，人居建设呈现出地方性特征。北宋时期，伴随国家边防工程建设及大规模军事屯田，该地区的道路开辟、城池建设、商业设施等均有发展，领县政区中心城市的选址基本稳定，城池规模确立，但总体上表现出边地人居规模有限、城防先行的基本形态。金元明清时期，随着京畿人口充实、农田水利发展，该地区进入城乡人居稳定发展的新阶段，重视文教环境与地方风景建设。

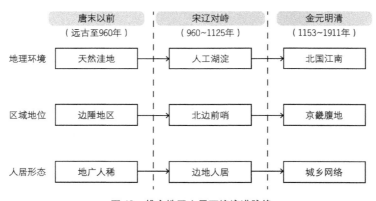

图 12　雄安地区人居环境演进脉络

纵观历史，雄安地区人居环境建设起有伏，当前雄安地区的人居环境主要是近千年来对自然环境大规模人工治理，特别是国家工程建设的结果。雄安地区人居环境之演进启示我们，未来雄安新区规划建设与发展要在国家工程的战略高度进行谋划，此其一。其二，明清京畿治水的调查和研究都认识到，河北平原上自太行东麓东达至海，实为一体，上流清可分下流之势，下流治可导上流之归，两者相辅相成，不可偏废也。从雄安地区或白洋淀流域的整体来看，上下游之水利、安全、交通、人居等应统筹考虑。其三，雄安地区存有历史上遗留的众多重要人居工程及事件遗迹，是千万年来人居发展之见证，应作为地方文化的精华在当代规划建设中予以充分地保护和展现。

致谢

本文受国家自然科学基金课题（51608292，51378279）资助。感谢匿名评审人对本文的修改意见和建议。

注释

① 当时的山东指崤山以东，其实以河北为主。

② 县均人口据《旧唐书·地理志》人口数据计算。

③ 第三处"淀"与本文内容无关，此处不作说明。

④ 如前述范阳卢氏，直到抗日战争时期依然具有强大实力和组织能力，抗战初期这一地区之所以形成庞大的抗日武装力量，范阳卢氏等起到重要作用。

⑤ 当时户部郎中张洎的奏折所言，引自《续资治通鉴》卷十四。

⑥《宋史·何成矩传》。

⑦ [宋] 王清明《挥尘后录》。

⑧ 唐如意元年（692年）在葛城置武昌县，属瀛州；神龙元年（705年）改武兴县，属易州；广德二年（764年）又改唐兴县，属莫州。

⑨ [南宋] 徐梦莘《三朝北盟汇编》卷八。

⑩《南宫县志》卷二十二。

⑪《保定府志》卷二。

⑫ [明] 徐光启《农政全书》卷十二水利。

⑬ [清] 吴邦庆《畿辅河道水利丛书·怡贤亲王疏钞》。

⑭《皇朝经世文编》卷一百零八工政十四直隶水利中。

⑮ 如在东城角建观鹅之昌明楼，在西城下莲花池畔建观莲台等。

⑯ 乾隆《南巡盛典》卷九十五名胜·赵北口行宫。

⑰ 康熙《风阻驻跸白洋湖偶成》。康熙五十六年（1717年）二月巡视畿甸途中作。

⑱ 乾隆《驻跸赵北口作》。

⑲ 高景所定八景为：静修书院、台城晚照、易水秋风、长沟钓叟、聪寺晓钟、妃子妆台、明昌鹅楼、仙翁春苑；但绘画及题咏皆已佚失（季章元、蔡文暖，1993）。本文关于八景的统计采用伊人镜所定"新安八景"，详见表1。

参考文献

[1] (北魏) 郦道元. 水经注 [M]. 北京：中华书局，2009.

[2] (明) 王齐. [嘉靖] 雄乘 [M]. 天一阁藏明代方志选刊 7. 上海：上海古籍出版社，1981.

[3] (明) 徐光启. 农政全书 [M]. 北京：中华书局，1956.

[4] (清) 高景. [乾隆] 新安县志 [M]. 中国地方志集成. 河北府县志辑 34. 上海：上海书店，2006.

[5] (清) 刘文达. [乾隆] 任丘县志 [M]. 中国地方志集成. 河北府县志辑 48. 上海：上海书店，2006.

[6] (清) 吴邦庆. 畿辅河道水利丛书 [M]. 中国水利要籍丛编. 第三集第 23 册. 台北：文海出版社，1970.

[7] (清) 彭定泽. [道光] 安州志 [M]. 中国地方志集成. 河北府县志辑 34. 上海：上海书店，2006

[8] (清) 陈若畴. [道光] 任丘县志续编 [M]. 中国地方志集成. 河北府县志辑 48. 上海：上海书店，2006.

[9] (清) 李鸿章，黄彭年. [光绪] 畿辅通志 [M]. 石家庄：河北人民出版社，1989.

[10] (清) 李培祐，张豫垲. [光绪] 保定府志 [M]. 光绪十二年刻本，1886.

[11] (清) 俞廷献，吴思忠. [光绪] 容城县志 [M]. 台北：成文出版社，1969.

[12] (清) 刘崇本. [光绪] 雄县乡土志 [M]. 台北：成文出版社，1968.

[13] (民国) 秦廷秀. 雄县新志 [M]. 台北：成文出版社，1969.

[14] 安新县地方志编纂委员会. 安新县志 [M]. 北京：新华出版社，2000.

[15] 曹树基. 中国移民史：第五卷明时期 [M]. 福州：福建人民出版社，1997.

[16] 程龙. 北宋粮食筹措与边防：以华北战区为例 [M]. 北京：商务印书馆，2012.

[17] 董倩. 明代永乐年间移民政策述论 [J]. 青海社会科学，1998, (6): 98-102.

[18] 段宏振. 白洋淀地区考古学文化的演进历程 [N]. 中国文物报，2017-05-19.

[19] 段宏振. 白洋淀地区史前环境考古初步研究 [J]. 华夏考古，2008, (1): 39-47.

[20] 高阳县地方志编纂委员会. 高阳县志 [M]. 北京：方志出版社，1999.

[21] 国家文物局. 中国文物地图集：河北分册 [M]. 北京：文物出版社，2013.

[22] 何乃华，朱宣清. 白洋淀地区近 3 万年来的古环境与历史上人类活动的影响 [J]. 海洋地质与第四纪地质，1992, (2): 80-88.

[23] 侯仁之. 北京城的兴起：再论与北京建城有关的历史地理问题 [A]. 侯仁之. 侯仁之文集 [C]. 北京：燕山出版社，1998: 41-46.

[24] 季章元，蔡文暖. 安新景观说 [A]. 政协安新县文史资料委员会. 安新县文史资料：第三辑 [C]. 1993: 79-85.

[25] 冀朝鼎. 中国历史上的基本经济区与水利事业的发展 [M]. 朱诗鳌，译. 北京：中国社会科学出版社，1981.

[26] 贾毅. 洼淀改造利用的历史经验教训：从北宋对白洋淀区域的改造利用说起 [A]. 河北省国土经济学研究会. 土地开发整治理论与实践 [C]. 石家庄：河北科学技术出版社，1992: 148-154.

[27] 李孝聪. 公元十一十二世纪华北平原北部亚区交通与城市地理的研究 [A]. 中国地理学会历史地理专业委员会. 历史地理：第九辑 [C]. 上海：上海人民出版社，1990: 239-263.

[28] 梁松涛，姜册. 白洋淀淀群水资源治理开发的历史考察 [J]. 河北大学学报，2017, (3): 105-111.

[29] 彭艳芬. 白洋淀区域航运功能的历史考察 [J]. 保定学院学报，2012, (2): 123-127.

[30] 邱士华，郑永昌. 行箧随行：乾隆南巡行李箱中的书画 [M]. 台北：故宫博物院，2017.

[31] 任丘市地方志编纂委员会. 任丘市志 [M]. 北京：书目文献出版社，1993.

[32] 任丘文史资料编辑委员会. 任丘文史资料 [M]. 第一～八辑，1988-2002.

[33] 容城县志编辑委员会. 容城县志 [M]. 北京：方志出版社，1999.

[34] 孙冬虎. 白洋淀周围聚落发展及其定名的历史地理环境 [J]. 河北师范大学学报，1989, (3): 106-110.

[35] 谭其骧. 中国历史地图集 [M]. 北京：中国地图出版社，1982.

[36] 王会昌. 一万年来白洋淀的扩张与收缩 [J]. 地理研究，1983, (3): 8-18.

[37] 王文楚. 古代交通地理丛考 [M]. 北京：中华书局，1996.

[38] 新华社. 中共中央、国务院决定设立河北雄安新区 [EB/OL]. http：//news. xinhuanet. com/politics/2017-04/01/c_1120741571. htm，2017-04-01.

[39] 雄县县志编纂委员会. 雄县志 [M]. 北京：中国社会科学出版社，1992.

[40] 严耕望. 唐代交通图考：第五卷 [M]. 上海：上海古籍出版社，2007.

[41] 杨军. 北宋时期的河北塘泊 [A]. 北京大学历史地理研究中心. 侯仁之师九十寿辰纪念文集 [C]. 北京：学苑出版社，2003：225-255.

[42] 杨军. 北宋时期的河北塘泊 [D]. 北京：北京大学，1999.

[43] 杨军. 试说北宋时期的雄州城 [J]. 中国历史地理论丛，2004，19（3）：13-22.

[44] 张亮采. 宋辽间的榷场贸易 [A]. 历史研究编辑部. 辽金史论文集 [C]. 沈阳：辽宁人民出版社，1985：211-226.

[45] 政协安新县文史资料委员会. 安新县文史资料：第三～五辑 [M]. [出版者不详]，1993-2007.

[46] 朱宣清，施德荣，何乃华，等. 白洋淀的兴衰与人类活动的关系 [J]. 河北省科学院学报，1986，（2）：24-34.

重申地方价值与多方参与

——美国地方营建及其对我国城市更新的启示

李 妍 张 敏

Re-claiming the Value of Place and Multi-Participation: The Place-Making Act in America and Its Implication for China's Urban Renewal

LI Yan, ZHANG Min
(School of Architecture and Urban Planning, Nanjing University, Jiangsu 210093, China)

Abstract Place-making is a part of the urban revival movement in North America since 1990s. Place-making is affected by many planning theories, such as new urbanism, cultural lead regeneration, creative city, and advocacy planning. It aims to shape the sense of place, to improve the quality of place, and to increase the population of the cities and gain advantages from the fierce competition among cities. Michigan has been committed to researching and practicing place-making since 2010, forming a relatively systematic theoretical framework and operation model. This article focuses on the core ideas, the main methods, the operation mechanism, and the implementation path of place-making through the research of Michigan place-making official website, courses, and typical cases. It aims to push urban renewal in China to achieve a comprehensive target which should include societal, economic, cultural, and physical improvement. This article also points out that we should reclaim the value and significance

摘 要 地方营建行动是 20 世纪 90 年代以来北美城市复兴运动的一部分。该行动受到新城市主义、文化导向的城市复兴、创意城市和倡导性规划等理论的影响,以重塑地方性与提升地方品质为主旨,通过高品质地方的塑造促使人口向城市中心回流,在人才和资本竞争中获取优势。自 2010 年起,美国密歇根州通过地方营建行动的实践,形成了较为系统的理论体系和组织运作模式。文章通过对密歇根州地方营建官方网站(www. miplace. org)、地方营建课程以及地方营建典型案例资料的研究,重点探讨了地方营建的核心理念、主要方法、运行机制与实施路径。结合我国城市更新的现状,指出重申地方价值的理念与多方参与的组织模式对我国城市更新走向社会、经济、文化、环境综合提升之路的启示。

关键词 地方;地方营建;城市更新;美国密歇根州

1 引言

后工业社会、弹性就业和创意城市的崛起,引发了地方政府对资本和人才的竞争,内城和城市特殊地段独特的历史、文化及社区作为吸引资本与人才的地方性要素被日益关注。地方营建(place-making)行动是 20 世纪 90 年代以来北美城市复兴运动的一部分(Hutchison,2009),该行动旨在通过地方感的塑造,促使人口向城市中心回流,促进城市发展。地方营建概念在 20 世纪 70 年代被首次提出,其主要理念来源于新城市主义、倡导性规划与文化导向的城市复兴,是一种以倡导传统邻里和生活型街道为主

作者简介
李妍、张敏(通讯作者),南京大学建筑与城市规划学院。

of place and encourage multi-participants to get involved. At last, it gives advices to the operating method and system construction of China's urban renewal practice.

Keywords　place; place-making; urban renewal; Michigan

要载体，通过社区与政府及规划师的合作实现规划愿景，强调全过程中广泛的公众参与的城市更新模式。

密歇根州对地方营建的探索具有开创性意义。作为美国的"锈带"，密歇根州受到郊区化和去工业化的影响最为严重（赵黎晴，2008）。从20世纪90年代起，地方营建行动在州政府的强力倡导之下，经过数年的实践探索，形成了一套较为系统的运作模式。

我国城市发展进入了由增量扩张转向存量优化的新阶段（陈宏胜等，2015），现有的主要面向城市增量发展的规划模式和方法难以应对大量城市的更新规划需求。就近年来我国城市更新的实践来看，大多以房地产开发为导向（黄晓燕、曹小曙，2011），显露出急功近利、生搬硬套的问题，难以契合并彰显地方特性；居民参与度低，削弱了城市更新的社会基础与人文社会价值，长远来看不利于城市发展。从美国地方营建行动中吸取对地方价值的重视及多方合作经验，具有现实意义。

本文通过密歇根州地方营建官方网站（www.miplace.org）资源、密歇根州社区和住房发展部提供的地方营建培训资料以及典型地方营建实例研究，对相关背景、内涵、行动框架和具体策略进行全面梳理，归纳总结了地方营建行动的理论框架、组织模式与实践类型以及具体运作机制和内容，以期对我国城市更新规划与实践有所启示。

2　强调地方意义与提升地方品质——地方营建的核心理念

地方营建行动的核心理念是关注"地方"（place）的意义和提升地方品质。20世纪90年代以来，密歇根州内的大部分城市面临日益严重的内城衰退问题，主要包括人口及资金外流和高失业率带来的经济下滑（James et al.，2011），住房需求变化带来的房屋弃置问题和住房结构性短缺（Adelaja et al.，2009；Steuteville，2011），步行和自行车出行设施缺失间接造成的公共健康风险等（Saelens et al.，

2012）。为应对经济滑坡、住房问题和公共健康威胁造成的城市竞争力下降，地方营建行动借鉴了 20 世纪 70 年代以来西方国家兴起的文化导向的城市复兴及创意城市的部分思想，强调地方文化对社会和经济的影响（Evans，2002），试图通过"文化转向"（cultural turn）的方式重塑城市形象并恢复经济（王文婷，2009）。最核心的是加强地方对人的吸引力，提高人们对地方的依恋，建立人与地方深度的情感联系，即增强地方感；具体策略是通过打造"高品质地方"（quality place）促进地区发展，提升城市竞争力。

2.1 "高品质地方"的内涵

高品质地方是指拥有强烈地方感的地方（Olin，2008），包含物质、经济、社会等多个层面（Andrews，2001）。地方营建行动的核心是通过创造高品质地方来吸引高素质人才，进而破除地方发展的困境。该行动认为，拥有文化资本的人才对居住和工作地的选择有很大的自主性与特殊偏好（Darchen and Tremblay，2010），吸引人才流入的地方不仅能提供创业机会、高薪工作，而且能提供安全有活力的生活环境、多种生活方式和休闲娱乐方式、方便齐全的设施（Florida，2000），因此打造迎合高素质人才的高品质地方成为地方营建行动的核心理念。

高品质地方体现为适宜的物质空间、适当的功能混合和良好的社会参与。适宜的物质空间是高品质地方的基础，倡导与功能相适应的密度和物质空间形式，并充分保留历史格局及历史建筑的街道。适当的功能混合指通过增加人行步道、座椅小品、零售摊贩、绿地水体、音乐、WI-FI 等方式叠加空间的实际功能，使空间功能丰富多样。同时，高品质地方要有助于良好的社会参与，致力于为不同群体提供多种可选择的生活方式，建设不同群体沟通合作的渠道，保持社区的延续性，促进广泛的社会参与。

密歇根州立大学开设的地方营建培训课程总结了高品质地方的九个特点：①安全；②步行通畅；③友好；④原真性；⑤通达性，在各个公共空间的内部、各个公共空间之间都能够方便地步行到达；⑥舒适性，包括环境的清洁、独特性和有趣性；⑦安静（刻意为之的喧嚣场所除外）；⑧有利于促进人际交往，可以作为社会网络的物质承担者；⑨广泛而深刻的居民公众参与。

2.2 提升地方品质的路径

针对地方品质的提升，地方营建行动借鉴了新城市主义和城市营销的部分设计与行动方法。在物质空间设计方面，倡导紧凑、多种用途混合的土地利用方式，鼓励使用慢行交通和公共交通出行方式，增加公共基础设施可达性，提供多样化的住房，创造多元社会群体融合的社区环境。在物质空间之外，借鉴城市营销的方法，通过商业环境的优化、艺术介入和大事件策划（王进富等，2006）等方法，树立城市形象，创造高品质地方。

标准化的地方营建行动从住房、交通、文物与历史街区、人才、商业环境与氛围五个方面入手，对地方品质进行提升（Wyckoff and Cox，2009）。具体包括以下五个方面的目标：①以振兴传统邻里住区为目标的住房策略；②以满足当地居民流动性和多种交通方式选择的需求为目标的交通策略；③以充分保护和利用历史文化资源为目标的历史街区保护策略；④以加强人才培养、促进人才居留为目标的人才策略；⑤以培养丰富的创业精神，建立企业发展的社会网络和政策环境为目标的商业环境培育策略。可以通过一系列的手段和方法实现上述目标（表1）。

表1　地方营建主要内容及其目标与实现途径

内容	目标	手段和方法
住房	振兴家庭、邻里和社区，增加中心区传统邻里的多层住宅入住率，恢复其活力	增加传统邻里住房的供给；多层住房的优惠和贷款等政策援助；低收入家庭获得可支付的住房援助；增加住区的休闲娱乐和商业设施；增强住区治安等
交通	满足当地居民流动性和多种交通方式选择的需求	提高公共交通可达性；建立多种选择的社区通勤方式；增加日常的步行机会等
文物和历史街区	通过历史建筑、街区和市中心使社区更为独特，促进旅游发展，创造就业、复兴城镇	振兴传统商业街区（mainstreet）；赋予历史建筑新的功能；通过活动的策划使历史建筑（街区）成为有活力的地区等
人才	保证密歇根州的青年人才都会选择在此工作生活，从而形成良性循环	吸引和促使人才居留的政策；重新激活现有的劳动力；普及教育资源，技术革新和进步；营造创业型进取型的文化等
商业环境和商业氛围	社区内培养丰富的创业精神，建立企业发展的社会网络和政策环境	精心营销每一块土地；扩大投资源；设计活动对创业者进行帮助；设计回应型政府和兼顾公平与竞争的税收等

资料来源：MIplace 伙伴关系协议地方营建课程。

　　根据不同类型社区的具体问题，密歇根州在标准化的地方营建行动模式基础上提出了三种更有针对性的地方营建行动模式（Wyckoff，2011）：战略型地方营建、创意型地方营建与策略型地方营建（Wyckoff，2014）（表2）。①战略型地方营建更强调吸引高素质人才，关注如何创造更多就业岗位和收入（Michigan Future Inc.，2011）。这类计划通常规模较大，大多针对中心城区大型公共空间的建设和公共交通系统的完善（Wyckoff，2013）。②创意地方营建更侧重于利用文化、艺术和创造性思维改造建成环境，赋予地方以艺术的感染力（Webb，2014），通过改善空间结构和街景，创造艺术氛围，提高商业活力和公共空间安全性（Palermo and Ponzini，2014；Fleming，2007）。③策略型地方营建倾向于使用周期短、投入少、见效快的现实可行的路径。一方面，不设资金下限，鼓励个人或小规模团体行动者进行投资；另一方面，通过小型便利设施，如壁画、花篮、座椅等，以微小的改变撬动营建行动。

　　上述三种模式细化了地方营建行动的具体目标，以适应不同实际情况下的社区，依据社区类型、营建目标以及对营建预算和风险承受能力的判断，形成高、中、低三类具体的模式，分别从吸引人才实现城市发展、艺术营销扩大影响力和改善环境建设宜居社区三个层面，针对高品质地方的物质环境、功能混合和社会融合三方面目标中的一点或两点，实现不同基础条件下不同程度的地方品质提升。

表2　四种类型地方营建的比较

类型	意图	解决方案	结果
标准化地方营建	利用空间资源，创造宜居、宜业、宜游的良好环境	公共空间的塑造，利用社区参与和新城市主义的部分方法，如建立公共交通导向的传统紧凑住区、延续街道历史格局、提高文化艺术的创造性等	高品质空间和地方感增强
战略型地方营建	吸引高素质人才	房屋、交通、便利设施的改善和多选择	收入增加，设施便利，教育提升
创意型地方营建	提高社区环境趣味，遏止居民流失	从公共艺术入手，引燃经济发展	增加社区活力、创新产品和文化氛围
策略型地方营建	基于最小且可控的风险，最大程度改善环境，增强居民参与意识	通过小规模行动与广泛的公众参与约节约开支	可控的支出和看得到的效果

资料来源：MIplace伙伴关系协议地方营建课程。

3　多方参与的组织模式——地方营建的运作机制

地方营建行动的运行模式借鉴了倡导性规划的相关理论，与20世纪90年代后西方国家许多城市更新类似，采用了政府、高校和社区深度合作，顶层设计与广泛的公众参与相结合的模式（图1）。

在密歇根地方营建中，政府和高校合作达成的MIplace伙伴关系协议是行动的核心框架。MIplace伙伴关系协议包括理论探索和实践行动两个重要部分。以密歇根州立大学地方营建分会（ICC）为代表的密歇根立大学，负责地方营建理论体系的组织完善及其网站的维护、课程的编写和更新以及对政府官员、社区规划师和相关社区业主的培训（Michigan Future Inc.，2012）。密歇根经济发展公司（Michigan Economic Development Corporation，MEDC）为代表的政府组织负责地方营建行动的实践和推广，以地方营建理论为工具，组建专门部门，完善相关法律，制定相关政策，接受社区申请。

广大社区是地方营建行动强有力的参与者，也是营建具体方案的设计者和最终实施的决策者。社区团队包括社区委员会、社会团体、基层政府、社区居民团体甚至个人，依据其对地方营建理论的学习程度、营建方案的成熟度、营建结果的进度和影响力，通过提交申请材料获得不同等级的地方营建专项资金和技术支持。同时，获得支持的社区团队也会通过提交自身的实例进一步丰富和完善地方营建理论。

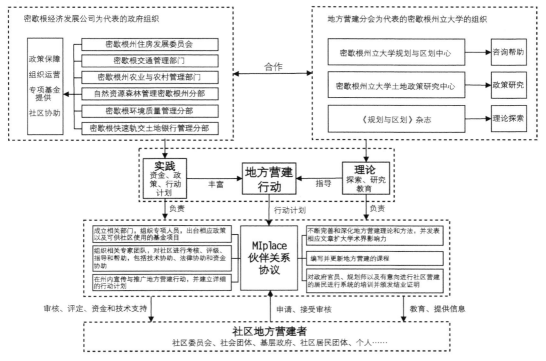

图 1　多部门合作的地方营建组织与推广

资料来源：依据 MIplace 伙伴关系协议及其他营建行动官方报告内容整理绘制。

在实施层面，地方营建行动是依靠社区团体主动申请密歇根经济发展公司所管理的多个营建援助项目而推进的。可申请的项目多数由密歇根州内的不同公共部门合作设计，项目主要以建设基金和技术援助为主，也有少数税收优惠的类型。在具体的操作中，密歇根经济发展公司社区发展部门作为项目的管理者，集中整理项目的主要信息，并向所有州内社区推广，包括来源、提供的帮助、申请方法等。目前在地方营建网站上公开可供申请的项目共有七个（表3）。

4　地方营建案例分析：密歇根州大众商业街计划

密歇根州大众商业街计划（Michigan Main Street Program）是地方营建行动中持续时间最久、影响范围最大的项目。大众商业街通常指村镇或小城市社区的主要街道，是小商店聚集的商业中心区。大众商业街代表日常劳动阶层和小企业主的利益，强调传统的生活方式及价值观（Kaplan and Rauh, 2009），同时也是决定一个地区整体健康和活力的核心。大众商业街的性质决定了它是一个地区特色

表 3　可供申请的地方营建援助项目

项目类型	项目名称	申请条件	援助类型
营建基金类	社区发展基金（Community Development Block Grant）	1. 符合清除有害资产、促进小商业发展、住房多样化和公共设施增加等内容主题； 2. 需要申请的社区团队提出符合项目主题的初步方案； 3. （接受项目所安排的规划专家的指导）	建设资金贷款或捐赠
	密歇根社区复兴项目（Michigan Community Revitalization Program）		
税收优惠类	棕地税收增量融资（Brownfield Tax Increment Financing）	有明确的社区更新计划	增值税减免
公共空间优化类计划	密歇根大众商业街计划	1. 社区组建初步团队并提出书面申请； 2. 社区更新类型符合项目主题； 3. 部分社区需要获得待更新社区认证	启动资金，专家指导，技术培训和后期的宣传营销
	公共空间社区（Public Spaces Community）		
	棕地转变计划（Transformational Brownfield Plans）		
社区认证评定类	Redevelopment Ready Communities®	无	详细的社区诊断，提出营建意见和初步方案，评定结果常作为前几类项目申请的必要文件

资料来源：根据 MIplace 网站资料整理。

最为鲜明、最能彰显地方感的场所，是地方营建的关键。因此，大众商业街计划希望以代表城市历史和中低收入阶层利益的街道振兴为锚点，通过复兴带有本社区独特原真精神、有吸引力且廉价的消费空间，重塑地方性，提升地方品质，提高社区的竞争力。

4.1　运作方式与主要方法

该计划是由密歇根州住房发展委员会发起的，由密歇根经济发展公司社区发展部门运营管理，整体分为三个阶段（图 2）。

（1）密歇根州住房发展委员会通过与规划师合作，建立发展团队——密歇根大众商业街中心。该团队共有五名专职人员，分别担任经理、团队建设专家、设计专家、经济结构调整专家和指导教师的职务，负责项目管理、信息提供和人员培训等工作。

（2）密歇根大众商业街中心对社区进行遴选并提供梯级深入的专业支持。该团队接受以城市为单

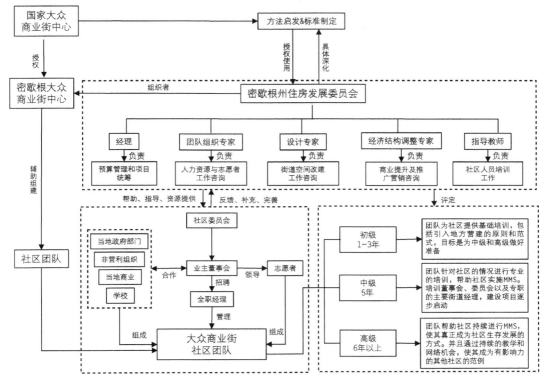

图2　大众商业街计划运行机制

资料来源：根据密歇根大众商业街计划历年年报绘制。

位的报名并将城市分为初级、中级和高级三个等级，分别提供以教学、营建协助、宣传营销为重点的专业支持。到2014年，密歇根州已有初级社区23个，中级社区9个，高级社区11个（图3）。

　　（3）社区内部多方合作的项目策划和实施，业主董事会、志愿者及其他合作机构，如地方政府、学校、非营利组织、商业部门等，共同组成社区营建团队，形成以业主董事会为主导，以志愿者为主要驱动力（Borgstrom，2015）的社区建设团体。

　　大众商业街计划的实施有一套系统的方法，将传统商业街区保护方法与地方营建的具体做法结合起来，包括组织、设计、经济结构调整与营销推广四个环节（Robertson，2004）。建立社区组织是大众商业街计划的基础环节，是指社区委员会在专家团队的指导下完善团队的组织和制度建设；设计指的是依照地方营建行动的理念，对街道物质空间环境的设计，通常包括改善商业街立面、充分利用历史建筑、设计步行友好的街道形式、增加空间功能混合程度等；经济结构调整是营建行动的核心环节，强调利用社区现有的商业基础，通过免费提供零售培训课程及各类创业扶持，帮助经营者提高经

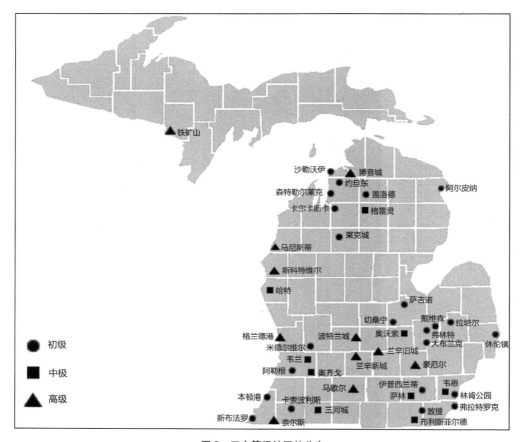

图3　三个等级社区的分布

资料来源：密歇根大众商业街报告（2013～2014）。

营的多样性，使其更具竞争力，同时强调将空地和空置房屋转变成有吸引力的商店、公寓等商业资
产，发挥商业价值；营销推广是指把大众商业街计划营建的成果及该社区的独特性推广给更多的居
民、游客、企业家和投资者，通过广告、零售活动和节庆等方式，吸引更多的商业活动和投资，使地
方营建活动得以收支平衡。

4.2　实施成效与不足

　　从2003年起，密歇根州大众商业街计划实行十余年，覆盖了除奥克兰郡和底特律市之外的密歇根
州全州，共计40余个社区，成功地保护了密歇根州的许多传统街区，在城市中创造了兼具感官吸引力
和经济可行性的市中心。到2015年年底，密歇根州内参与该计划的城市共收到来自公私部门超过2亿

美元的投资，平均 1 美元的投入可获得 67 美元的收益；城市年平均税收增加了 300 万美元。同时，该项计划成功地加强了社区的组织性，增加了社会资本。

然而，该行动也遭到了一些批评。首先，并非所有的营建行动都是成功的。即使是密歇根州大众商业街作为范例推广的高级阶段的城镇，也存在预计目标难以完成的情况，如布利斯菲尔德，计划于 2013～2014 年度完成 400 万美元的投资、20 处新商铺开设和 9 000 小时的志愿者工作，事实上只完成了 300 万美元的投资和 2 000 小时的志愿者工作，新商铺只有一家。同时，地方营建精英化审美导向的设计方法也遭到了一定的质疑，即便大众商业街计划代表的是草根阶层的利益，但是营建过程中的地价上涨依然构成了潜在的绅士化风险（Markusen and Gadwa，2010）。

5　美国地方营建行动的评价及对我国城市更新的启示

地方营建行动是对以经济成效为价值取向的城市更新政策的反思与修正，更加关注社会发展和地方特色，形成了政府引导、社区为主体、高校和非营利组织参与的组织模式，有效推动了地方营建实践。地方营建行动对地方蕴含的文化、社会、经济多重价值的重视以及积极有效的多方参与的模式，对当下我国城市更新具有借鉴意义。

5.1　美国地方营建行动的评价

从密歇根州地方营建行动珍视地方价值的核心理念以及多方深度合作的运行模式，可以看到美国城市更新行动已经由 20 世纪 80 年代的以市场为主导、政府与市场双向合作的模式（严雅琦、田莉，2016），逐渐转向以需求为导向，政府、高校、社区三方合作，关注社会公平，重视地方特色，注重更为广泛的社会参与的模式。20 世纪 80 年代以经济目标为导向的城市更新鼓励私人投资，弱化社区参与，忽视社会、文化等非物质因素和居民实际需求，影响了更新地区的可持续发展（Zukin，2009），地方营建行动在对以往城市更新政策反思的基础上，进行了理论、制度层面上的创新和灵活多样的实践。

在地方营建行动的理论层面，通过强调地方感的重要作用，在目标层面抵制了市场主导的城市更新对地方特色的抹杀；并鼓励通过多样化的住房及交通供给，创造多样化的生活方式；鼓励私人小商业发展；逐步完善公共活动设施以支持社区的多元利益，建设所有人都可以愉快生活工作的"高品质地方"。

在地方营建行动的制度层面，可以看到政府在其中起到的主导作用。政府作为纽带，设计制度链接高校和社区，一方面，社区通过主动申请获得营建机会，保证了在最广泛的层面上居民对自己的社区是否需要更新有着绝对的话语权，营建项目对进行申请的社区提供资金援助、营建建议与课程辅导，保证了居民在最具体的层面上对自己社区的控制，从而达到广泛而深入的公众参与；另一方面，与高校进行紧密合作，使营建行动获得了最新的相关理论，保证整个行动的大方向有正确的理论指导，同时，使得参与营建的社区能够方便、全面且随时地获得规划帮助。

此外，大多数地方营建项目强调避免大规模的投资，充分利用现有的物业，通过小投入的环境改善和活动策划来代替大规模的投资建设。社区自筹资金和政府部门提供的专项基金是主要形式，以小额投资带动公私部门投资。小资本的渐入避免了大资本涌入带来的快速绅士化和地方感的消失，最大程度上保护了当地居民的生活。

5.2　美国地方营建行动对我国城市更新的启示

密歇根州地方营建行动所面临的是去工业化导致的就业减少、人口流失、城市中心和社区衰败等社会经济问题，以及过去十年市场化导向的城市更新造成的绅士化严重、社会断裂、地方感流失的双重背景，是一种政府主导与社区主导结合的、循序渐进的综合性更新。地方营建行动的实践基础建立在特定的制度和社会背景之上，包括不动产产权私有、市场化的土地运作机制、广泛社区参与的基础等。

我国城市更新目前面临的问题与实践基础和美国地方营建行动有所不同，但在理念和多方参与的运行模式方面，美国地方营建行动仍然具有启发性和借鉴意义。

5.2.1　重申对地方的关注：促进社会、文化、经济、环境的综合更新

我国目前的主流更新项目采取政府引导、市场主导的模式，开发商主导的更新通常是以市场价值较高的商业项目取代营利能力低的旧工业区和居住区。然而，经济利益导向的更新模式往往存在急功近利和生搬硬套的问题（田莉等，2015），且居民生活环境和就业问题并未借助城市更新的机会得到有效解决。在这方面，应当借鉴地方营建行动，以创造和维护"地方感"为主要目标，明确包含社会、文化、经济、环境等多维目标的综合更新理念，并且将保护多元群体的利益等促进社会公平的内容纳入更新目标，保障不同人群的话语权和利益，让城市更新不仅能作为推动经济增长的工具，还能成为解决社会问题的助推器。

5.2.2　借鉴多方合作的模式：加强政府、规划师和社区三方合作及转变各自身份与职责

城市更新的价值转变需配合相应的管治模式改革。多元更新目标的实现需要构建与之相符的城市更新模式，需要政府、社区以及规划师三方共同合作，并实现各自身份和工作内容的转变。在这一层面上，地方营建行动政府、高校和社区深度合作，顶层设计与广泛的公众参与相结合的运行模式值得借鉴。

首先，政府应向规则的制定者转变。一方面，政府应当逐渐摆脱"家长"心态，从空间设计的实际决策者的角色脱离出来，避免更新活动成为脱离实际的"大拆大建"；另一方面，应当避免与资本结成纯粹的公私合作的增长联盟（陈易，2016），避免市场主导下的城市更新逐利的短视行为以及引发的空间失序、社区解体和社会不公等现象。借鉴地方营建运行模式，建立回应型政府，通过伙伴协议文件明确社区、高校和政府的协作过程，三方各自的职责及行动的程序，发挥社区和高校的优势，最大程度上调动社会资源，同时保证社会公平。

其次，规划学者和研究机构的职责应向知识输送及知识生产两个方向分化。城市更新的工作重在多元社会需求与公共资源使用矛盾的协调。因此，一部分规划师需要成为社区规划师，从技术精英、决策者转变为积极有效的协调组织者、知识与技能的转化及传输者。地方营建行动中，专家团队承担了这一部分职责，他们深入接触社区，以非专业人员易于理解的形式普及社区发展和营造的知识，在具体的项目安排和进展上给予社区专业的咨询帮助；另一部分规划师将成为研究者和知识生产者，参考地方营建中高校的职责，在实践的基础上进行深入的理论研究并进一步指导实践，确保社区营建所采用的理论保持在动态的正确的方向上。

最后，社区应完成自我更新主导的角色蜕变。政府和规划师身份的双重转变破除了居民主导的社区更新所面临的资金来源与技术的双重匮乏，使社区身份的转变与社区主导的城市更新成为可能。社区成为自身更新的主导，不但可以有效地保证公众参与和社会公平，而且在扩大覆盖面积、深入实际情况、挖掘地方文化等方面具有优势。因此，借鉴地方营建行动的运行模式，理顺社区主动参与营建的机制，明晰并简化其获取所必须的技术和资金支持的通道，协助居民完成身份的转变，对我国城市更新有重大的意义。

5.2.3 城市更新的制度建设：从物质规划转向政策体系的设计和推广

城市更新的持续推进需要系统性的政策工具指引。城市更新的本质是一种多方参与的行动，我国现有的城市空间建设管理主要针对物质空间本身，如容积率、开发容量、公共服务设施配置等指标控制（邹广，2015），难以引导城市更新的行动或发挥激励措施，需要加快面向城市更新的制度建设。

美国地方营建行动以政府主导的制度设计代替政府对单独的更新项目的决策。由政府担纲进行的顶层制度设计是所有营建行动的基础，一系列的配套政策和制度是重要保障，如具体的项目申请、审核、评定和推广，制定扶持项目计划，定期进行培训，以实现对地方营建的具体引导、管理和激励。如何设定不同主体的角色与多方协作框架，如何让顶层设计与具体的地方实践相衔接，如何将物质空间目标的落实为行动活动的过程指导，是对我国城市更新制度与政策设计的启示。

致谢

本文受国家自然科学基金项目（41371150）资助。

参考文献

[1] Adelaja, S., Hailu, Y., Gibson, A. 2009. Economic Impacts of County Population Change in Michigan. The LPI New Economy Report Series, December.

[2] Andrews, C. J. 2001. "Analyzing quality-of-place," Environment and Planning B: Planning and Design, 28 (2): 201-217.

[3] Borgstrom, J. 2015. Michigan Main Street Center 2013-2014 Annual Report. Michigan State Housing Development Authority.

[4] Darchen, S., Tremblay, D. G. 2010. "What attracts and retains knowledge workers/students: The quality of place or

career opportunities? The cases of Montreal and Ottawa," Cities, 27 (4): 225-233.

[5] Evans, G. 2002. Cultural Planning: An Urban Renaissance? London: Routledge.

[6] Fleming, R. L. 2007. The Art of Placemaking: Interpreting Community Through Public Art and Urban Design. London: Merrell.

[7] Florida, R. 2000. Competing in the Age of Talent: Environment, Amenities, and the New Economy. Report prepared for the RK Mellon Foundation, Heinz Endowments, and Sustainable Pittsburgh: 60.

[8] Hutchison, R. 2009. Encyclopedia of Urban Studies (Vol. 1). Newbury Park, CA: Sage.

[9] James, B., Cameron, B. K., Bob, C. et al. 2011. Northern Michigan Community Placemaking Guidebook: Creating Vibrant Places in Northwest Lower Michigan. Northwest Michigan Council of Governments. Michigan Economic Development Corporation.

[10] Kaplan, S. N., Rauh, J. 2009. "Wall street and main street: What contributes to the rise in the highest incomes?" The Review of Financial Studies, 23 (3): 1004-1050.

[11] Markusen, A., Gadwa, A. 2010. Creative Placemaking: Washington, DC. National Endowment for the Arts.

[12] Michigan Future Inc. 2011. Michigan's College Graduates: Where Do They Go and Why. Michigan Economic Development Corporation.

[13] Michigan Future Inc. 2012. Encouraging the Revitalization of Downtown Detroit: Attracting the Millennial Knowledge Worker. Michigan Economic Development Corporation.

[14] Olin, L. 2008. Olin: Placemaking. New York: Monacelli Press.

[15] Palermo, P. C., Ponzini, D. 2014. Place-making and Urban Development: New Challenges for Contemporary Planning and Design (Vol. 83). London: Routledge.

[16] Robertson, K. A. 2004. "The main street approach to downtown development: An examination of the four-point program," Journal of Architectural and Planning Research, (1): 55-73.

[17] Saelens, B. E., Sallis, J. F., Frank, L. D. et al. 2012. "Obesogenic neighborhood environments, child and parent obesity: The neighborhood impact on kids study," American Journal of Preventive Medicine, 42 (5): 57-64.

[18] Steuteville, R. 2011. "Coming housing calamity," New Urban News (June), 8-9.

[19] Webb, D. 2014. "Placemaking and social equity: Expanding the framework of creative placemaking," Artivate: A Journal of Entrepreneurship in the Arts, 3 (1): 35-48.

[20] Wyckoff, M. A. 2011. Place Making Overview. Michigan Economic Development Corporation.

[21] Wyckoff, M. A. 2013. Communities with the Biggest Opportunities for Success with Strategic Place Making. MSU Land Policy Institute.

[22] Wyckoff, M. A. 2014. "Definition of placemaking: Four different types," Planning & Zoning News, 32 (3): 1.

[23] Wyckoff, M. A., Cox, J. 2009. The MIplace Partnership Initiative. Michigan State University Land Policy Institute.

[24] Zukin, S. 2009. Naked City: The Death and Life of Authentic Urban Places. Oxford: Oxford University Press.

[25] 陈宏胜，王兴平，国子健. 规划的流变——对增量规划、存量规划、减量规划的思考 [J]. 现代城市研究，2015, (9): 44-48.

[26] 陈易. 转型期中国城市更新的空间治理研究：机制与模式 [D]. 南京：南京大学，2016.

[27] 黄晓燕，曹小曙. 转型期城市更新中土地再开发的模式与机制研究 [J]. 城市观察，2011，(2)：15-22.

[28] 田莉，姚之浩，郭旭，等. 基于产权重构的土地再开发——新型城镇化背景下的地方实践与启示 [J]. 城市规划，2015，39 (1)：22-29.

[29] 王进富，张道宏，成爱武. 国外城市营销理论研究综述 [J]. 城市问题，2006，(9)：84-88.

[30] 王文婷. 以文化为导向的英国城市复兴策略及其对中国城市的启示 [J]. 西部人居环境学刊，2009，(5)：55-58.

[31] 严雅琦，田莉. 1990 年代以来英国的城市更新实施政策演进及其对我国的启示 [J]. 上海城市规划，2016，(5)：54-59.

[32] 赵黎晴. 美国北部工业区去工业化问题初探：1960-1980 年代 [D]. 长春：东北师范大学，2008.

[33] 邹广. 深圳城市更新制度存在的问题与完善对策 [J]. 规划师，2015，31 (12)：49-52.

乡域规划编制技术导则（草案）

邻艳丽　唐　燕　顾朝林　李　玏　严瑞河

Technical Guidelines for the Compilation of Township Planning（Draft）

GUI Yanli[1], TANG Yan[2], GU Chaolin[2], LI Le[2], YAN Ruihe[2]
(1. Renmin University of China, Beijing 100081, China；2. School of Architecture, Tsinghua University, Beijing 100084, China)

1　总则

1.0.1　为了加快推进国家新型城镇化和农村现代化进程，依据《城乡规划法》《土地管理法》《环境保护法》《农业法》《草原法》《林业法》《水法》《村民自治法》及相关法律、行政法规、地方性法规、规范和技术标准等制定本导则。

1.0.2　乡域规划由乡人民政府组织编制，是县级空间规划的延伸，应与县、乡两级政府的国民经济和社会发展规划相衔接，统筹城乡建设、土地利用、生态环境、历史文化、景观特色、服务设施和保障设施等空间要素编制规划，建立统一的空间规划信息平台，提升乡村地区资源优化和社会治理能力。

2　术语

2.0.1　乡（township）
按国家行政建制设立的乡、民族乡、苏木。

2.0.2　乡域（township administrative area）
乡人民政府行政管辖的地域。

2.0.3　乡政府驻地（township-seat）
乡人民政府所在的建成区和规划建设发展区，一般为全乡的政治、经济、文化和生产、生活服务中心。

2.0.4　中心村（central village）
乡域范围内，人口较多、建村时间较长、公共服务设施配套齐全，对周边行政村、自然村具有服务和辐射功能的村庄。中心村服务功能一般为历史形成，其确立一般需经乡政府指定。

作者简介
邻艳丽（通讯作者），中国人民大学公共管理学院；
唐燕、顾朝林、李玏、严瑞河，清华大学建筑学院。

3　规划原则与目标

3.0.1　乡域规划是《城乡规划法》规定的乡规划的组成部分，规划范围为乡行政辖区，规划期限根据地方实际情况设定，一般近期 3～5 年，中期 5～10 年，远期 15～20 年。

3.0.2　乡域规划在现状调查基础上展开。现状调查包括乡域自然和环境、资源禀赋、开发过程、社会经济发展水平、土地利用以及农业生产与农民生活服务设施、农村建设等，应充分了解乡政府、村集体和农民的发展意愿。

3.0.3　乡域规划编制应遵循如下原则：因地制宜，统筹全域；保护生态本底，重视农业生产；尊重农民意愿，强化公众参与；突出乡村特点，彰显地域特色。乡域规划编制应符合我国地域环境复杂、地区差异巨大、乡村类型多样、文化景观丰富的客观实际，满足农村可持续发展和农民生活不断改善的基本需求。

3.0.4　乡域规划编制应落实"多规合一"理念，统筹乡域山、水、林、田、路、村要素，保障国家"粮食安全"和"生态安全"，破解农业、农村和农民"三农"问题，实现建设山清水秀、生态宜居、农业发达、农村繁荣、农民富足、乡风文明的"美丽中国"乡村发展和建设目标。

4　用地分类与调查

4.0.1　依据实用性与科学性原则，并与现行《土地利用现状分类标准》和《城市用地分类与规划建设用地标准》充分衔接，确定乡域用地分类（表 4.0.1）。

表 4.0.1　乡域用地分类和代码

类别代码			类别名称	内容
大类	中类	小类		
H			建设用地	包括乡村居民点建设用地、区域交通设施用地、区域公用设施用地、特殊用地、采矿用地及其他建设用地等
	H1		乡村居民点建设用地	乡、村庄建设用地
		H13	乡建设用地	乡人民政府所在集镇或村庄的建设用地，承载居住、公共管理与公共服务、商业服务、农产品加工、仓储物流等功能
		H14	村庄建设用地	乡人民政府驻地之外的村庄的建设用地，承载居住、小型商业服务、农副产品初加工等功能

续表

类别代码			类别名称	内容
大类	中类	小类		
H	H2		设施建设用地	包括区域交通设施用地、区域公用设施用地、各类特殊用地及采矿用地
		H21	区域交通设施用地	铁路、公路、港口、机场用地和管道运输用地
		H22	区域公用设施用地	为区域服务的公用设施用地，包括区域性能源设施、水工设施、通信设施、广播电视设施、殡葬设施、环卫设施、排水设施等用地
		H23	特殊用地	军事用地、安保用地等特殊性质的用地
		H24	采矿用地	采矿、采石、采沙、砖瓦窑等地面生产用地，排土及尾矿堆放地
	H3		其他建设用地	除以上之外的建设用地，包括边境口岸和风景名胜区、森林公园等的管理及服务设施等用地
E			农业与自然用地	水域、农林与自然生态用地
	E1		水域	河流、湖泊、水库、坑塘、沟渠、滩涂、冰川及永久积雪，不包括公园绿地及单位内的水域
		E11	自然水域	河流、湖泊、滩涂、冰川及永久积雪
		E12	水库	人工拦截汇集而成的总库容≥10 万 m³ 的水库正常蓄水位岸线所围成的水面
		E13	坑塘沟渠	蓄水量＜10 万m³ 的坑塘水面和人工修建用于引、排、灌的渠道
	E2		农林用地	耕地、园地、林地、牧草地、设施农用地、田坎、农村道路等用地
		E21	耕地	指种植农作物的土地，包括熟地，新开发、复垦、整理地，休闲地（含轮歇地、休耕地）；以种植农作物（含蔬菜）为主，间有零星果树、桑树或其他树木的土地；平均每年能保证收获一季的已垦滩地和海涂。耕地中包括南方宽度＜1.0m，北方宽度＜2.0m 固定的沟、渠、路和地坎（埂）；临时种植药材、草皮、花卉、苗木等的耕地，临时种植果树、茶树和林木且耕作层未破坏的耕地，以及其他临时改变用途的耕地
		E22	园地	指种植以采集果、叶、根、茎、汁等为主的集约经营的多年生木本和草本作物，覆盖度大于 50% 或每亩株数大于合理株数 70% 的土地，包括用于育苗的土地
		E23	林地	指成片生长乔木、竹类、灌木以及沿海生长红树林的土地，不包括乡集镇、村庄范围内的绿化用地，铁路、公路征地范围内的林木以及河流、沟渠的护堤林
		E24	草地	指生长草本植物为主的土地

续表

类别代码			类别名称	内容
大类	中类	小类		
E	E2	E25	设施农用地	指直接用于经营性畜禽养殖生产的设施及附属设施用地；直接用于作物栽培或水产养殖等农产品生产的设施及附属设施用地；直接用于设施农业项目辅助生产的设施用地；晾晒场、粮食果品烘干设施、粮食和农资临时存放场所、大型农机具临时存放场所等规模化粮食生产所必需的配套设施用地
		E26	田坎	指梯田及梯状坡地耕地中，主要用于拦蓄水和护坡，南方宽度≥1.0m、北方宽度≥2.0m的地坎
		E27	农村道路	在农村范围内，1.0m≤南方宽度≤8.0m，2.0m≤北方宽度≤8.0m，用于村庄、田间交通运输，并在国家公路网络体系之外，以服务于农村农业生产为主要用途的道路（含机耕道）
	E3		自然生态用地	具有自然、生态、绿化功能，不用于农业和开发建设的用地，包括天然林保护区、生态湿地、自然水域以及空闲地、盐碱地、沼泽地、沙地、裸地等用地

4.0.2 利用国土部门土地利用现状调查成果和地理国情普查、遥感监测数据、地形图等空间数据，结合现场踏勘与实地调研，划定乡域内各类用地性质和边界。

4.0.3 乡域规划应以乡级《土地利用总体规划》为基础，若因村庄调整、产业发展、基础设施和社会服务实施配置等空间布局要素发生较大变化，需通过部门间的协同工作机制统筹处理。

5 空间管制

5.0.1 空间划定与管控。依据省级主体功能区规划和县级"三区三线"空间规划管控要求，面向国家"粮食安全"和"生态安全"问题，将乡域划分为农业空间与生态空间，划定乡域永久基本农田保护红线和生态保护红线，实行必要的空间和用地用途管制措施。空间管控区、保护红线一经划定，规划期内不得调整；如确需调整，应按规划修编程序执行。

5.1 农业空间

5.1.1 农业空间划定。乡域地区主要是农业空间，是承载农产品生产、开展土地整理复垦和基本农田建设以及保障农民生活、促进乡土文化传承等活动的主要区域，可进一步细分为农业生产区与农民生活区。

5.1.2 农业生产区。由基本农田、一般农田、设施农业区、林牧区、渔业区以及郊区的体验农场、观光采摘园和田园综合体等组成。应按照农业生产和农业科技、农业机械发展要求，进行农业发展、土地利用、农地整理、农田水利、机耕路网、设施农业、农副产品储运等规划布局。应积极推进农村电商、创意农业、休闲农业、乡村旅游发展，促进一、二、三产融合发展。

　　5.1.3　农民生活区。由乡政府驻地、村庄居民点等组成。我国是传统农业大国和农业强国，乡村聚落体系形成发展历史悠久。应依据农民耕作半径和基层生活圈组织，引导农村居民点适度集中集聚发展，重视地域文化和乡村特色保护，在尊重农民意愿的基础上实行自然村适度撤并，按照现代化、信息化、城镇化的发展趋势规划建设农村居民点体系，优先满足乡集镇建设的基本公共服务用地需求，适当缩减农民宅基地和非涉农产业用地规模。

5.2　生态空间

　　5.2.1　生态空间组成。生态空间是指不承担生产功能，主要担负生态服务、生态系统维护以及自然环境供给功能的地域空间，主要由天然林保护区、生态湿地、自然水域、非畜牧草场以及空闲地、盐碱地、沼泽地、沙地、裸地等组成。

　　5.2.2　生态空间划定。生态空间整体以保护为主，可进一步细分为生态保护红线区和生态保护缓冲区。生态保护缓冲区应尽量减少该区内人类活动，严禁新建农村居民点，现有人口逐步迁出，禁止毁林开垦耕地，区内耕地、园地、农村居民点用地逐步通过生态补偿等形式转为生态公益林。

　　5.2.3　生态空间利用。在生态环境承载力允许的条件下，可合理开发利用自然环境优美、旅游资源集中、具备游览条件的生态空间，建设服务科考与公众休闲等的自然保护区、风景名胜区、森林公园、湿地公园与地质公园等。进一步完善天然林保护、草原保护、湿地保护制度，省级及以上自然保护区、森林公园、风景名胜区、饮用水水源保护区、湿地公园、地质公园、文化自然遗产、生态公益林等生态保护红线类型，严格按照相关法律法规及管理规定执行。

5.3　永久基本农田保护红线

　　5.3.1　永久基本农田保护红线划定。为确保国家粮食安全，在落实国家已划定的永久基本农田的基础上，根据水、土、光照和气温等自然地理要素以及农产品生产传统与市场优势基础，准确划定永久基本农田保护红线。永久基本农田保护红线一经划定，任何单位和个人不得擅自占用或改变用途。

　　5.3.2　加强永久基本农田保护区建设。按照农产品生产要求和基本规律，在永久基本农田保护区和整备区开展高标准农田建设和土地整治，推进永久基本农田保护区内的电气化、机械化、信息化、管理精细化和农业现代化，满足农副产品生产、收获、储藏、初级加工和运输的各项要求。加大财政投入，整合涉农资金，吸引社会投资，对农村集体经济组织、农民管护、改良和建设永久基本农田进行补贴。

5.3.3　科学适度调整基本农田区。逐步将坡度 25°以上不适宜耕种且有损生态的陡坡地退出基本农田。重金属土壤严重污染、地下水严重超采、农业生产效率极度低下的地区，逐步退出耕地用途管制，退耕还林还牧。除轮耕等农田保护及修养要求，禁止任何单位和个人闲置或荒芜基本农田。

5.4　生态保护红线

5.4.1　生态保护红线划定。按照环境保护和林业部门基础数据，划定生态保护红线和饮用水资源保护区。

5.4.2　强化生态保护红线区保护。按照生态学原理，生态保护红线区进一步细分为生态保护核心区、生态保护试验区和生态保护缓冲区。生态保护核心区禁止一切人类活动；生态保护试验区少量布局保护生态要素的基础设施和服务设施；生态保护缓冲区实施保护与开发利用，任何开发建设活动不得破坏珍稀野生动植物的重要栖息地，不得阻碍野生动物的迁徙通道。

5.4.3　加强饮用水资源保护区保护。在地广人稀或没有实施统一供水的乡域，要划定饮用水资源保护区，清理河道、连接沟渠池塘，恢复自然、人工水系和河湖湿地，采用生物工程与技术方法对遭受破坏的生态环境进行生态修复，逐步恢复生态系统的结构和服务功能。按照国家水源地保护标准，设立取水口保护区。

5.4.4　设立永久不开发区。利用生态空间需尽可能维护好自然生态原貌和植被丰富度，保持生物多样性，确有必要设立永久不开发区。对不宜进行开发利用的沙漠、裸地、戈壁、沼泽、荒漠、盐碱地等，应保留和保持其原生状态。对风沙危害严重、废弃矿区与水土生态脆弱等地区，加强风险预测、预防和监控工作，开展综合治理，实现环境和生态整体恢复。

5.5　用途管制

5.5.1　农业空间用途管制。土地主导用途为农业空间的，应以开展土地整理、复垦开发和基本农田建设为主，严格限制独立产业、农村居民点新增建设，控制道路等线性基础设施和其他建设新增用地。

（1）开发建设强度控制。强化点上开发、面上保护的农业空间格局。农业空间比例 50％以下的地区，开发强度应控制在 10％以下；农业空间比例 50％以上的地区，开发强度应控制在 15％以下。农业生产配套设施的开发建设活动应进行必要限制，防止区域内的建设用地和建设项目任意扩大。具体农业空间土地利用类型按照表 5.5.1 实行严格的空间管控。

（2）交通和水系廊道生态保护。交通绿带廊道控制单侧绿带宽度 30 米以上，严格限制各类建设活动对绿带廊道的侵占。禁止侵占水域和改变河道自然形态，沿主要河流水系建设绿带廊道，廊道宽度应控制在单侧 30 米以上。禁止新建、扩建、改建与供水、水电设施和农业生产、湿地保护无关的建设项目。除防洪、供水工程、通航需求等必须的护岸外，禁止非生态型河湖堤岸改造。

表 5.5.1　农业空间用途管制具体规定

分类	管控要求
耕地	1. 永久基本农田红线区一经划定，不得擅自占用和改变，严格按照《基本农田保护条例》执行，禁止任何单位和个人占用基本农田发展林果业和挖塘养鱼。加大永久基本农田土地整理力度，完善农业配套设施，改善农业发展基础条件，建设高产稳产永久基本农田。 2. 非农业建设必须节约使用土地，可以利用荒地的，不得占用耕地；可以利用劣地的，不得占用好地。非农建设占用耕地，应按照法定程序进行规划修改，严格农用地转为建设用地的审批管理。乡人民政府可以要求占用耕地的单位将所占用耕地耕作层的土壤用于新开垦耕地、劣质地或者其他耕地的土壤改良。禁止占用耕地建窑、建坟或者擅自在耕地上建房、挖砂、采石、采矿、取土等。 3. 禁止任何单位和个人闲置、荒芜耕地。已经办理审批手续的非农业建设占用耕地的，一年内不用而又可以耕种并收获的，应当由原耕种该幅耕地的集体或者个人恢复耕种，也可以由用地单位组织耕种；一年以上未动工建设的，应当按照地方政府的规定缴纳闲置费；连续两年未使用的，经原批准机关批准，由县级以上人民政府无偿收回用地单位的土地使用权。 4. 不得破坏、污染耕地。因挖损、塌陷、压占等造成耕地破坏，用地单位和个人应当按照国家有关规定负责复垦。没有条件复垦或者复垦不符合要求的，应当缴纳土地复垦费，专项用于土地复垦。复垦的土地应当优先用于农业
园地	1. 加强对园地的管理，不得破坏、污染和荒芜园地；因灾毁坏的园地应进行复垦或还林、还草。 2. 园地内开展观光旅游等活动的道路应尽可能采用三合土、砖、石等路面。林下生态养殖应保持合理的容量
其他农用地	工程建设占用农业灌溉水源、灌排工程设施，或者对原有灌溉用水、供水水源有不利影响的，建设单位应当采取相应的补救措施，造成损失的，依法给予补偿
水域	1. 禁止在江河、湖泊、水库、运河、渠道内弃置、堆放阻碍行洪的物体和种植阻碍行洪的林木及高秆作物。禁止在河道管理范围内建设妨碍行洪的建筑物、构筑物以及从事影响河势稳定、危害河岸堤防安全和其他妨碍河道行洪的活动。 2. 在河道管理范围内建设桥梁、码头和其他拦河、跨河、临河建筑物、构筑物，铺设跨河管道、电缆，应当符合国家规定的防洪标准和相关技术要求，工程建设方案应当依照防洪法的有关规定报经县级以上水行政主管部门审查同意。 3. 严格执行河道采砂许可制度，在影响河势稳定或者危及堤防安全的河道管理范围内不得采砂，县级以上人民政府水行政主管部门应当划定禁采区和规定禁采期，并予以公告，乡人民政府应当实施有效的监管。 4. 严格禁止围湖造地、围垦河道。已经围垦的，应当按国家规定的防洪标准有计划地退地还湖。确需围垦的，应当经过科学论证

续表

分类	管控要求
乡、村居民点用地	1. 农村村民一户只能拥有一处宅基地，其宅基地的面积不得超过所在省（自治区、直辖市）规定的标准。一户多宅的应建立激励性与强制性并行的退出机制。 2. 农村村民建住宅应尽量使用原有的宅基地和村内空闲地，历史文化民村和传统村落除外。村庄迁并退出的建设用地指标可在县级以上人民政府规定的平台进行交易，逐步恢复和改造为农用地或配套产业用地
新兴业态设施用地	1. 新兴业态设施选址应选择建设与发展条件良好、可集中开发建设的区域，或者符合安全要求，适合乡村二、三产业发展的少量分散建设区域。 2. 应优先利用现有低效、闲置和废弃地。严格控制独立产业建设用地指标，必须使用新增建设用地指标的，要严格执行规划的土地投资强度和土地产出效率等用地准入门槛，达不到节约集约用地要求的，不得安排供地。 3. 规划中未列明或虽已列明但未安排用地布局的建设项目，须由县级规划建设管理部门组织开展项目选址和用地的专家论证，论证通过后方可审批

5.5.2　生态空间用途管制。土地主导功能为生态空间的，应以保护为主，严格控制开发建设活动，鼓励人口适度迁出，严格管控区域内的建设用地规模和污染物排放总量。生态空间比例50%以下的乡域，开发强度应控制在1%以下；生态空间比例50%以上的地区，开发强度应控制在0.5%以下。具体生态空间土地利用类型按照表5.5.2实行严格的空间管控。

表5.5.2　生态空间用途管制具体规定

分类	管控要求
林地	1. 严格控制林地转为建设用地和其他农用地，禁止各类项目占用I级保护林地。严格控制各类建设行为占用水土保护林、水源涵养林及其他各种防护林用地，加强有林地的管理，严禁乱砍滥伐，严禁毁林开荒。建设工程必须征用、占用林地的，需按法定程序进行报批，并依法办理占用林地审批手续。 2. 严格保护公益林地，应严格控制各类开发建设项目占用生态公益林，生态公益林地占用征收要征得原公益林批准机关同意。同时，为确保生态公益林面积不因占用征收而减少，凡依法经批准的占用征收生态公益林地，必须按照等量置换的原则，实行占补平衡，补划生态公益林的地块要落实明确空间界线。 3. 不得占用林地进行采石、挖沙、取土等活动。禁止在幼林地和特种用途林内砍柴、放牧。 4. 采伐森林和林木以及林下种养必须遵守《森林法》的相关规定

分类	管控要求
牧草地	1. 重点针对牧草地的基本草原类型进行管控。基本草原包括重要放牧场；割草地；用于畜牧业生产的人工草地、退耕还草地以及改良草地、草种基地；对调节气候、涵养水源、保持水土、防风固沙具有特殊作用的草原；作为国家重点保护野生动植物生存环境的草原；草原科研、教学试验基地；国务院规定应当划为基本草原的其他草原。 2. 禁止毁坏草原开垦耕地。对水土流失严重、有沙化趋势、需要改善生态环境的已垦草原，有计划、有步骤地退耕还草；已造成沙化、盐碱化、石漠化的，应当限期治理。严重退化、沙化、盐碱化、石漠化的草原和生态脆弱区的草原应实行禁牧、休牧制度。 3. 进行矿藏开采和工程建设，应当不占或者少占草原；确需征收、征用或者使用草原的，必须经省级以上人民政府草原行政主管部门审核同意后，依照有关土地管理的法律、行政法规办理建设用地审批手续。 4. 在草原上修建直接为草原保护和畜牧业生产服务的工程设施，需要使用草原的，由县级以上人民政府草原行政主管部门批准；修筑其他工程，需要将草原转为非畜牧业生产用地的，必须依法办理建设用地审批手续
旅游设施用地	规划风景名胜设施用地应符合自然保护区、森林公园、湿地公园、风景名胜区、地质公园、湿地公园等相关总体规划布局安排。按照旅游资源开发建设要求控制建筑体量和景观

6 乡村发展

6.1 农地整理

6.1.1 落实土地利用总体规划、土地整治规划等确定的农田改造指标和要求，优化农用地布局，积极推进土地复垦和土地生态整治，通过田、水、路、林、山的综合整治，对乡域内未合理化、经济化利用的碎片农地进行用地边界调整，依据《高标准农田建设通则》配套农田基础设施，改造中低产田，增加耕地面积，改善耕地质量，提高农业综合生产能力。

6.1.2 按照集中连片、旱涝保收、稳产高产、生态友好的要求，推进建设田地平整肥沃、水利设施完善、田间道路畅通、科技先进适用、优质高产高效的高标准农田。

6.1.3 依据主体功能区规划和优势农产品布局规划，对接相关上位规划，根据辖区内土地利用、农业发展、城乡建设等相关特点，按照表6.1.3确定的标准划定粮食生产功能区和重要农产品生产保护区，科学建设，严格管护，稳定粮食和重要农产品种植面积，确保国家粮食安全。

表 6.1.3 粮食生产功能区和重要农产品生产保护区划定

两区	主要作物对象	两区划定要求
粮食生产功能区	稻谷、小麦、玉米	1. 水土资源条件较好，坡度在 15°以下的永久基本农田； 2. 相对集中连片，原则上平原地区连片面积不低于 500 亩，丘陵地区连片面积不低于 50 亩； 3. 农田灌排工程等农业基础设施比较完备，生态环境良好，未列入退耕还林还草、还湖还湿、耕地休耕试点等范围；
重要农产品生产保护区	大豆、棉花、油菜籽、糖料蔗、茶叶、天然橡胶等	4. 具有粮食和重要农产品种植传统，近三年播种面积基本稳定的农田； 5. 天然橡胶生产保护区划定的条件：风寒侵袭少、海拔高度低于 900m 的宜胶地块

6.2 农业发展

6.2.1 分析乡域农业发展现状，明确农业产业结构，以发展现代化大农业为目标，因地制宜推进大田农业、设施农业、生态循环农业、现代林业和现代化养殖业等的建设，确定种养殖品种、规模与方式，提出农业产业空间布局方案与农业发展引导措施（表 6.2.1）。

表 6.2.1 乡域农业分类发展指引

类型	主要特点	主要内容	技术要点
大田农业	以农业种植业为主导产业，主要分布在平原及丘陵地区	1. 以基本农田保护为核心，优化土地经营方式； 2. 实施土地整理，完善农业生产基础设施	1. 大田农业种植应扬长避短，因地制宜； 2. 巩固传统作物种植，扩大特色作物种植，推进市场前景好的作物种植，构建种植—加工—销售产业链； 3. 完善道路、机井、沟渠、节水灌溉、护坡防护林等农田和农业配套设施建设
设施农业	通过现代设施实现部分人工控制环境的种植业	1. 明确连栋温室、节能日光温室、塑料大棚以及中小拱棚等设施规模及布局； 2. 提出作业机械装备及智能化环境控制装备水平，完善设施农业技术推广体系	1. 设施农用地分为生产设施用地、附属设施用地以及配套设施用地三类； 2. 合理控制附属设施和配套设施用地规模，引导设施建设合理选址，鼓励集中兴建农业服务设施
生态循环农业	以资源节约、环境友好为目标，以低投入、低消耗、低排放及高效率为特征的生态循环农业生产	1. 以生态农业和现代农业技术为基础，对已有农业产业进行改造和升级； 2. 调整和优化农业生态系统结构和布局，最大程度利用农业生物资源	1. 因地制宜，积极推广猪—沼—菜、鱼—桑—鸡等多种生态循环农业模式； 2. 控制农业用水总量，减少化肥、农药用量，加强农作物病虫害绿色防控； 3. 基本实现畜禽粪便和秸秆的资源化利用及废弃农膜的有效回收处理

类型	主要特点	主要内容	技术要点
现代林业	以生态林、商品林、林下经济为主导产业	1. 合理利用森林资源，注重保护风景名胜资源和培育休闲旅游产业； 2. 加强林区生态保护，实施退耕还林	1. 加强林、农、牧结合，发展林下种植、养殖立体生态系统； 2. 林业与工业、农业和交通运输业在生产与地区上的密切联系，使林产品加工工业接近原料基地和消费基地； 3. 山区和少数民族地区林业应与地区经济结合，缩小地区经济差异
现代化养殖业	以畜禽、水产养殖业为主导产业	1. 实施退耕还草和水土保持工程，调整农牧结构； 2. 以草定畜，科学利用，合理布局养殖基地，注重养殖与加工、流通体系衔接； 3. 合理布局水产品养殖基地，注重水产养殖与加工、流通体系衔接； 4. 加强污染治理和防病防疫，严格保护村庄和生态环境	1. 明确畜禽、水产养殖生产设施用地规模和布局，合理确定附属设施用地，严格控制配套设施用地，鼓励集中布局； 2. 合理选址，尽量利用荒山荒坡、滩涂等未利用地和低效闲置土地，禁止占用基本农田； 3. 水产养殖业要注重岸线生态及景观保护，减少人工构筑物和设施； 4. 控制畜禽、水产养殖业产生的废水、废渣及恶臭对环境的污染

6.2.2　鼓励发挥地域优势创建特色农产品优势区，确立乡域主导产业和村庄重点产品，明确专业乡和专业村的建设标准与内容（表6.2.2）。强化品牌意识，推行规模化、标准化生产，加大对龙头企业扶持力度，促进新型农业经营主体参与乡村建设，构建"一村一品""一乡一业"的特色化农业生产格局。

表6.2.2　专业乡和专业村基本标准与规划指引

类型	基本标准	规划引导
专业乡	1. 主导产业收入占全乡农业经济总收入的30%以上； 2. 从事主导产业生产经营活动的农户数占专业乡农户总数的30%以上	1. 确立一批资源优势明显、地方特色突出、科技含量高的种养示范基地和专业村； 2. 明确有特色、有规模、有竞争力的支柱产业； 3. 培育市场占有率高、科技含量高、产品附加值高并通过"三品"认证的名优产品； 4. 培育辐射面广、带动力强的龙头企业； 5. 成立自愿组合、互助互利的农村合作经济组织
专业村	1. 主导产业收入占全村农业经济总收入的60%以上； 2. 从事主导产业生产经营活动的农户数占专业村农户总数的60%以上	1. 确立主导产业，加强规模化、标准化、集约化生产； 2. 培育优良品牌； 3. 成立运行规范的农民专业合作社，作为"一村一品"建设的市场主体； 4. 培养农民致富带头人，发挥村干部、种植（养殖）大户、农民技术骨干的带动效应

6.2.3 积极培育新型农业经营主体，加快形成以农户家庭经营为基础，合作与联合为纽带，农业生产服务为支撑的现代农业经营体系。鼓励农民按照依法、自愿、有偿原则合理流转土地经营权，支持农民以土地、林权、资金、劳动、技术、产品为纽带，开展多种形式的合作与联合，发展规模适度的农户家庭农场和种养大户，有效提升土地规模经营水平。大力发展农机作业、统防统治、集中育秧、加工储存等生产性服务组织。

6.3 产业融合

6.3.1 促进六次产业融合发展。推进乡村经济的三产融合与农村循环经济建设，延伸农业上下游产业链，强化农产品加工、乡村旅游业、乡村物流业等六次产业的融合发展与建设，实现种养加工、产供销、农工贸、农工商、农科教等多种产业形式的一体化发展，优化乡域产业结构。

6.3.2 促进二次产业融合发展。分析农产品加工业的发展趋势及总量规模，明确农产品加工业区（点）的选址与布局。农产品初加工区（点）应接近原料产地，运输便利，方便就业，一般分为集中布局和分散选点两种空间布局形式。农产品精深加工区（点）选址与布局应向优势产区、园区和关键物流节点集中，实现污染的有效控制。分散选址一般为简易加工和冷藏处理，应完善农产品冷链物流体系建设，确定各级物流网点的数量、位置与规模，促进储运加工布局与市场流通体系有机衔接。

6.3.3 加快三产融合发展。着力培育农民合作社、家庭农场、农业企业、乡村民宿、农村电商等新型经营主体，促进农村形成跨业界、跨领域的融合发展新业态，主要有互联网＋现代农业和乡村休闲旅游两种模式。

(1) 互联网＋现代农业模式。互联网作为促进农产品供给与需求有效对接的平台成为产业模式推进的关键环节。应大力推进农村宽带进村，建设服务平台，完善乡域物流、金融、仓储体系，分级分区设置农产品电商平台和乡村电商服务站点，实施快递下乡工程。

(2) 乡村休闲旅游模式。深入挖掘乡村旅游资源，丰富乡村旅游产品，改善乡村旅游服务设施，合理组织旅游路线与景点。加强农业、林业与休闲旅游、教育文化、健康养生等产业的融合，建设观光农业、体验农业、创意农业等新业态（表6.3.3）。

表 6.3.3 乡村休闲旅游类型与规划指引

类型	一般特征	规划指引
民宿型 （农家乐）	依托大农业生产活动，利用空闲自建农房提供旅客住宿接待，以家庭副业方式经营相关休闲体验项目	按照当地景观特色和建筑体量的要求，利用原有宅基地进行改造；完善旅游道路、停车场，增加接待服务设施
庄园型	一般为企业或个人开发的度假村性质的旅游产品，融合采摘、餐饮、度假、娱乐、健身等多种活动，有较大的接待容量，如农庄、酒庄、水庄、山庄等	突出文化亮点，配备高素质服务；积极推进低碳环保理念，控制建筑体量和高度，减少对自然环境的影响

类型	一般特征	规划指引
古村落型	依托具有显著时代和地域特色的古村落，是乡村文化遗产的重要组成部分，在自然资源或历史文化等方面具有一定吸引力	提高可进入性，配套相关服务及安全保障设施；保护非物质文化遗产，实现共同治理；创新产权制度，引进社会资本
景区型	利用优良自然生态景观周围地区与农业特色生产景观保护区等，融合开发的度假型地产	严格遵循空间管制要求，控制建筑体量和高度，减少对自然环境的冲击，避免对景观资源的破坏；建立度假型地产与农业旅游景区连接的绿色通道，加强环境污染管控
农业会展型	一般由政府相关部门与民间组织联合举办，可形成区域品牌。会展以采摘、研发、加工、物流、贸易等大农业产业链发展为基础，紧密联系当地风俗文化，推进乡村特色产业拓展	依托农业产业基础和科技优势，展示当地现代农业发展成就；应融入丰富的农耕、自然文化元素，形成从文化上诠释农业经济的展会，如脐橙节、桃花节、农交会等

6.3.4　推进田园综合体建设。优先选择农村特色优势产业基础较好、区位条件较为优越、农民合作组织比较健全、基础设施较为完备、规模经营较为显著的乡村和产业，按照田园综合体发展路径进行统筹开发。以农业增效、农民增收、农村增绿为目标，以田园生产、生活和景观为核心要素，以自然村落、特色片区为开发单元，集现代农业、休闲旅游和田园社区等多产业多功能于一体，建设田园综合体。按照政府引导、企业参与、市场化运作的原则，创新田园综合体建设模式、管理方式和服务手段。通过土地流转、股份合作、代耕代种及土地托管等方式，构建企业、合作社和农民利益联结机制，确保田园综合体建设过程中的农民充分参与和受益。田园综合体建设应以保护耕地为前提，突出农业特色，优化田园景观资源，推进农业生产与休闲旅游、文化创意、康体养生和科普教育等产业的深度融合，提高农业综合效益和现代化水平。促进田园社区建设，加强通信、供电、污水垃圾处理、游客集散等服务设施与功能的配套建设，满足原住民、新住民和游客的综合需求。

7　乡村建设

7.1　村庄布局

7.1.1　依据因地制宜、保障安全、满足生产、便利生活、兼顾长远、居民自愿的原则，确定"乡政府驻地—中心村—基层村"等分层级村庄结构体系。强化乡政府驻地对乡域的综合服务职能，合理配置农民生活服务设施和农业生产服务设施，满足乡域内居民日常生活和产业健康发展的综合公共服务需求。充分考虑人口规模、交通条件、发展潜力、经济基础、公共服务和市政基础设施等条件，将能够服务带动周边村的农业、农村和农民发展的重要行政村确定为中心村。

7.1.2 依据管控空间分区、产业发展需求、未来发展趋势等要求确定村庄发展类型（表 7.1.2），明确不同类型村庄用地调整的原则、方法和步骤。

（1）迁并型村庄应遵循如下原则：尊重大多数村民意愿，确保村庄整合后村民生产更方便、居住更安全、生活更有保障；尊重乡村原有空间格局、地域脉络以及居民点与生产资料、社会资源之间的依存关系；尊重当地历史文化、宗教信仰、风俗习惯、特色风貌和生态环境。村庄迁并应采用渐进式实施方式，逐步提高居民点的聚集度。对涉及迁并的村庄提出相应的人口流动与转移措施，对乡村搬迁遗留的居住与产业类建设用地，应尽快进行土地复垦或生态恢复整治。

（2）保护型村落应遵循原真性、整体性、可读性原则，实施分类、分区及整体性保护。保护类村落包括历史文化名村、传统村落和传统农耕文化显著村落，按照产业类型分为优区位旅游开发型、良区位农业生产型和劣区位自住型三类，应强化乡村的地域特色与多元文化构成，加大国家和地方相关投入，创新传统村落保护制度，吸引社会资本和社会力量参与村落保护。

表 7.1.2 村庄发展类型划分

村庄类型	村庄特点
保留发展型	人口保持增长、规模较大、基础较好、有发展潜力和发展余地的村庄；部分保留发展村庄有较大扩建空间的，可成为其他迁并村庄的接纳地
保留控制型	有发展潜力，但无发展余地的村庄；有一定基础，发展潜力虽不大，但不宜撤并的村庄；在产业、文化、自然风貌等方面具有特色的村庄
搬迁型	因人口锐减、灾害隐患严重、发展基础差、生产水平低、持续衰落而无发展潜力，集镇和中心村附近、纳入生态红线区、有搬迁意愿等原因需要搬迁的村庄
新建型	由于居民安置、涉农企业发展等需要新建的村庄

7.2 景观整治

7.2.1 **大地景观塑造。** 通过综合手段塑造优美宜人、自然与人文相结合的乡村地区大地景观、绿化景观，整治改造河道水系。以大地为载体，通过大尺度的自然人文风景形式、原始的自然生态素材、合理的土地整治途径等创造具有和谐意境的乡村大地景观。抓好河旁、路旁、宅旁、村旁的绿化建设，营造好草地、林木等自然环境要素，优化村庄外围绿色空间。采用乡土树种，维护乡村生物多样性。尽可能使水系形成网络，合理采取河岸软式稳定方式。较陡的坡岸或冲蚀较严重的地段，可以通过挖洞加圈的方法进行生态绿化工程处理。

7.2.2 **村庄整治。** 按照布局合理、设施配套、环境整洁、村貌美观的原则，开展村庄环境整治和特色景观保护，维护乡土气息与乡村风貌。

7.3　服务设施

7.3.1　服务设施。包括农业生产服务设施和农民生活服务设施。农业生产服务设施包括大农业服务、农产品加工、乡村旅游与乡村物流四类。农民生活服务设施包括行政办公、文体娱乐、基础教育、医疗卫生、社会福利、商业服务六类。根据村民从事农业劳作和日常生活的适宜出行范围确定生产—生活圈，调整优化服务设施配置格局。

7.3.2　健全农业生产服务设施。农业生产服务设施应按照实际需求及表 7.3.2 规定的配置标准进行规划布局，逐步提高农业生产服务水平。

（1）通过改良遗传特性、创造遗传变异等科技途径培育优良动植物品种。宣传与引导农民使用优质良种，扩大动植物良种供应途径，提高良种覆盖率，提升粮食等主要农产品的产量与品质。合理推行良种补贴政策，对优势区域内种植主要优质粮食作物的农户，依品种给予一定政策及资金扶持。

（2）科学合理地使用农药与化肥，减轻农作物病虫害及保持土壤肥力。优先采用农业措施防治病虫害，严格控制农药用量、用次和使用方法，禁止使用剧毒、高毒、高残留或致癌、致畸、致突变性农药。积极推广有机肥，需施用化肥时，应按作物需求均衡氮、磷、钾肥的比重，防止土壤板结以及化肥、农药等可能对河流水系造成的污染。建立农药和化肥的提供、监管保障体系，实施生态农业奖励制度和滥用农药化肥的惩处机制。

（3）通过现代信息技术与农业生产的全面结合实现农业智能管理和决策，建立由农田信息采集系统、农田遥感监测系统、农田地理信息系统、农业专家系统、智能化农机具系统、网络化管理和培训系统等组成的现代化农事操作技术与管理体系。开展精准农业示范区建设，根据作物生长的土壤性状，调节对作物的合理投入，高效利用各类农业资源，全面提升农业生产的经济与环境效益。

（4）合理设置农技推广站，负责农业新技术的引进、试验、示范和推广，以及相关业务指导与技术问题解答，定期开展技术咨询、技术培训与宣传普及工作。建立覆盖农业产供销各环节的农业信息平台，为涉农行业者提供交流、交易、推广信息服务，促进农业信息的快速与有效传播，提高地域农产品品牌形象。建立动植物医院远程农业科技服务平台，应用高新通信网络技术，跨越地域空间限制，实施动植物疾病远程诊断、疑难疾病远程会诊、远程教学等形式的专业农业科技远程信息服务。

7.3.3　完善农民生活服务设施。农民生活服务设施应尊重农村的生产生活规律，综合考虑农民的实际需求，按照表 7.3.3 规定的配置标准进行布局调整，逐步实现城乡公共服务均等化目标。

表 7.3.2   农业生产服务设施配置标准

类别	服务设施	用途	规模	布局
大农业服务类	熏烤、晾晒场地	作物初处理场所	按需求设置	布置在中心村社区的边缘
	储备库、冷库	储存农用机具和种子、苗木、木材等农业产品的仓储设施	按需求设置	选址应方便作业、运输和管理。结合集货中心、配送中心设置
	农机修理站	农用机械修理场所	按需求设置	选址应方便作业，服务半径≤10km，结合乡镇、集货中心等设置
	种苗、种木基地	培育、生产种子、种苗的设施	按需求设置	选址应方便作业，服务半径≤10km
	防疫站、兽医站、植物医院	野生动植物保护、护林、森林病虫害防治、森林防火、木材检疫的设施	每处建筑面积300~500m²	布置在村庄边缘，或结合养殖区布置，并应满足卫生和防疫的要求，服务半径≤5km
	作物大棚	农用地工厂化作物栽培设施大棚	按市场规模、种植类型确定	布置在中心村社区的边缘
	农业技术学校	农民技术培训基地	18~25m²/千人	可结合乡政府所在地或农业科研基地设置
	农业科研基地	农业科研、试验、示范基地	根据农业科研需求确定，永久性建筑面积≤2 000m²	按生产条件和技术能力确定
	畜禽养殖厂（场）	畜禽、水产养殖池塘、工厂化养殖设施	按市场规模、养殖类型确定	选址应满足卫生和防疫要求，布置在村庄常年盛行风向的侧风位和通风、排水条件良好的地段。畜禽饲养厂（场）之间应遵循最小距离原则，规模化养殖中畜禽舍及有机物处置等生产设施与生活设施之间设置绿化隔离带，与居民点、乡村旅游设施设置1 000m以上安全距离
	管理用房	农业生产者从事农业生产必需的食宿和管理设施	建筑面积≤30m²	结合作物大棚、畜禽养殖厂、储备库设置

类别	服务设施	用途	规模	布局
农产品加工类	小型农产品加工厂	直接为农业生产服务的农副产品生产加工设施	按市场需求设置，单体建筑面积≤100m²	接近畜禽养殖厂（场）、作物大棚等相关联的农业生产区。符合景观要求，交通便捷，有利于利用原有基础设施和环境保护
	集中型农产品加工园区		按照需求设置	尽可能布置在村庄边缘，符合乡域空间发展控制规定，符合水文地质、工程地质要求，有利于基础设施布设和场地排水，控制建筑高度和建筑体量，满足景观需求
乡村旅游类	农业体验园	以农业为依托的休闲观光项目以及各类农业园区的游憩设施等	按市场规模、种植类型确定	尽可能与村庄集中布局，符合乡域空间发展控制规定，符合水文地质、工程地质要求，有利于基础设施布设和场地排水，控制建筑高度和建筑体量，满足景观需求。单独选址应设在环境安全、阳光充足、环境安静、远离污染和交通便利的地段，尽量少占耕地
	种养展示示范园（区）		按市场规模、种植类型确定	
	酒庄、庄园、乡村旅馆		按市场需求、供给能力确定	
	专业诊所		按需求设置	
	休疗养院		按需求设置	
	旅游服务站		建筑面积≤200m²	结合旅游线路和重要的景观节点设置，满足景观需求
乡村物流类	农资乡级配送中心及网点	乡域物流配送系统和集货系统	按需求设置	配送中心与码头、货运站、大型停车场地等交通设施结合，网点与村庄结合
	农产品集货中心及网点		按需求设置	接近农业产区，与码头、货运站、大型停车场地等交通设施结合，在综合设计农产品集货链条基础上布局集货点。网点与村庄结合，采取分散布局逐步发展的滚动建设方式逐步提高乡村物流节点密度。可结合农产品专业市场共同设置
	农产品专业市场（包括粮油、土特产、畜禽、蔬果、水产等）		用地面积应按平集规模确定	应有利于人流和商品的集散，不得占用公路、主要干路、车站、码头、桥头等交通量大的地段；符合卫生、安全防护的要求。应安排好大集市临时占用的场地，并应考虑休集时设施和用地的综合利用
	生产资料市场（包括燃料、建材、化肥等）			
	路边站		按需求设置，考虑临时停车	结合旅游服务站、公交车站、公路服务站等综合设置

表 7.3.3　农民生活服务设施配置标准

类别	服务设施	服务半径	最小规模	中心村	基层村	根据需要可设置
行政办公	村委会	≤5km	30m²	●	●	治安室/警务室、社保服务站等
	其他管理结构	—	—	○	○	
文体娱乐	文化站/村民活动中心	—	100m²	●	●	文艺娱乐设施可混合设置
	图书室	—	文体建筑面积 18m²/千人	●	○	
	老年活动室	—		●	●	
	公用礼堂	—		●	○	
	社团机构	—		○	○	
	营利性娱乐场所	—	—	○	○	
	祠堂/寺庙/宗教场所	—	—	○	○	
	小型运动场	—	—	●	○	
	健身场地	2～3km	40m²	●	●	
基础教育	托幼	0.8～1km	150m²/千人	●	●	幼儿园、村小学/教学点/流动教室、成人教育
	小学	交通时间 15～30min		●	○	
	中学	交通时间 15～30min	—	○	○	
医疗卫生	医务室/保健站	≤7km	1位医生，6m²/千人	●	●	健康咨询、网上医疗服务、牙科诊所
	计划生育站/组	—	—	●	●	
社会福利	儿童福利院	—	—	○	○	儿童服务设施、社区养老服务站/老人日托设施/助餐服务点、老年村/老年怡养院、民办养老机构
	养老院/敬老院/老年公寓/福利院	—	—	●	○	
	居家养老服务设施	—	—	●	●	
	殡葬设施与墓地	—	—	○	○	

类别	服务设施	服务半径	最小规模	中心村	基层村	根据需要可设置
商业服务	银行/储蓄所/信用社/保险机构	—	—	○	○	
	超市/百货/便利店	—	商业建筑面积300m²/千人	●	●	
	食品/粮油店	—		●	○	
	生产资料/日杂/建材/燃料店/修理店	—		●	○	
	药店	—		●	○	
	书店/文化用品店	—		●	○	
	餐饮	—		●	○	
	宾馆/旅店	—		○	○	
	理发/浴室/照相馆	—		●	○	
	集贸市场	—		○	○	
	邮政所/电信服务点	≤4km	30m²	●	○	
用地比重			2%～12%			

注：●为应设项目；○为可设项目。

7.4 保障设施

7.4.1 保障设施。是保障农业生产、农民生活和农村正常运行的系统性基础设施，包括交通系统、电力与新能源系统、通信网络系统、生活饮用水系统、农田水利灌溉系统。

7.4.2 交通系统。交通系统包括乡村道路、乡村客运公交运营和乡村停车三个子系统。交通系统规划应达到经济适用、通达安全，满足农民生产生活和乡域正常发展需求。

（1）按照《县乡公路建设和养护管理办法》要求，建立乡驻地与县城的快速连接通道或对现有连接通道进行升级改造，满足道路等级为二级及二级公路以上。加强村与村之间的交通联系，适应小汽车进入家庭的需要，拓宽行政村相互连接通道以及行政村和自然村之间的联系通道（表7.4.2），满足双向通车要求。条件不允许的地方，每隔500～800米应局部拓宽设置错车会让通道。逐步建立各级道路统一运营、规范管理制度。

（2）加强县城、乡政府驻地、中心村、基层村之间的客运公交联系，优化客运公交线网，增加联系班次，合理布局站点，根据居民需求灵活设置停车点。客运公交主线网主要由对外连接通道承担，由乡政府驻地进城线路以及乡镇之间直达公交线路组成；辅线网主要由村路承担，连接农村公交转换点与村庄。

表 7.4.2　乡路与村路规划标准

规划技术指标	对外连接通道		行政村 连接通道	自然村 连接通道
	与县城	其他乡镇		
道路等级	一级公路	二级公路	四级公路	等外公路
计算行车速度（km/h）	＞80	30～60	15～30	10～15
道路红线宽度（m）	20～30	8～24	5～10	4～6
车行道宽度（m）	18～25	7～18	4～7	3.5
每侧人行道宽度（m）	—	1～3	—	—
两侧建筑红线距离（m）	20	15	8	3

（3）加强乡村停车系统建设，完善交通设施体系，强化交通管理。结合乡村产业发展和生活需求按照集中与分散相结合的方式设置生态停车场，将村内空地、废弃地等适宜停车的场地合理改造利用为停车场，划定停车位，开展规范化管理。

7.4.3　电力与新能源系统。充分考虑农村家庭的经济承受能力和乡村管理水平，综合开发地方能源资源，确定村庄能量利用的合理结构。

（1）加强农村电网改造升级，逐步采用先进可靠的电气设备、电子技术和计算机技术，满足农业排灌、农副产品加工、农村生活等综合供电负荷需求。合理确定乡域内各居民点及重要设施供电电源点的位置，明确变电所位置以及通往各居民点及重要设施的 10 千伏以上主干线路配电线路走向。电力架空线路应根据地形、地貌特点和电网规划，力求短捷顺直，沿道路、河渠和绿化带设置，尽量不占耕地和良田。

（2）加快农村新能源建设步伐，配套激励政策和强制措施，积极推广沼气、秸秆气化、小水电、太阳能、风力发电等清洁能源技术。对传统工艺进行现代化改造，推广绿色乡土建筑，在北方地区鼓励采用污染少或无污染的绿色采暖技术。加强节能农宅和相关农业设施的生态设计与建设，推进太阳能热水器、节柴灶、秸秆保温等生态节能技术、设备与材料的应用。

7.4.4　通信网络系统。尽可能结合乡村居民点选址布局邮政网点和电信设施。山地地区尽可能采用无线通信技术，平原地区采用有线通信技术，电信主线路路由尽可能沿道路布局，支线可与低压电力线路可同杆架设。风景区、传统村落等需要视觉保护的区域，通信线路应尽可能采取地埋方式敷设，减少架空线路穿越生态保护区。

7.4.5　生活饮用水系统。农村生活饮用水供应应满足餐饮、洗漱、洗衣、浇花和庭院牲畜饲养等农民日常生活所需。饮用水水源可来自水库、河流、湖泊、泉水、窖水或井水，并确保饮用水安全与可持续利用。

（1）生活饮用水规划应根据村庄距离、供水规模、地形地势、水源条件等进行综合效益评估，因地制宜地选择供水通村模式（表 7.4.5）。

表 7.4.5　生活饮用水供给模式选择

类型	适用地区
单村集中供水	村庄距离大于 5km，人口密度大或适中，地形较平坦或有可利用的地形高差
联村集中供水	村庄距离小于 5km，人口密度大或适中，地形较平坦或有可利用的地形高差
分散式供水	村庄用户少、居住分散，地形复杂，水资源匮乏，电力不保证，如山区、牧区
接入市政管网	城镇市政管网配水能力满足需要，村庄位于城镇边缘

（2）条件许可情况下应建设农村地区供水厂。供水厂占地规模应结合现状村庄实际情况具体设定，一般控制在 $1.0\sim3.0\text{m}^2/$（$\text{m}^3\cdot\text{d}$）。管线宜沿现有道路或规划道路布置，干管布置应以较短距离引向用水大户。规模较小的村庄可布置成树状管网，规模较大的村有条件时宜布置成环状管网。地形高差较大时，应根据供水水压要求和分压供水的需求，在适宜的位置设加压或减压设施。

7.4.6　农田水利灌溉系统。通过农用地整理完善农田水利灌排系统，合理制定用水计划，发展喷（雾）灌、滴灌等微灌节水技术，改进地面间歇灌和沟灌技术，提高灌溉水源的利用系数与灌溉设计保证率（表 7.4.6），渠系水利用系数、田间水利用系数、灌溉水利用系数达到相应规定。乡域实施河道分级管理，鼓励社会资本参与小型农田水利工程建设与管护。加强对灌溉水质的监测和管理，建立水质监测点，确保农业生产安全与农产品卫生安全。

表 7.4.6　灌溉设计保证率

灌水方法	地区	作物种类	灌溉设计保证率（％）
地面灌溉	干旱地区 或水资源紧缺地区	以旱作为主	50～75
		以水稻为主	70～80
	半干旱、半湿润地区 或水资源不稳定地区	以旱作为主	70～80
		以水稻为主	75～85
	湿润地区 或水资源丰富地区	以旱作为主	75～85
		以水稻为主	80～95
喷灌、微灌	各类地区	各类作物	85～95

（1）渠系水利用系数：大型自流灌区不应低于 0.65，中型自流灌区不应低于 0.78，小型自流灌区不应低于 0.90；提水灌区采用渠道防渗不应低于 0.9，采用多孔阀门管道输水不应低于 0.95。

（2）田间水利用系数：水稻灌区不宜低于 0.95；旱作物灌区不宜低于 0.90。

（3）灌溉水利用系数：大型自流灌区不应低于 0.60，中型自流灌区不应低于 0.72；小型自流灌区不应低于 0.85；提水灌区不应低于 0.85；喷灌区、微喷灌区不应低于 0.85；滴灌区不应低于 0.90。

7.5　污染防治

7.5.1　污染防治包括点状污染防治和面状污染防治。点状污染主要是乡村居民集中生活造成的，面状污染主要是乡村产业面状生产造成的。采取针对性措施，实施有效治理。

7.5.2　点状污染控制。采取财政和村集体补贴、住户付费、社会资本参与的投入运营机制，加强农村污水和垃圾处理等环保设施建设。

（1）合理设置公共卫生间。结合公共空间、公共场所、农业生产设施等的布局因地制宜地设置公共卫生间，明确公共卫生间建设标准和粪便收集运输方式。公共厕所分为固定式和活动式两种类别，应按表7.5.2a规定设置。不宜建设固定式厕所的公共场所，应设置活动式厕所。公共服务设施和配套生产服务设施设置的卫生间应开放使用，并充分考虑无障碍通道和无障碍设施的配置。公共厕所的外观和色彩设计应与环境相协调，鼓励采用乡土材料并注重美观。

表7.5.2a　乡村公共卫生间设置标准

空间类型	卫生间设置类型	设置要求
道路、广场等公共空间	独立设置	乡、村居民点沿主要道路每300~500m设置一处，每广场设置一处
学校、幼儿园、村委会等公共空间及配套生产服务设施	附属设置	按照相应设计规范设置
农业观光园区、风景游赏区等	独立设置	每重要的集散点或每300~500亩设置一处

（2）合理布局垃圾收集和处理设施。建立垃圾强制性分类制度，明确垃圾收集方式（表7.5.2b），完善居民点垃圾清运体系，提出农村垃圾减量化、生态化的具体措施。按照垃圾转运距离合理确定垃圾处理方式，垃圾产生量大的可设置焚烧厂，并尽可能并网发电。转运距离超过10千米或运输条件复杂的地区应近距离选址建设规范化的填埋场。建立种养业废弃物资源化利用制度，实现种养业有机结合、循环发展。制定再生资源回收目录，对复合包装物、电池、农膜等低值废弃物实行强制回收。

表7.5.2b　乡村垃圾收集与处理设施设置标准

乡村类型	垃圾收集设施类型	设置要求
乡所在地	垃圾转运站	垃圾转运站服务半径应小于2~3km，每个垃圾转运站不少于500m²
村庄居民点	垃圾收集容器或定时收集	每百户配备一名保洁员及配套工具、清运车辆；每2~3户配备一套垃圾收集容器；每村不少于一个分类垃圾池
分散式农业生产设施及附属设施	垃圾收集容器或定时收集	结合旅游线路沿线设置垃圾桶等收集设施，根据农业生产特点定时定期收集废弃大棚塑料等废弃物

（3）因地制宜确定乡村污水的收集和处理形式。控制乡村居民点的废水以及乡镇企业的生产废水、废气、废渣排放，建设污水处理设施，实施污染物排放管理制度，实现人畜粪便无害化处理。乡村居民点一般采用完全分流制、不完全分流制和截留式合流制等三种排水体制，乡村污水处理主要采用联村合建、集中处理、分散处理、单户处理和接入乡所在地污水管网等五种处理模式，应结合村庄和农业生产布局特点，根据实际情况选择适宜的排水体制和处理模式。污水处理站的位置通常选择在村庄水体的下游，应设置一定宽度的卫生防护地带，最小不少于 500 米。污水净化工艺的选定能保证在当地持续长期运行的处理工艺（表 7.5.2c），净化水质符合当地排放标准。

表 7.5.2c 污水处理净化工艺选择

地区	省份	推荐工艺
华东地区	山东、江苏、安徽、浙江、上海	无动力多级厌氧复合处理、埋地式一体化处理设备、厌氧+人工湿地
	福建	无动力多级厌氧复合处理、人工湿地、埋地式一体化处理设备
华南地区	广东、广西、海南	稳定塘、埋地式一体化处理设备、无动力多级厌氧复合处理、厌氧+人工湿地
华中地区	湖北、湖南、河南、江西	无动力多级厌氧复合处理、生活污水净化沼气池、厌氧+人工湿地
华北地区	北京、天津、河北、山西、内蒙古	无动力多级厌氧复合处理、埋地式一体化处理设备、人工湿地、MBR工艺
西北地区	宁夏、新疆、青海、陕西、甘肃	无动力多级厌氧复合处理；人工湿地、生活污水沼气净化池
西南地区	四川、云南、贵州、西藏、重庆	人工湿地、生活污水沼气净化池
东北地区	辽宁、吉林、黑龙江	埋地式一体化处理设备、无动力多级厌氧复合床

7.5.3 面源污染综合治理。采取政府购买服务等多种扶持措施，培育发展各种形式的农业面源污染治理、农村污水垃圾处理市场主体。强化县乡两级政府的环境保护职责，加强环境监管能力建设。

（1）建立健全农村环境治理制度。加大对农村污染防治设施建设和资金投入力度，推广农作物病虫综合防治技术，建立安全用药制度，推广高效低毒低残留农药；推广测土配方施肥，减少化肥用量，提高肥料利用率，实现化肥农药零增长。积极发展生态农业和有机农业，大力建设无公害农产品、绿色食品、有机食品生产基地。

（2）实施农业生产废弃物强制性回收制度。加快推进化肥、农药、农膜减量化以及畜禽养殖废弃物资源化和无害化，利用天然可降解农产品替代一次性塑料包装，减少塑料废弃物的产生量，控制使用不可降解的农用地膜、棚膜，鼓励生产使用可降解农膜。健全化肥农药包装物、农膜回收贮运加工网络，在中心村建立废弃塑料制品回收站，通过各种手段强制性回收田间、水畔的废旧塑料。

（3）完善农作物秸秆综合利用制度。依托农作物秸秆再利用和再循环的集中供气工程、秸秆肥料化利用工程和秸秆高值化利用工程，有效控制面源污染的新源头。秸秆气化集中供气工程以村庄为单元，利用农作物秸秆生产可燃气体，通过管网供给农户，用于炊事和取暖。秸秆肥料化利用工程采用秸秆机械粉碎还田、保护性耕作、快速腐熟还田、堆沤还田等方式增加有机肥施用量。秸秆高值化利用工程包括将秸秆利用为秸秆饲料、工业原料（秸秆建材、秸秆造纸、包装材料、特色产品）、能源（秸秆燃料、秸秆发电、秸秆乙醇）等内容，鼓励建立具有配套政策的区域秸秆高值利用基地。

8　规划管理与实施

8.1　规划编制

8.1.1　编制程序。组织开展参与式规划，建立农民参与乡域规划编制的具体路径和制度保障措施。收集并回应农民对规划编制的总体需求与建设意愿，解决个别居民的特殊合理诉求。

8.1.2　规划成果。乡域规划成果包括规划文本、图件、说明及资料汇编等，应提供纸质和电子文件两种形式。

（1）文本应规范、简洁、准确，清晰表达规划意图和规定性要求。图件内容应与文本一致，制图应规范准确，标注图名、指北针和风玫瑰图、比例和比例尺、图例、署名、编制日期和图标等基本信息。规划图纸分为必备的基础图（表 8.1.2a）和可根据实际情况增加的自选图（表 8.1.2b）。除区位图外，图纸比例尺一般要求为 1∶10 000，根据乡行政辖区面积大小一般在 1∶5 000～1∶50 000 之间选择。

表 8.1.2a　乡域规划基础图纸名称与具体内容

图纸名称	内容
乡域空间划分图	将乡域空间划分为生态空间与农业空间两类，明确不同类型空间的实际边界、具体范围，标明主要控制点坐标
乡域村庄体系规划图	确定"乡政府驻地—中心村—基层村"的分层级村庄体系结构；明确各个村庄的人口规模、功能角色和发展定位
乡域土地利用规划图	明确乡域的整体土地利用调整方案，包括农业、水利设施、乡政府驻地、居民点、河湖水系、生态绿地等的布局、规模与分布等
乡域服务设施规划图	确定农业生产服务设施（大农业服务、农产品加工、乡村旅游、乡村物流）、农民生活服务设施（行政办公、文体娱乐、医疗卫生、教育机构、商业服务、社会福利、集贸市场）的空间布局、规模设定、建设标准等，以及污染防治设施（公共厕所、污水收集与处理、垃圾收集与处理）的位置、规模和等级等。若内容复杂可分为 2～3 张图体现
乡域保障设施规划图	确定交通系统等级划分、路线规划、运营组织、站点布局以及电力与新能源系统、通信网络系统、生活饮用水系统、农田水利灌溉系统空间布局、规模设定、线路走向、建设标准等。若内容复杂可分专业分别体现

表 8. 1. 2b　乡域规划自选图纸名称与具体内容

图纸名称	内容
乡域区位图	明确在省、市（县）的区域位置和上位规划的管控要求
乡域农田基本建设规划图	针对农业种植发达的乡，提出农用地整理规划，对农地划分与调整、土地流转、农业设施配套等提出空间布局构想和发展引导
乡域自然生态、历史文化与景观保护规划图	历史文化和特色景观突出的乡，应标明乡域自然保护区、风景名胜区、历史文化名村、传统村落等的保护和控制范围，确定主要历史文化资源、风景旅游资源的未来发展及空间布局要求
乡域新技术与节能减排规划图	提出可再生能源、生态节能节水等多种新能源、新技术的利用策略与相关空间利用要求
乡域防灾减灾规划图	划定乡域消防、防洪、抗震、地质灾害、防疫、防风等需要重点控制的地区，标明各类灾害防护的重点区位、规模和救援通道

（2）规划说明用于分析现状条件、论证规划意图、解释规划文本等。根据乡域的复杂程度可附必要的专题研究报告。

（3）基础资料汇编应主要包括下列内容：县城（市）总体规划或县域空间规划、县域城镇体系规划、县/乡土地利用总体规划、县/乡土地整治规划，及各类专项规划中与乡域规划相关的内容；自然条件与社会经济历史演变、总体状况；各村人口、耕地、经济状况、基础设施、水利设施、公共服务设施、文物古迹、文化传统现状及变化特征；乡域居民对本乡现状的综合意见和发展诉求；市区县、乡相关主管部门的发展计划，相关社会事业发展意向等。

8.2　规划审批

8.2.1　乡域规划由市（区、县）人民政府审批，报送审批前，应当经村民会议或者村民代表讨论同意，与周边乡镇及相关部门协调一致。

8.2.2　乡域规划一经批准，应依法公告。鼓励利用多种传播媒介对规划编制的目的、意义和主要内容等加以宣传，主要规定纳入乡规民约，增强农民群众的规划认识。

8.2.3　经批准后的乡域规划的关键内容，应及时纳入县/乡国民经济和社会发展规划，相关规划中应按照乡域规划进行修改和调整。

8.3　规划实施

8.3.1　依法进行乡村规划管理，实施简政放权。乡域范围内的建设活动实施乡村建设规划许可制度，按照《城乡规划法》要求，由县级以上城乡规划行政主管部门核发乡村规划许可证，有条件的县可由县级规划行政主管部门授权乡政府核发乡村规划许可证，并实施备案制度。

8.3.2 明确乡域规划的政府实施主导责任，持续跟踪和评价规划实施效果。县级、乡级人民政府应制定乡域规划实施计划，坚持因地制宜、量力而行、底线控制、有效引导的原则，尊重群众意愿，有计划、分步骤地组织实施乡域规划。

8.3.3 构建多主体、村自治、民自愿的乡域规划治理体系，发挥村集体和村民的主体责任。充分发挥乡政府、村委会、村支部、乡村能人、乡村组织等多元主体在乡域规划编制与实施过程中的协同作用，引导乡村精英、宗族族长等科学管理自治组织，积极推进专业农会、农民协会和农民专业合作社的建设与发展。

8.3.4 实施多元融资模式，支持社会资本参与乡村建设。合理确定农村服务设施和保障设施投融资模式和运行方式，建管并重、统筹推进，促进投融资体制机制创新与建设管护机制创新。合理制定社会资本参与农村建设目录，研究财税、金融等支持政策，通过积极引导强化社会资本对农村建设的多元贡献。

8.3.5 扩宽农民就业渠道，加大惠农政策力度。结合乡村产业发展规划指引，支持农村能人、返乡农民工和城市中产阶层等参与或创办农产品加工业、休闲农业和农村服务业，孵化培育农村小型微型企业，吸纳具备劳动能力的农村留守人员就业。整合利用涉农资金，统筹安排农业生产类和科教文卫发展类涉农资金的使用。

8.4 规划修改

8.4.1 乡域规划为法定规划，具有公共政策的长期性和稳定性，未经法定程序，任何单位和个人不得修改空间规划。

8.4.2 乡域规划实施评估修改制度，每五年或根据实际情况适时对乡域规划实施进行评估。修改强制性内容的，应当对调整的必要性、合理性和调整方案的可行性组织论证。

致谢

本导则是国家科技支撑计划课题《县、镇（乡）及村域规划编制关键技术研究与示范》（课题编号：2014BAL04B01）的成果之一。得到发展和改革委员会城市与小城镇改革中心主任徐林、住房和城乡建设部科技与产业化中心主任俞滨洋、国土资源部规划司处长苗泽、环境保护部规划与财务司处长贾金虎、中国城镇规划设计研究院院长方明、中国城市规划设计研究院教授级高工蔡立力、中国建筑设计研究院所长熊燕的指导和帮助，特此致谢！

基于精明收缩的乡村发展转型与聚落体系规划
——以武汉市为例

郭 炎 刘 达 赵宁宁 董又铭 李志刚

Transformation of Rural Villages and Habitat System Planning from the Perspective of Smart Shrinkage: A Case of Wuhan, China

GUO Yan, LIU Da, ZHAO Ningning, DONG Youming, LI Zhigang
(School of Urban Design, Wuhan University, Hubei 430072, China)

Abstract The ambitious blueprint of reviving rural villages is faced with the startling reality of their disordered shrinkage. Thus, how to make villages shrink smartly is an important issue. Existing literature has attempted to explore the making of rural villages planning based on the concept of "smart shrinkage." However, how to make the habitat system planning based on this concept is yet to be studied. In the context of rural villages transformation, this article detects the connotation of the concept, and then theoretically discusses the reason, contents, and methods of making habitat system planning. It then empirically illustrates the three aspects with the case of Wuhan. It proposes that the planning making of rural habitats derives from the need to solve the mismatch of production factors, to restructure the space for coordinated development of production, living, and ecology, and to reshape the natural and essential features of rural villages in a

作者简介
郭炎、刘达、赵宁宁、董又铭、李志刚, 武汉大学城市设计学院。

摘 要 在乡村振兴的宏伟蓝图之下，是"触目惊心"的乡村收缩现实。如何引导乡村"精明"收缩是一个重要的时代命题。既有研究引入"精明收缩"的理念指引乡村规划，但乡村地域的聚落体系规划如何借鉴这一理念的内涵仍有待进一步探索。文章在乡村发展转型的语境下，挖掘"精明收缩"的内涵，并以此为基础对乡村地域聚落体系规划的原由、核心内容和方法进行了理论探讨。以武汉市为例，对乡村聚落体系规划编制的内容和方法进行了具体阐释。文章认为，精明收缩导向的乡村聚落体系规划源于从乡村地域层面统筹化解生产要素"错配"矛盾的现实需求，重构生产、生活与生态空间实现协同发展的主要目标，以及塑造乡村特色的愿景；同时，需要融合问题与目标的双重导向，确定聚落的规模、数量、等级、布局、职能和联系，实现精准规划。

关键词 精明收缩；乡村转型；乡村规划；聚落体系；武汉

进入新世纪以来，中央"一号文件"持续对"三农"问题予以强调，显示了国家对乡村发展的空前重视。继"城乡一体化""城乡统筹"等发展理念之后，十九大报告更是提出了"城乡融合"与"乡村振兴"的新战略。区别于以往从工业化、城市化角度"以城统乡"的"城市偏向"，和以往侧重农业生产与耕地保护而忽略乡村整体的发展不同，新战略从政策层面强调了城市与乡村的共荣共生以及农业生产、农民发展与乡村聚落的协同进程。该战略在理论层面上契合了我国城镇化增速放缓、向发达国家转型的关键时期，以及提升农业生产效率、促进城乡等值化的

way of coordination at the scale of the whole rural area of an administrative district. The approach to the planning and the main contents include the plan of size, number, ranking, spatial distribution, industrial position, and linkages of habitats.

Keywords smart shrinkage; rural transformation; village planning; habitat system; Wuhan

迫切需求（Lewis，1954；Harris and Todaro，1970）。然而，在现实层面，我们遇到的是快速城镇化和长期粗放式的乡村建设所带来的乡村凋敝乃至乡村收缩。如何弥合乡村振兴的"宏伟蓝图"和"触目惊心"的乡村收缩之间的鸿沟，是一个重要的时代命题。部分学者引入"精明收缩"的理念，开始探索其内涵和对乡村规划的指引，极大地丰富了我们对乡村转型与规划调控的认识，但如何以"精明收缩"的理念指引乡村地域的聚落体系规划，仍有待深入研究和广泛探索，尤其是在乡村发展转型具有地域差异性的情况下，这一问题值得深入研究（龙花楼、屠爽爽，2017）。

为此，本文试图构建"精明收缩"导向的乡村聚落体系规划理论框架，并以武汉为例，在总结其乡村发展转型特征的基础上，以其远郊某街道（原县城所在地）为例，探讨乡村聚落体系规划的核心内容和方法，以期丰富乡村规划理论，同时为大城市远郊乡村地域的聚落体系规划实践提供经验借鉴。

1 理论框架："精明收缩"与乡村聚落体系规划

1.1 乡村发展转型与精明收缩

乡村地域的"收缩"已在学界形成基本共识，总体表现为人、地、资本等生产要素间的不匹配、要素空间配置"失序"带来的乡村特色丧失与凋敝。乡村在城市扩张的外部驱动和人口外流等内部动因的共同作用下经历快速的转型（马恩朴等，2016；乔家君，2008）：一方面，城市扩张逐渐包围乡村，使传统村落城中化，或随着"城市"更新而消亡；另一方面，快速城市化下的人口外流加速了乡村地域生产要素的"错配"。农地破碎和流转不够造成农地抛荒与农地需求间的矛盾，破碎化的小农经济逐渐衰弱，可谓乡村农业生产的收缩（龙花楼，2015）。虽然大量年轻劳动力已流向城镇，但由于我国城乡二元的户籍制度，农民进城仍未脱离乡村，一方面是活跃的建房需求，新房、新村蔓延，旧村、旧房衰败不减；另一方面则是留村人口的老龄化与孩童化，住房的空心化。分散的居住使村庄过度硬化，有损生态环境，也弱化了公服设施的有效供给。乡村整体呈现出生产、生活与生态空间的"无序收缩"（谢正伟、李和平，2014）。更重要的是，我国未来30年乡村人口的持续减少仍是必然趋势（罗震东、周洋岑，2016；张京祥等，2017），意味着乡村收缩还会持续（刘彦随等，2016）。收缩式的建设模式将成为乡村未来一段时间的发展常态，但如何推进乡村"精明"地收缩仍需凝练共识和积极探索（罗震东、周洋岑，2016；王雨村等，2017）。

"精明收缩"已成为指导我国乡村发展转型的基本理念。这一概念最早源于德国针对较为贫穷衰落的东欧社会主义城市出现的经济、物质环境等问题提出的管理模式（Jeff，2009）。其后，罗格斯大学的弗兰克·波珀教授和其夫人对这一规划的内涵进行了阐述："更少的规划：更少的人、更少的建筑、更少的土地利用"（Popper and Popper，2002）。导向"精明收缩"的规划旨在用集约化策略为具有收缩化发展趋势的城市或地区进行规划，是在面对不可回避的衰退时，力求由被动的衰退转为主动收缩的规划策略（黄鹤，2011；赵民等，2015）。就乡村收缩的语境而言，"精明收缩"理念下的乡村地域规划是通过政策引导和统筹规划，以发展为价值导向，优化配置人、地、资本等生产要素，提升经济活力；伴随人口收缩、经济转型，重构生产、生活和生态等要素空间，力求空间布局的集约、紧凑，提高土地利用效率、减少对生态环境的冲击；合理配套基本公共服务和市政设施，营造优美的空间形态、塑造乡村特色（周洋岑等，2016；王雨村等，2017）。

1.2 精明收缩与聚落体系规划

推动乡村从"无序收缩"向"精明收缩"的转变需要合理的规划引导，其内在逻辑可从"传统乡村"的"现代化"进程中有关生产要素配置、空间营造的治理体系转变中洞察。治理体系阐述了市场、村社和政府间的互动关系。传统乡村的治理体系有两个特点（Duara，1988；曹锦清，2000）：①村社基于"族缘"形成社会关系紧凑的共同体，"互信"与"互惠"是人们行为的主要规范，深入人心，使相互间的行为可预期、可协调；②人口外流少，成员结构稳定，因此这种自我约束的行为规范得以持续。在这种治理体系下，生产要素配置与空间营造都是由非正式的、内化在人们心中的"习俗民约"所引导的。因此，传统乡村聚落空间的美丽与"三生"空间的和谐都是有"规划"指引的。

快速城市化中的乡村治理正经历如下转变。①人口快速流出，成员结构剧烈变化，紧凑的社会关系逐渐退化。取而代之的是以"行政机制"为依托，在成员与决策者之间形成的"委托—代理"关系。成员外流，村社治理则主要取决于代理人从政府获取的"行政赋权"，对个体的约束趋弱（陈剑波，2006）。②市场机制和经济理性正在"改造"乡村，如土地资源流转、农业生产与产品经营中的资本运作等。不论是进城务工还是乡村务农，人们都深受"经济理性"的洗礼，传统的"习俗民约"不再。上述两方面转变导致村庄的治理逐渐服从于成员的"个体理性"，但"个体理性"容易导致"市场失灵"（Smith，1977）。

　　"市场失灵"在乡村收缩中至少体现为两点。①土地持有破碎产生的高交易成本，制约流转，造成闲置，阻碍规模化。②集体利益向"个体理性"妥协。个体的农业生产决策与农业规模化、产业化间的一致性，房屋建设选址、设计与风格在家庭经济理性和整体风貌间的一致性，分散布局与服务集中配套、生态环境保护间的一致性等都受到严重挑战。这些"无序收缩"的状况根本上源于治理的缺失：传统内生性的"乡规民约"不再，外源"市场机制"的"失灵"。规划作为一种规避"市场失灵"的政策手段，对乡村的"精明收缩"是必要的，其根本宗旨是在个体理性与集体利益之间寻求平衡，促进市场机制的发育，并通过要素的空间重组，确保公共利益。

　　规避"个体理性"的缺陷在于从"整体"角度进行统筹。乡村地域的规划需要破除传统的以村庄布点规划为核心的体系规划和着眼单个村庄对生活集聚区的规划，在更大地域（县域或镇域，包括城镇和乡村地域的生活集聚区与农业生产区），更为综合地（兼顾生产、生活和生态）进行统筹，再逐层深化。究其原因，主要有三点。①以单个村庄为尺度配置生产要素和布局空间，符合这一小尺度的理性，然而将这些小尺度的规划拼合，指导乡村地域发展时，便会形成"合成谬误"，即小尺度的"个体理性"可能忽略全域尺度的"整体利益"。②乡村的精明发展与转型离不开城镇的影响。城镇与乡村之间要素快速流动的需求，要求从一体化的角度协同配置"城—镇—乡"的市政基础设施和公服设施。因此，全域尺度是包括城镇建成区与广大乡村地域的。③村间发展差异显著，呈现出地域分化。差异特征的凝练需要从整体层面进行探究，同时特征的强化需要通过"整体"范围内的要素重组来实现。因此，乡村地域的规划应以县（镇）域进行统筹，如聚落的体系规划。

　　聚落体系规划的核心内容在于确定聚落数量、规模（人口和用地）、等级、布局、职能和联系。导向"精明收缩"的乡村聚落体系规划，制定上述核心内容时需要充分认清乡村社会、经济转型的现实规律，融合市场发育、合理空间规划、规避"失灵"和乡村特色塑造等理想目标。具体包括以下四方面。①我国城镇化的持续进程预示乡村常住人口的减少仍是未来较长一段时间内的主要趋势。因此，对乡村人口规模的目标设定要结合城镇化目标情景。②人口外流对生产要素的重新配置有现实需求，引入市场机制满足需求是主要趋势，将推动生产与生活空间的重构。乡村劳动力减少，劳均用地量会增加。随着土地流转、资本进入，农地与农业生产将适度规模化、机械化，农业生产半径将扩大。此外，资本对农业生产组织方式的改造将推动农业专业化、产业化，资本与劳动力形成雇佣关系，劳动力随资本在一定范围流动成为可能。因此，乡村聚落体系的规划应通过合理的产业布局促进要素协同配置，引导资本投入生产的公共领域（如设施提升），并考虑要素配置的空间范围扩大对聚落重构的影响。③生产要素配置范围的扩大为生活空间集约化提供了支撑，为基本生活服务的配置奠定了基础。生产半径扩大后，村民建房有向大范围核心集聚的可能。同时，劳动力随资本流动降低了家庭生产对生活空间选址的约束，生活便利成为更重要考量。人口的适度集聚是公服有效配套的规模所要求的，后者也是引导人口集聚的主要手段。聚落规模、布局及联系都需考虑这些因素。④生产与生活空间的转变要考虑生态环境的修复、保护，和聚落空间环境营造的目标。前者如聚落布局对生态本底的考虑，结合空间重构修复生态；后者则强调从整体层面提炼乡村地域特色和具体乡村风貌营造。综上而言，"精明收缩"的乡村聚落体系规划要考虑生产、生活与生态发展转型，空间重构的现实与目标导向，实现"三生"空间的协调统一发展，实现转型背景下的新型城镇化内涵，走向城乡融合发展（图1）。

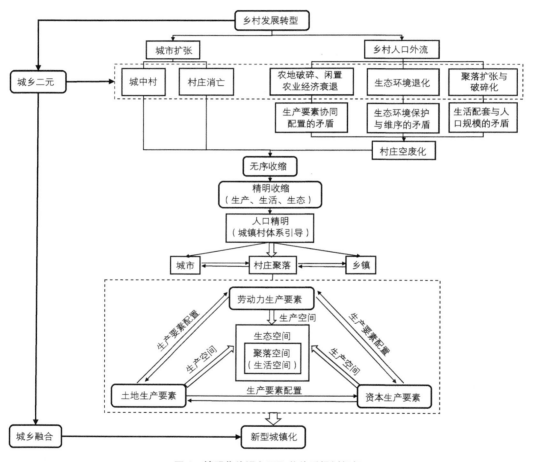

图 1　精明收缩视角下聚落体系规划框架

具体到乡村聚落体系规划的核心内容，需考虑的要素包括：①定规模（乡村人口规模、分等级聚落数量与用地规模），以人—地关系的把握为基础，同时考虑人口城镇化的情景目标、既有户籍人口未来在城镇和乡村的定居意愿、农地经营与农业生产规模化目标导向下的人—地关系匹配、基本生活服务圈对人口集聚区的等级规模要求等因素；②定布局（分等级聚落的空间选址与边界划定），结合自然条件、区位、人口规模与经济状况等基础因子以及特色资源等个性因子对现状聚落进行综合评价，将"定规模"中设定的分等级聚落落实到具体村庄、具体区位和具体地块，并根据布局对现状聚落进行分类管控；③定配套（基本公服与交通等市政设施配套），围绕规划的聚落体系，分等级、差异化的配套设施，强化相互之间的联系；④定功能（确定产业布局），结合现状和农业规模化、产业化的目标导向，围绕聚落体系设定农业产业功能分区。

2　武汉乡村发展转型的特征

武汉作为我国中部平原地区的大城市，在过去近40年里经历了剧烈的城乡空间重构，总体表现为城市的快速扩张和乡村地域的人口外流，区别于东部沿海地区的城市扩张与人口流入。乡村人口外流为导火索，逐渐对土地资源利用、传统聚落空间的配置产生影响，彰显出整体"收缩"的特征。

2.1　乡村人口变化：户籍人口的普遍外流

人口外流明显，常住人口老龄化与孩童化显著。2000～2010年，武汉市乡村地域的常住人口密度显著降低，本地户籍人口外出趋势明显，尤其是远郊地区的本地户籍人口流失严重（图2左）。在案例街道的调研显示，村庄平均户籍人口为2 014人[①]，人口规模中等。其中，乡村户籍人口外出务工的比例为23%，兼业比例为21%。外出务工人员主要集中在19～40岁，占外出总人口的58%，年轻化特征十分显著。另外，18岁以下的未成年人与60岁以上的老人占留村人口的58%左右，其中老人占比高达30%。52%的受访村民认为，未来十年村庄的务农人员将锐减，这也意味着在乡村人口外流情境下的乡村收缩现象将持续下去并加剧。值得注意的是，在远郊地区乡村户籍常住人口普遍减少的同时，乡村地域外来常住人口有一定的增加，这表明乡村为服务于城市化的某一部分人提供了一定的生存空间（图2右）。

2.2　乡村农地经营方式转变：闲置与流转并存，流转阻碍重重

农地权属破碎、整合程度不高，农地效益不高、闲置明显。案例街道的调研显示，乡村普遍存在农地规模小且分散的现象。只有25%的农户达到5～10亩的经营规模，近3%的农户经营规模大于10亩，2亩以下的农户占比22%，2～5亩的农户占比50%。2014年，村庄农地流转面积为776亩，仅占总耕地面积的10.5%。规模以上（20亩以上）农地流转仅有18宗，且仅涉及11个行政村，其中93%规模以上农地流转向农业企业与农业合作社。而近年来农地流转数量与面积皆呈上升趋势，尤其是人口外流比较严重的地区，上升趋势更加明显。这说明农户的土地流转意愿逐渐增强。但部分村庄对土地流转的前景并不看好，50%的村庄认为土地流转趋势不明显，主因是农地规模小且分散，流转难度高，且经济效益低；28.9%的村庄则认为土地流转趋势明显[②]。此外，53%的村庄农业设施配套落后于农业发展，50%的村庄基本处于无机械化生产状态。整个案例街道范围内，只有三家农业企业，企业化生产程度低。乡村农业以种植小麦、玉米等粮食作物为主，受单一小农经济的影响，每年

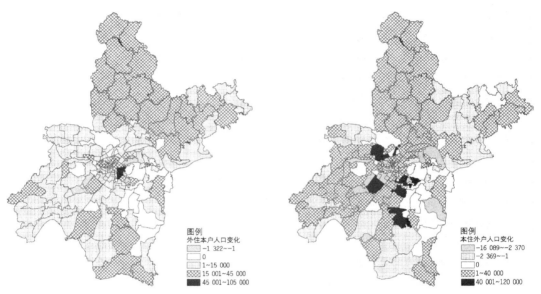

图2 2000~2010年武汉市外住本户人口（左）及本住外户人口（右）变化（人）

资料来源：武汉市第五、六次人口普查数据（2000、2010年）。

每亩的毛收入为1 600~1 800元。由于收益不高、农地流转不畅等原因，农地开始闲置，45%的村庄存在土地闲置，村均闲置农地为501.35亩，最多达到2 500亩。

2.3 乡村聚落空间重构：建设总量变化不大，聚落空间破碎化明显

乡村聚落空间剧烈重构，破碎化倾向明显。城市扩张带来村庄的自然消亡。1996~2014年，武汉市乡村建设用地总量由430.95平方千米增至492.58平方千米，总量增长不大，但内部空间重构非常剧烈（图3）。一方面，近20年，武汉城市新增建设用地扩张了近两倍，其中89.03%源于农林用地，同时也占用了约65.33平方千米的村庄居民点用地，催生城中村的同时，使得1 200多个村庄聚落消失（图4）；另一方面，乡村居民点用地经历了由紧凑到破碎的转变（图5、图6）。1996~2002年，聚落斑块数量与邻近距离分布基本稳定，斑块平均面积略增。此间，是村庄已有建设用地的填充时期，村庄建设用地面积变化不大。2002~2006年，新增聚落斑块主要位于原聚落50米范围内，表现出明显的既有斑块邻近扩散特征。2006~2014年，聚落斑块数量陡增，斑块平均面积由2.33平方千米降至1.89平方千米，同时新增聚落与最邻近聚落的距离大增，趋向于跳跃式蔓延。此外，乡村人口在减少，但人均建设面积则在大幅增加。如在案例街道，乡村聚落的人均建设用地面积达125平

方米/人，远远高于武汉市人均100～120平方米的建设标准，这表明乡村聚落用地规模普遍偏大，存在一定的收缩空间。

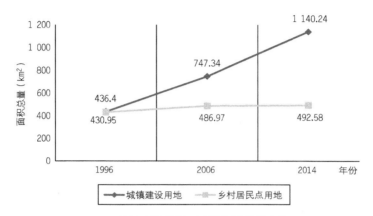

图3 城镇建设用地与乡村居民点用地变化

注：按照国土口径数据对城乡各类用地进行汇总，城镇建设用地包括工业用地。

资料来源：武汉市土地利用现状数据（1996、2006、2014年）。

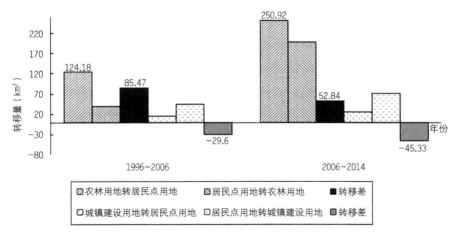

图4 乡村居民点用地与农林用地、城镇用地转移情况

注：按照国土口径数据对城乡各类用地进行汇总，城镇建设用地包括工业用地。

资料来源：同图3。

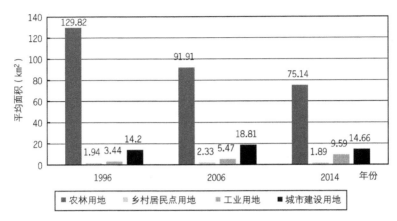

图5　类用地的景观斑块平均面积

资料来源：同图3。

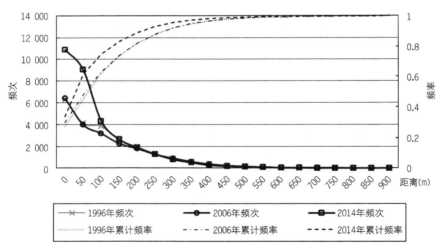

图6　1996、2006、2014 年武汉乡村聚落斑块最邻近距离与数量分布

资料来源：同图3。

3　基于精明收缩的聚落体系规划实践

上文已经阐述，聚落体系规划的落实是通过定规模、定布局、定配套、定产业四个方面实现的。

本研究以武汉市 ZL 街道办事处的聚落体系规划为例阐述以上四个方面。ZL 街道占地面积约
102.8 平方千米，辖区内共有行政村 40 个、社区 16 个、村民小组 417 个（图 7）。区域内常住总人口
达 16.58 万人，其中城区常住人口 11.68 万人。农村户籍人口约 7.9 万人，其中常住人口 4.9 万人，
外出人口 3 万人，这表明有接近 40% 的乡村人口外流。而我国正处于城镇化快速发展时期，且将持续
多年，城镇化水平的增长必然带来乡村人口向城市转移，这也意味着乡村人口将进一步收缩。

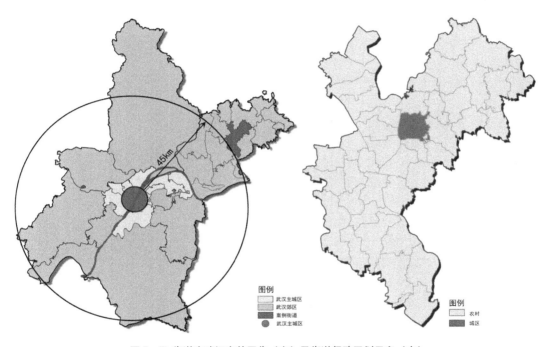

图 7　ZL 街道在武汉市的区位（左）及街道行政区划示意（右）

3.1　定规模：以人地流向定人口规模和村庄数量

精明收缩的理念要求在现状人口、用地规模的基础上，通过城—镇—村体系引导，首先实现人口
的精明化。城乡之间城—镇—村的有机层级体系，要求人口、用地规模与之相对应地呈层级分布，而
村庄除了农业就业外，还需提供一定的非农就业岗位。因此，规模的预测不再停留在以某一种依据进
行单方面的判断，而是转向强调综合上位规划要求、城镇化目标、人口流向意愿、农地经营合理规
模、生活服务能力等多方面影响因素，对人口规模、村庄数量进行科学合理的谋划（图 8）。具体
如下。

（1）通过对县（区）域城镇体系规划、土地利用总体规划、案例街道总体规划、新农村建设空间

规划以及村街空间布点规化等一系列上位规划的解读，形成不同层级规划对案例街道近、远期人口规模（城市和农村人口）、中心村落数量判断的基本共识。

（2）基于人口流向意愿定城市和乡村人口规模。首先，通过抽样问卷调查在承包土地可流转的前提下，农村人口搬迁至城市、街道城区、乡村的意愿比例，据此意愿比例并结合现状人口推算远期城区和乡村的人口规模。

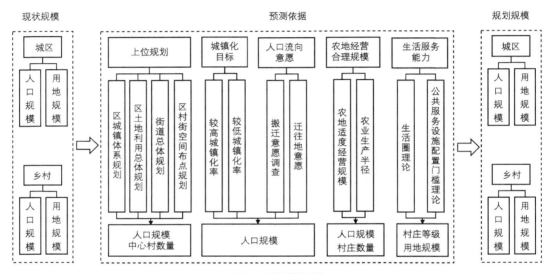

图 8　规模判断思路

（3）基于农地合理经营规模，预测乡村远期人口。首先，综合基本农田保护面积和底线耕地保有量等指标，确定案例街道远期的耕地总量，结合日本、韩国等高密度发达国家的劳均用地标准确定武汉市远期劳均用地标准（10～15 亩/劳），结合这两个指标测算出农业劳动力人数，再按照武汉市农村人口历年统计数据确定带眷系数（4.2 人/2.2 劳），测算农业从业人员和家属总人口数。其次，结合"镇—村"有机层级的理念，研究设定中心村提供一定的非农就业岗位（如 500 个非农就业岗位），按照非农就业人员的带眷系数，获得非农就业人员及家属总人数。两者相加得出乡村远期总人口规模。

（4）基于农业生产半径理论测度村庄数量。首先通过研究高密度发达国家的适宜生产半径，参考案例地的地形地貌特征，确定农业适宜生产半径（如案例地 1～1.5 千米），以及按此半径测算下的远景村域面积（3.14～7.10 平方千米）。然后，结合现有的村域平均面积，按照前述标准，确定进行合并的村庄数量，最终得到远期村庄数量。

（5）基于生活服务圈预测中心村（社区）和一般村的规模。按照基本生活服务圈的理念，中心村（社区）服务的人口规模标准为 3 000～5 000 人（包括纳入其服务范围的一般村），一般村的人口规模为 500～1 500 人。根据前述方法确定的中期和远期乡村人口规模以及中心村（社区）服务人口规标准，测算中心村（社区）的个数。关于一般村数量的设定，要设置中心村场址的人口规模标准（2 000～3 000，3 000～4 000 或 4 000～5 000 人），然后根据中心村（社区）个数，测算出中心村（社区）场址人口总规模，按照乡村人口总数减去场址人口规模，便得出一般村人口规模，再除以一般村人口规模，得出一般村数量。

　　对从不同影响因素进行预测的乡村人口、各级村庄数量、村址人口规模进行综合，确定案例街道中期和远期的上述指标预测数值。如本案例街道，中期的聚落体系可按 11 个中心村（社区）、17 个一般村进行控制引导。在远期规划中，所有的一般村撤销合并至中心村（社区）（表 1）。

表 1　基于多方面影响因素的聚落体系规模预测

	预期常住人口（万人）		预期村庄数量（个）		规划人口规模（万人）		规划各类村庄数量（个）	
	城区人口规模	农村人口规模	总数	中心村（社区）数量	中期（2025 年）	远期（2035 年）	中期（2025 年）	远期（2035 年）
上位规划	18	—	—	—	城区人口为 16 万；农村常住人口为 4 万	城区常住人口为 17 万；农村常住人口为 3 万	村庄按 28 个进行控制，其中中心村（社区）11 个	中心社区 3 个；中心村 8 个；一般村 0 个
城镇化目标情境	16～17	3～4	—	—				
居住迁移意愿	14～17	3～4	—	—				
适度农地经营规模	—	2.2～3.0	10～15	—				
生活服务半径	—	—	10～27	8～10				

　　资料来源：ZL 街道村庄体系规划项目组编。

3.2　定布局：基于竞争力等综合评价的聚落体系

　　如果说定规模是基于目标导向的，那么从既有村庄按照中期和远期确定不同等级，确定不同等级村庄未来的村址选址、用地边界划定以及对既有村落进行差异化调控，以实现规划的村庄聚落体系分布，则是基于一系列村庄的现状指标进行的竞争力评价。具体分为两步。①基础因子的加权平均。规划选取了区位条件、人口规模、建成规模、生活条件四类一级指标，临等级道路条数等 17 项二级指标，作为判断村庄发展条件的基础性指标，并对定量因子进行加权平均，建立了村庄发展竞争力评价体系(表2)。②在基础因子评价的基础上，设定修正因子以去除一些未能直接量化展现的要素影响。规划选取了区位条件、人口规模、建成规模、经济条件、特色资源、生产条件六类一级指标，历史保护价值、土地流转等九项二级修正性指标，作为判别村庄特色和个性的评价性指标，对定量因子进行修正（表3）。

表2　基础因子的加权平均

一级指标	权重	二级指标	权重
A. 区位条件	0.2	A1 临等级道路条数	0.6
		A2 临景观	0.2
		A3 临工业企业	0.2
B. 人口规模	0.3	B1 总人口（人）	0.4
		B2 留守人口规模（人）	0.6
C. 建成规模	0.25	C1 村湾建设面积（亩）	0.6
		C2 居住建筑建新比	0.4
D. 生活条件	0.25	D1 村委会	0.2
		D2 小学	0.2
		D3 村卫生室	0.1
		D4 村文化室	0.1
		D5 村体育活动室/场	0.1
		D6 农产品交易市场	0.1
		D7 通路	0.05
		D8 通自来水	0.05
		D9 通电	0.05
		D10 通网络	0.05

资料来源：同表 1。

表3　定性修正因子

一级指标	修正性指标
区位条件	位于不适宜建设区
人口规模	总人口低于 150 人
建成规模	建成面积低于 30 亩
经济条件	村集体收入情况
特色资源	自然风貌、历史保护价值（历史名村）、历史遗存
生产条件	土地流转、规模经营

资料来源：同表 1。

　　规划结合基础因子和修正指标评价，对村庄综合竞争力进行评估，将现状村湾（自然村聚落）分为以下四级（四类）聚落。①条件良好型。这类村庄的评价分值高于6分，一般具有良好的区位条件，完善的公共服务中心与基础设施，较好的产业基础以及良好的村集体经济状况，较多寺观庙宇、宗祠等特色资源，人口规模与用地规模较高。案例街道共有21个，占8.7%。②条件较好型。这类村庄评价分值为4~6分，一般具有较好的设施配套，人口与现状用地成一定规模。案例街道共有60个，占24.9%。③条件一般型。这类村庄评价分值为2.5~4分，人口与现状用地规模普遍较小。案例街道共有92个，占38.17%。④条件较差型。这类村庄评价分值为2.5分以下，一般距离镇村中心较远且设施不齐全，现状建成面积与人口规模很小。案例街道共有68个，占28.2%（图9）。

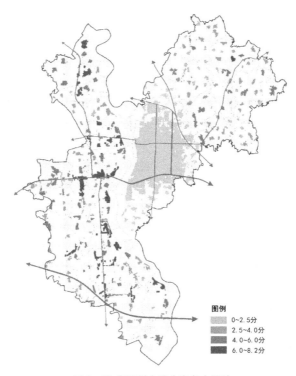

图 9　ZL 街道村庄综合竞争力评价

资料来源：ZL 街道村庄体系规划项目组绘制。

　　综合前文的人口规模、村庄数量预测以及村庄综合竞争力评价，案例街道在发展中期可形成"1个镇区—3个中心社区—8个中心村—17个一般村"的四级村镇体系（图10左）。在发展远期，一般村向中心村和中心社区归并，形成"1个镇区—3个中心社区—8个中心村"的三级村镇体系（图10右）。

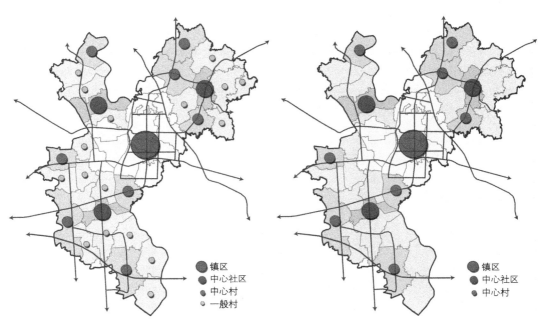

图 10　ZL 街道中期（左）、远期（右）聚落村镇体系布局

资料来源：同图 9。

　　在村镇布局体系和村湾竞争力评价的基础上，结合中心村（社区）场址的人口规模和人均建设用地标准，进行选址和用地边界的划定，并按此规划对其他村庄聚落进行分类型调控，以推进人口和用地向规划的村址集中（图 11 左）。在案例街道，中心社区场址面积 30～60 公顷/个，容纳 1 000～1 500 户，服务 3 000～5 000 人，共计总用地面积 127.7 公顷；中心村村址面积 20～40 公顷，容纳 600～800 户，服务 2 000～4 000 人，共计用地总面积 193.5 公顷；一般村，村址面积 4～15 公顷，容纳 200～300 户，服务 500～1 500 人，共计总用地面积 175.0 公顷。在综合生态景观分析、建设用地适宜性分析、土地利用总体规划、规模效益原则进行四区划定的前提下，基于聚落布局，对村庄建设进行管制分区，分为新建型、保留型、搬迁型、控制型四类（图 11 右）。其中，新建型村湾占地 355.1 公顷，主要位于规划用地增长边界范围内的非建成区，一般不限制住宅建设行为。保留型村湾占地 211.6 公顷，占 28.1%，主要指位于规划用地增长边界范围内的建成村湾，一般不限制改扩建行为。搬迁型村湾占地 170.3 公顷，占 22.5%，主要指现状面积小于 2 公顷或人口小于 100 人的村湾，近期应搬迁至最近的中心村或一般村，现状村湾内禁止一切新建、改建等建设行为。控制型村庄占地 374.3 公顷，占 49.4%，主要指除新建、保留、搬迁型村湾以外的村湾，近期内控制新建房屋行为，仅允许改建或整治等行为，远期全部搬迁至临近中心村。

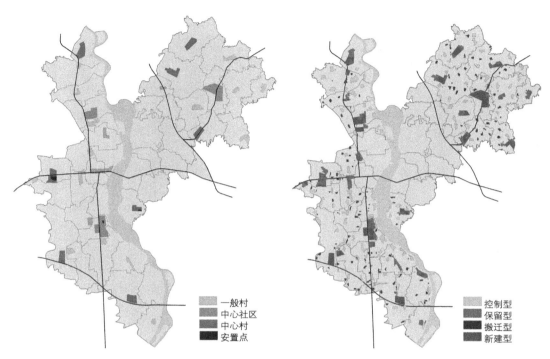

图 11　规划村落用地增长边界（左）及村庄建设管制分区（右）

资料来源：同图 9。

3.3　定配套：以聚落体系定配套

配套设施包括道路交通等市政基础设施（以道路为例）以及基本公共服务设施的布局。首先，从"提等级、加密度、理体系"三个维度着手优化交通体系布局，保证现状各村落对道路交通条件的基本需求，强调充分改善中心村（社区）的交通条件和区位，以增强其吸引力（图 12 左）。其次，基于生产生活圈理论的公共服务设施配套重点在于构建满足乡村人口日常需求的"基本服务圈"和"一次服务圈"。基本服务圈作为生产服务基本单位，主要服务于一般村，其核心是以生产服务为主导的村居中心，服务半径以幼儿、老人徒步 15～30 分钟可达为标准，空间界限一般为半径 500～1 000 米，配置有幼儿园、日用商店、饭店、村民文化活动中心、垃圾收集点等公共服务设施。一次服务圈作为生活服务基本单元，主要服务于中心村，其核心是以生活服务为主导的乡邻中心，服务半径以小学生徒步 1 小时可达为标准，空间界限一般为半径 2 000～4 000 米，配置有社区居委会、服务中心、卫生计生室、幼儿园、小学、小型商业设施（市场、饭店）、老年人互助照料中心、村民文化活动中心、邮政设施、垃圾收集点等公共服务设施（图 12 右）。

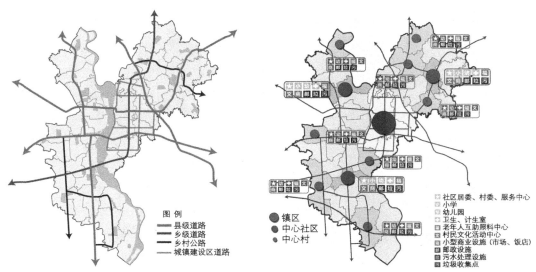

图 12   ZL 街道交通设施布局（左）及基本公共服务设施配套（右）

资料来源：同图 9。

3.4   定产业：以中心村（社区）为中心打造特色农业

案例地现有农业基地呈现多样化、规模化发展趋势，形成西部以蔬菜瓜果种植为主，东部以花卉苗木、蛋鸡、生猪养殖基地为主的农业产业格局。结合规划的聚落体系，以农业产业专业化、规模化和产业化理念，结合区位等现状资源禀赋进行布局，将案例街道划分为三大农业区：有机农业区、精品农业区和复合农业区，不同集聚农业区具有不同的产业发展方向以及产业项目布局。其中，有机农业区，依托现有规模化蔬菜种植基地，发展有机无害化农业，结合休闲农庄、农家乐建设，发展休闲农业；精品农业区，依托区位优势与特色农产品优势，发展现代都市农业，实现农产品品牌化、商贸化；复合农业区，依托特色花卉苗木与养殖业，发展集农业生产、农业观光、农产品深加工于一体的现代农业。此外，规划以中心村（社区）配置一般村的发展模式，谋划各农业区的产业规划重点，打造四大农业园、一大种植基地、四大农贸市场（图 13）。

4   结论与讨论

本文从乡村发展转型的现实出发，引入"精明收缩"的理念，在对其内涵进行剖析的基础上，从理论层面探讨了乡村地域聚落体系规划的必要性、核心内容和方法，并以武汉为例做了实证解读。文

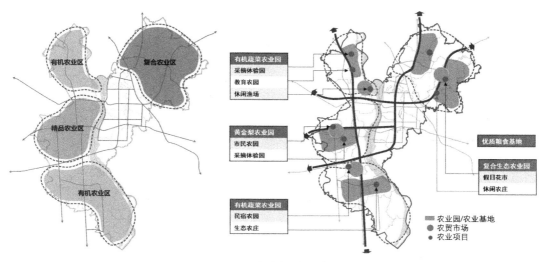

图 13 ZL 街道农业产业布局

资料来源：同图 9。

章认为乡村的"精明收缩"内涵集中体现为以乡村地域为尺度，统筹化解人、地、资本等生产要素间的"失配"矛盾，促进其有效配置，释放乡村经济活力，并基于生产要素配置对空间需求的客观规律，组织生产、生活和生态空间，以实现空间的紧凑、集约和高效使用，进而塑造乡村特色风貌。导向"精明收缩"的理想目标，则是要在传统村社治理逐步退出、完善的市场机制尚未建立的情况下，进行政策引导以规避"市场失灵"，推动要素有效配置。为此，编制作为政策依据的乡村地域的聚落体系规划是必要的。

聚落体系规划的核心内容包括确定聚落人口和用地规模、数量、等级、职能、布局和联系等。为实现精明收缩，需要将乡村的无序收缩导向有序发展，要求从全域角度进行统筹规划，也要求规划每一部分内容的制定都需建立在对乡村发展转型中生产要素配置的现状与目标进行充分研究的基础上，要研究人往哪里去、土地怎么活、资本如何适应和引导劳动力外流对转变生产方式的需求，进而分析要素配置对空间重构的需求，并通过空间的重构来引导要素的配置。首先，要素推动空间的重构表现为：生产空间，要按照农业耕作半径、土地规模化经营、农业多元化组织进行优化；生活空间，要引导中心村（社区）的建设，并按生活服务圈的理念进行相对集中的配套；生态空间，要通过引导适度集聚，减少无序建设对生态的破坏，并修复已损生态。其次，空间规划引导生产要素配置和聚落体系形成需要基于编制的"城—镇—中心村（社区）——般村"的聚落体系，制定差异化的现状管控策略，如对中心村（社区）进行先期投入，提前完善基本公共服务设施；在政策上，放宽中心村（社区）的建房，控制—般村的新建和改建行为，逐步关—扇窗，开—道门，引导适度集聚。

致谢

本文受国家自然科学基金项目（41771167，41601153，41422103）资助。感谢清华大学顾朝林教授对本文初稿的支持和指正，感谢评审专家的批评和指导。

注释

① 武汉市六普数据。

② 以村庄主要领导为对象进行问卷调查，询问对农地流转前景的看法。

参考文献

[1] Duara, P. 1998. Culture, Power, and the State: Rural North China, 1900-1942. Stanford: Stanford University Press.

[2] Harris, J. R., Todaro, M. P. 1970. "Migration, unemployment and development: A two-sector analysis," The American Economic Review, 60（1）: 126-142.

[3] Jeff 2009. Smaller Can be Better - Smart Growth Other Half-Smart Decline. http://www. pioneerplanning. com/? p＝247.

[4] Lewis, W. A. 1954. "Economic development with unlimited supplies of labour," The Manchester School, （2）: 139-191.

[5] Popper, D. E., Popper, F. J. 2002. "Small can be beautiful: Coming to terms with decline," Planning, 68（7）: 20-23.

[6] Smith, A. 1977. The Wealth of Nations. Reprint. London: J. M. Dent & Sons.

[7] 曹锦清. 黄河边的中国: 一个学者对乡村社会的观察与思考 [M]. 上海: 上海文艺出版社, 2000.

[8] 陈剑波. 农地制度: 所有权问题还是委托—代理问题 [J]. 经济研究, 2006, （7）: 83-91.

[9] 黄鹤. 精明收缩: 应对城市衰退的规划策略及其在美国的实践 [J]. 城市与区域规划研究, 2011, （3）: 157-168.

[10] 刘彦随, 严镔, 王艳飞. 新时期中国城乡发展的主要问题与转型对策 [J]. 经济地理, 2016, （7）: 1-8.

[11] 龙花楼. 论土地利用转型与土地资源管理 [J]. 地理研究, 2015, （9）: 1607-1618.

[12] 龙花楼, 屠爽爽. 论乡村重构 [J]. 地理学报, 2017, （4）: 563-576.

[13] 罗震东, 周洋岑. 精明收缩: 乡村规划建设转型的一种认知 [J]. 乡村规划建设, 2016, （6）: 30-38.

[14] 马恩朴, 李同昇, 卫倩茹. 中国半城市化地区乡村聚落空间格局演化机制探索——以西安市南郊大学城康杜村为例 [J]. 地理科学进展, 2016, （7）: 816-828.

[15] 乔家君. 中国乡村地域经济论 [M]. 北京: 科学出版社, 2008.

[16] 王雨村, 王影影, 屠黄桔. 精明收缩理论视角下苏南乡村空间发展策略 [J]. 规划师论坛, 2017, （1）: 39-44.

[17] 谢正伟, 李和平. 论乡村的 "精明收缩" 及其实现路径 [A]. 中国城市规划学会. 城乡治理与规划改革——2014 中国城市规划年会论文集（14 小城镇与农村规划）[C]. 北京: 中国城市规划学会, 2014.

[18] 张京祥, 冯灿芳, 陈浩. 城市收缩的国际研究与中国本土化探索 [J]. 国际城市规划, 2017, （5）: 1-9.

[19] 赵民, 游猎, 陈晨. 论农村人居空间的 "精明收缩" 导向和规划策略 [J]. 城市规划, 2015, （7）: 9-24.

[20] 周洋岑, 罗震东, 耿磊. 基于 "精明收缩" 的山地乡村居民点集聚规划——以湖北省宜昌市龙泉镇为例 [J]. 规划设计, 2016, （6）: 86-91.

城市规划目标、方法与价值观

梁禄全

Goals, Methods, and Values of Urban
Planning

LIANG Luquan
(School of Architecture, Tsinghua University,
Beijing 100084, China)

Abstract　Under the circumstances of
urbanization, globalization, informatiza-
tion, networking, and technicalization,
the goals, methods, and values of urban
planning have undergone significant
changes from focusing on economic
growth to sustainable development, from
focusing on material forms to social and
cultural caring, and from multi-plan
making alone to multi-plan integration.
The goal of urban planning is also in-
creasingly related to public interest and
public participation. In the urban
planning and analysis methods, the net-
work analyzing paradigm and public
policy are turning out. A more compact,
inclusive, decentralized, feasible, and in-
tegrated urban planning has become a
higher value pursuit.
Keywords　urban planning; goals; meth-
ods; values

摘　要　在城市化、全球化、信息化、网络化、技术化背景下，城市规划的目标、方法与价值取向发生显著变化，从对经济增长的关注转向可持续发展，从对物质形态的关注转向社会人文关怀，从各种规划的单打独斗转向多规融合。在城市规划目标中表现在强调公共利益与公众参与，在城市规划分析方法中网络范式与公共政策转向开始显现，紧凑、包容、可行与融合的城市规划成为更高的价值追求。
关键词　城市规划；目标；方法；价值观

　　进入 21 世纪以来，全球化的脚步加快，全球经济联系日趋紧密，以文化软实力为代表的"软网络"联系也日益加强，同时技术的进步使得这种快速且高效的联系成为可能。城市规划的目标、方法与价值观在全球经济、社会、文化、技术联系日益紧密的背景下开始发生转型。本文从文献综述的视角概述城市规划目标、方法与价值观的一些新动向。

1　城市规划的目标与公共利益

　　城市规划师更能从整体上把握城市规划的目标与公共利益之间的关系。与专家相比，城市规划师在不同领域的知识深度会显得浅显，如果想在城市规划中更具有竞争力与说服力，规划师必须能够从整体的角度，更好地把控城市规划目标与公共利益的关系（Altshuler, 1965）。很大程度上，由于增长主义的大肆横行，现在的城市规划目标中的公共利益导向往往是缺失的。

作者简介
梁禄全，清华大学建筑学院。

1.1 增长主义语境下城市规划公共利益的缺失

面对机遇与挑战并存的经济全球化以及考核制度、地方财政短缺等多重压力，中国地方政府逐步以城市空间（其核心是城市土地）为载体，建立起中国城市的"增长主义"发展模式（张京祥等，2013）。政府偏离公共服务属性，与市场结盟，进行城市土地开发与建设，成为为资本利益服务的工具。就空间论空间的思维模式在全球化、市场化和信息化进程中根本行不通，城市规划应该深刻理解背后的社会关系与公共利益机制，围绕公共利益展开（石楠，2004）。

1.2 西方城市规划中公共利益的演进

城市规划作为最重要的空间控制手段，已经从政府直接进行资源配置走向协调各方利益，追求城市整体利益（石楠，2004），通过对西方城市规划中公共利益的梳理，以期能更好地理解城市规划目标中有关公共利益的阐释（图1）。

如图1所示，20世纪上半期，芝加哥社会学派提出把城市作为不同社区竞争和演替的场所，关乎公共利益的初步萌芽就是试图解释城市内部共同体之间展开的竞争对城市人口适应环境的影响。而帕克（Park）和沃斯（Wirth）则是杰出的改良主义者，帕克在他的著作中就种族和偏见问题，明确表达了追求更公平美好的社会信念。

1945年第二次世界大战之后，城市地理学的空间分析借鉴新古典经济学理论，强调自身效用的最大化，对其背后的社会关系与公共利益分析较少。

20世纪60年代开始，经济危机所引发的城市危机在西方国家蔓延，以理性综合规划、渐进式规划和倡导式规划为范式，城市规划目标开始转向保证社会的公平与效率，相对于其他专家，城市规划师更能从整体的角度考虑问题，规划师所关心的是丰富全体市民的生活，而不是满足商人的腰包（Altshuler，1965）。

激进主义的城市规划并不存在严格意义上的公共利益，只存在资本利益，而城市规划正是资本利益通过国家机制实现对公众控制的一种手段（陈俊，2006）。

1979年英国撒切尔政府上台，1981年美国里根政府上台，其推行的新自由主义政策与新自由主义观从根本上动摇了政府干预和规划的合法理性地位。城市规划不再是保障公共利益，而是"从规范转为激励"，将发展经济作为规划的主要目标，在夹缝中求生存（田莉，2010），规划师也演变为"吸引投资的交易者"。城市增长机器理论和城市政体理论是这个时期对城市规划的最好解释，城市土地不断被开发，城市成为增长的机器，只强调市场的作用与效率，忽视了社会公平，公共利益很少被提及。

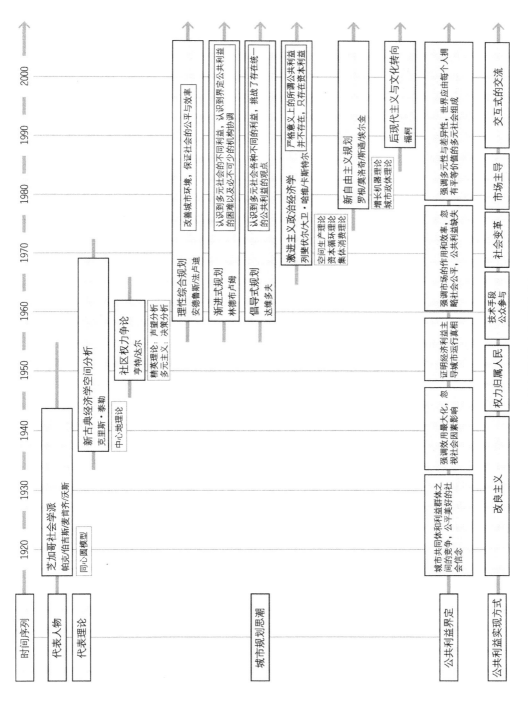

图 1　西方城市规划中公共利益的流变

20 世纪 90 年代以来，城市规划目标呈现多元倾向与文化转向，后现代主义规划观认识到社会多元价值观，它关注社会、政治、经济、环境和物质空间，希望通过讨论、协商和相互理解达成环境的改善、公平与相互尊重。规划师与民众间交互式的交流完全表达意见，讨论形成合作的意见，从而实现城市规划中的公共利益（陈俊，2006）。

21 世纪以来，随着能源革命、技术革命的进步，城市规划向应对气候变化、促进可持续发展的绿色城市规划转型。这个阶段中城市规划的目标是实现全人类最大的公共利益，城市规划的目标从可持续发展走向绿色发展，继而迈向平等发展的城市与区域规划。

1.3　城市规划目标的动态过程趋势

早期城市规划的目标是物质形态的终极式蓝图，城市规划是为实现目标而采取一致行动的建议，每个规划都必须将其概念表达为城市的一个目标或一系列目标。但实际上，城市规划的目标应该是不断变化而非一成不变的，处于过程的阶段之中，而非是最终的蓝图。如果目标是很完整的，那么公众也很难参与到其中。

真正总体、全面的目标往往不能为评估具体的方案提供任何基础，因此很难激起相关参与者的政治利益，也不可能为其进行合理规划。认识到这一点，许多当代规划师声称要实现中等尺度的规划，以实现一般的目标，这仍然是可行的（Altshuler，1965）。

由于城市规划"总体性"与"整体性"的目标很难完全实现，将各种集体目标融入单一的目标体系中更为困难。就城市总体规划而言，其目标是多方面的，但并非全面的，因为总有新的要素要被发现、被研究，被加入总体规划的目标之中。很显然，城市总体规划并不能解决所有问题，但规划师的目标取向可能是全面的。

看似全面的规划却并不能反映总体的利益，正是这种矛盾的存在，国内城市总体规划为了满足发展的需求，向"目标导向型规划"和"问题导向型规划"倾斜。这实际上是激发资本、土地、劳动力、技术和政策在经济增长与社会发展中的拉动作用（顾朝林等，2015a）。城市总体规划成为城市新区开发、工业园区与开发区规划的一种工具，也是吸引投资、发展外向型经济的一种手段。城市规划师的职能更多地从市场失灵的干预者转向市场利益的当事人，从而引起"政府失灵"。

这与新自由主义思潮中以"效用"或者"利益"为主要出发点的基本价值判断不谋而合，很少强调政府的政策干预或者对社会公平的提倡。本质上，新自由主义偏好通过市场满足人类的所有需求，新自由主义建立在市场能够比公共部门提供更好的商品或更高效的服务的假设基础上（Harding and Blokland，2014）。

在随后经济危机的冲击下，中国经济进入新常态，城市规划领域开始重新反思新自由主义的弊端，城市规划的变革也势在必行。

城市规划目标的动态性与过程性开始则明显体现出来，从经济主导到多元发展，这与后现代主义强调的差异性与多样性是一致的（顾朝林等，2008）。长期以来，中国城市规划基本是以物质形态规划为主导，是"空间生产"的"代言人"。城市通过兴建产业区、新区等大手笔规划来实现土地的增值，实现地方政府空间开发—收益的资本循环（张京祥等，2013）。新时期城市规划的目标则应该更加强调经济、社会、生态、历史、文化、公平、可持续等方方面面的社会价值，绿色发展、生态规划、低碳规划、韧性城市、宜居城市、智慧城市等多种目标导向的规划在这个时期应运而生。在经济受到冲击的时候我们仍然有其他可以引以为傲的补充。

1.4　城市规划的目标以公共利益与公众参与为导向

相对于国内城市总体规划将"经济发展"作为首要的发展目标，美国的城市总体规划往往把"健康"（health）放在第一位置。城市总体规划的目标包括健康、公共安全、流通（circulation）、公共服务与基础设施供给、财政健康（fiscal health），之后才是经济目标、环境保护与再分配目标等（Cullingworth and Caves，2001）。

圣莫尼卡可持续城市规划（Santa Monica Sustainable City Plan）所确立的政府与社会各界的目标和战略，旨在保护和增强本地资源，保护人类健康和环境，保持健康和多样的经济，并提高人类居住和生活质量。其目标领域包括资源保护、交通、污染预防和公共卫生保护、城市与经济发展。与前述城市总体规划的目标类似，城市与经济发展并没有排在靠前的位置，而更具公共物品属性的资源，交通、公共卫生等目标却排在首要位置。

很明显，经济发展更关心的是效率问题，而对健康、公共安全、公共服务的关注则更加强调的是公共利益的维护。目标的前后排序固然不影响城市规划的内容，但是从其排序的先后也能窥探出来规划所关注的核心。

以巨型工程为导向的城市开发无疑是资本扩张的一种手段，为寻找新的发展空间而进行的"空间生产"过程，它是城市经济增长中追逐投资的初始阶段。城市规划中对公共利益的关注往往体现在对场所的营造，保护城市小空间的思想（Friedmann，2002），不幸的是，时代思潮将之拒之门外，各种巨型工程总能战胜充满人文情怀的小空间（Friedmann，2007）。

城市规划的过程应该包括调研、确立目标、规划研讨、规划实施、评估与检验等阶段（Cullingworth and Caves，2001），公共参与应该贯穿在城市规划的整个过程之中，同时规划师应该在全过程中协调沟通来确保公共利益。但无疑也存在一些问题，首先是如何寻找合适的讨论者参与到规划中。能够全程参与讨论的无非是大型公司、商人组织和优秀的政府组织，而城市中的其他常设机构没有大量的时间来参与公共事务。他们只会对一些特定的议题产生兴趣，比如说种族问题、税收问题、城市雇用政策等，只有这些议题对他们产生威胁的时候他们才会成为潜在的规划讨论者（Altshuler，1965）。

《城市与区域规划国际准则》（International Guidelines on Urban and Territorial Planning）将帮助成员国推动规划和建设可持续城市、城市住区的综合方法，包括支持地方当局，提高公众意识，提高包括穷人在内的城市居民参与决策的能力（沈建国等，2016）。地方政府应与其他各级政府机构、相关合作伙伴一道，将提供公共服务纳入规划过程，参与城市间以及多层级合作，促进住房、基础设施和服务设施的建设与融资（UN-Habitat，2015）。

同样，圣莫尼卡可持续城市规划认为社区意识、责任、参与和教育是可持续城市的关键要素。所有社区成员，包括个人公民、社区团体、企业、学校和其他机构都必须意识到其对圣莫尼卡环境、经济和社会健康的影响，必须承担减少或消除这些影响的责任，并且必须积极参与到解决社区可持续性问题中来。

2 城市规划分析方法：网络范式与公共政策转向

伴随着城市规划目标的转型，城市规划中的分析方法也开始出现新趋势。城市规划的分析方法可以追溯到芝加哥学派的经验主义研究方法，其确立了城市规划研究的实证主义和解释学传统。沃斯（Wirth，1938）在"作为一种生活方式的城市主义"（Urbanism as a Way of Life）一文中对城市和乡村之间规模、密度与异质性的区别也做出了最重要与代表性的理论尝试，其所运用的演绎理论方法也可以为其观点提供支持与佐证（Harding and Blokland，2014）。随后数据收集、处理与操作的进步使得"计量革命"成为可能（Johnston and Sidaway，1979），定量分析开始对实证主义产生冲击，同时空间分析也更加倚重科技，与城市与区域规划密不可分。新时期城市规划与数据的结合更加紧密，网络分析被广泛运用到城市规划领域，城市规划分析中也开始出现公共政策转向。

2.1 城市空间分析中的网络范式

网络范式成为全球化时代空间分析中具有较高影响力与代表性的分析方法。Pain 等（2017）用这种方法对 2000～2008 年欧洲和美国 50 万人以上城市的网络连通性与经济表现之间的关系进行研究，以指导欧洲政策。

在世界城市分析中，城市网络是一个三重形态相互交织的网络：网络层次、城市节点层次和服务公司次节点层次，且后者是最重要的层次，因为它是产生和再现网络的主要过程（Taylor et al.，2002a）。

Yang 等（2017）在世界城市网络研究的基础上，利用联锁网络模型作为测量城市间连接度、计算不对称网络连接的总体度量，并与全球网络连接的传统度量进行比较，结果显示了世界城市网络中等级倾向的趋势。

在世界城市企业实力网络分析中，利用世界上最大的生产性服务业公司分支机构的位置数据，已有研究试图通过网络分析探索世界城市体系的结构与变化（Taylor，2005；Taylor and Aranya，2008；Taylor et al.，2002b）。

在城市竞争力与城市战略分析中，城市竞争力的提升需要以基础设施为基础的"硬网络"和以互联网为基础的"软网络"共同实现（Malecki，2002）。如果分析城市增长策略，我们会发现第一阶段以追逐投资为导向，第二阶段则是自我推进和竞争力（包括高技术和小企业），第三阶段则是聚焦知识和过程（包括集群、网络和战略规划）（汪明峰、高丰，2007）。其中，"第三波"战略尤其注重"软网络"能力的构筑（Isserman，1994）。

国内而言，城市网络化趋势的网络经济模型和线性定量分析模型开始建立。城市网络对城市体系的影响日益显著，甚至超过基于规模的层次。中国城市体系的研究也开始从"三个结构一个网络"的规模为主体的分析范式转向基于网络分析的城市体系研究（Liu et al.，2014）。

2.2　城市规划空间分析中的公共政策转向

城市规划空间分析网络化转型的同时也开始出现公共政策转向。网络化分析能够说明不同城市空间之间的层级关系和联系强弱，而将公共政策引入城市规划空间分析之中更能强调现象背后的作用机制，深刻认识空间的本质。

将空间分析与公共政策相结合的分析方法可以追溯到列斐伏尔（Henri Lefebvre）的空间生产理论。城市空间作为一种生产资料，具有使用价值与交换价值，城市空间是资本主义生产和消费活动的产物（叶超等，2011）。大卫·哈维（David Harvey）作为新马克思主义的代表人物，提出资本循环理论，将资本三次循环与资本投资于制造业、资本投资于城市建设空间和资本投资于公共产品与科学技术相结合。

紧随其后的卡斯特尔（Manuel Castells）提出集体消费理论，爱德华·索亚（Edward W. Soja）提出"第三空间""社会空间辩证法"和"空间正义"等理论（洪世键、姚超，2016），约翰·洛根（John Logan）和哈维·莫洛奇（Harvey Molotch）关注土地价值对城市发展的影响，提出"增长机器"的概念，为城市空间分析中的公共政策分析奠定基础。

约翰·弗里德曼运用历史分析方法对中国场所空间及场所营造进行分析思考，总结出场所之所以称为场所，除了空间属性之外，还需要相当一段时间的聚居生活，获取内生的生活方式与生活节奏（约翰·弗里德曼、刘合林，2008）；同时，国家（中央和地方）在塑造城市结构和生活模式上也扮演着重要角色（Friedmann，2007）。

城市增长策略在经过追逐投资、自我推进和竞争力（包括高技术和小企业）、聚焦知识和过程（包括集群、网络和战略规划）三波以经济拉动和网络构建为主体的城市增长策略之后，第四阶段则是由一系列公共政策组成（Clarke and Gaile，1998）。

现有文献在解释西方国家大公司总部所在地时，都集中在集聚经济研究，而严重低估了制度环境在决定总部位置方面的作用，这是转型经济中一个非常重要的因素（He et al.，2008）。在中国城市体系研究中，通过分析上市公司总部在中国城市体系中的定位与聚集，在考虑集聚经济因素的同时加入对制度环境的考虑，城市的政治层次仍然是总部职能在地理空间分布时考虑的重要因素（Pan and Xia，2014）。

3 城市规划的价值观：走向紧凑、包容、可行与融合的城市规划

影响城市规划目标与方法的更深层次的原因是城市规划的价值观。政府和市场作为"看得见的手"和"看不见的手"，都深刻影响着经济的发展与城市规划的价值观。市场往往注重空间配置的效率而忽视公平，城市规划等政府干预行为则在力图促进社会公平与进行城市治理的同时却往往忽视效率，扭曲激励。

"二战"以来，城市规划的价值观受到激进主义和马克思主义的影响而关注社会更深层次的问题，但仅仅依靠空间资源的配置不能很好地解决城市问题，新马克思主义则将公共政策属性引入城市规划空间研究中。伴随着人本主义、后现代主义、文化转向等社会思潮，城市规划的价值观开始从注重物质形态的规划走向紧凑、包容、可行、融合的城市规划。

3.1 更紧凑与社会包容性的城市规划

城市总体规划使得土地使用模式单一，区划条例更加重了这种情况，使得街道等级分明，它为汽车服务，而不为行人服务。应对城市蔓延问题而产生 TOD 开发模式，提倡步行、紧凑、混合使用、交通导向、可步行的和多样性的城市开发模式。社区型 TOD（Neighborhood TOD）可以帮助提供可支付性社区，因为它包括了一系列的住房类型来满足多样化人群日益增长的需求（Calthorpe，1993）。

同样，城市应该为各种各样的人群创造美好的生活环境与生活品质，包括为高技能产业和受过良好教育的人才创造好的气氛，最小化工人和企业家必须承担的税收与监管负担；建立和维护充满活力经济的基础设施，并提供优质的市政服务，使城市生活对如今的技术人才有吸引力（Glaeser，1996）。

《城市与区域规划国际准则》提倡在社区层面，街道开发和公共空间规划布局有助于改善城市质量、社会凝聚力及包容性，保护当地资源。通过推动社区参与公共空间和公共服务等城市公共品的管理，参与式规划和参与式预算有助于减少空间隔离，改善空间连通性，提升社会安全和抵御能力，促进地方民主，提高社会责任感（UN-Habitat，2015）。

圣莫尼卡可持续城市规划将人的尊严作为一条单独的导则，这在大多数规划中是很少见的。有些规划会在某些方面渗透这种思想，但却很少能够将其单独列项。具体包括：所有成员都能够满足其基本需求，并有能力提高他们的生活质量；社区成员有机会获得住房、医疗服务、教育、经济机会和文化娱乐资源；尊重和欣赏其成员在种族、宗教、性别、年龄、经济状况、性取向、残疾、移民身份和其他特殊需求方面的差异。

3.2 城市规划价值观在城市治理中的新动向

城市治理作为城市规划重要环节，城市规划价值观在城市治理中也崭露头角，不论是从城市与区

域的角度，还是从当下小城镇的发展来看，放权与加强地方当局的权利都能够更好地实现资源配置，区域与城市规划中也更加强调强大有力和透明的财政计划，在城市规划转型产生"瓶颈"的今天，走向"多规融合"的空间规划是实现整体公共利益的新的变革途径。

3.2.1 放权与加强地方当局的权利

计划经济时代，单一集中计划几乎等同于规划理性，城市规划是国民经济计划的积蓄和具体化。传统体制呈现出扭曲价格的宏观政策环境、高度集中的资源配置制度和缺乏自主权的微观经营体制的模式（蔡昉、林毅夫，2003）。

在实行市场经济与资源配置的今天，小城镇已成为中国城镇化的重要推动力，但目前中国小城镇的发展缺乏自主权，表现最为明显的就是缺乏经济和行政权力。在制度设置和发展融资方面进一步自我控制的分权步伐迈进太慢，无法满足需求（Zhou，2010）。与此同时，小城镇政府需要提高治理能力，精简职能，缩小政府机构，使有限的资源有效地投入小城镇建设之中。此外，还需要强调社区发展，推动社会体制改革（Chung and Lam，2011）。分权化与权力下放的模式可以进一步推进小城镇的发展，根据小政府与大社会的原则，"县管市"可以发展成为一种新型的城市类型，用以提高小城镇发展质量（Gu et al.，2015）。

与此同时，《城市与区域规划国际准则》的一个目的也是对联合国人居署理事会之前通过的《关于权力下放和加强地方主管部门的国际准则（2007 年）》的补充。在城市政策与治理层面，根据《关于权力下放和加强地方主管部门的国际准则（2007 年）》，界定、实施和监测权力下放工作与基层政策，加强地方政府的作用、职责、规划能力和资源（UN-Habitat，2015）。

3.2.2 制定可负担且具有成本效益的财政计划

从大都市区规划来看，规划中除了对规划期和规划人口、土地使用规划、公共设施规划、交通系统规划等实质性规划做出具体安排以外，实施进度与经费也会单独作为规划的一项目标单列出来，包括分期分区发展规划、开发方式与财务计划以及实施进度和经费。

目前国内的城市规划少有对财政预算的考虑，对实施进度和经费的安排不足。如果从积极的一面讲，这当然是对规划师想象力的一种鼓励，但从另一方面来讲，其对规划师形成规划方案的科学性和约束力不足，规划师只要敢想敢说，规划就可以做出来。反观国外，高速公路、地铁费用的预算都会经过严密的考虑，其课程设置当中也会有统计学、财务会计、城市营造课程，而我们城市总体规划教学中缺少相关的内容。

国外城市总体规划的目标中也会强调财政健康的重要性（Cullingworth and Caves，2001）。《城市与区域规划国际准则》也提倡制定可负担且具有成本效益的财政计划。城市规划的成功实施取决于其良好的财务基础，包括初始公共投资，以产生经济和财务效益，并覆盖运行成本的能力。政府的财务计划应包含一个切合实际的收入计划，包括所有利益相关方共享城市价值以及能满足规划要求的支出计划（UN-Habitat，2015）。

圣莫尼卡可持续城市规划导则中也包括选择最具成本效益的方案是实现可持续必不可少的。因为可用的财政和人力资源是有限的。对项目成本效益的评估将基于对相关成本和收益的全面分析，包括环境和社会成本及收益。

3.2.3 走向"多规融合"的空间规划

我们生活在一个人口增长、高消费水平和渴望经济增长的时代，在地方、地区和全球范围内，我们对资源、自然、人文和社会的需求不断增长。在我国目前人口增长、快速城市化、资源短缺、环境保护问题的大背景下，原有国民经济和社会发展规划、城市总体规划、土地利用规划和环境保护规划等"类空间规划"在规划目标、规划理论、编制方法和实施途径等方面有明显趋同趋势（王凯，2006；汪劲柏、赵民，2008；韩青等，2011；王磊、沈建法，2014）。

发展和改革委员会、规划部门和土地部门三个部门都希望争取土地空间开发权，不同利益群体代表着不同的公共利益，相互之间的矛盾与冲突很有可能使得公共利益相抵消，就像拉车的过程中，大家朝着不同的方向努力，看似在争取公共利益，实则在谋求公共利益正外部性的同时，公共利益的冲突所带来的负外部性与其相抵消，这不得不让我们重新审视国家层面的国民经济与社会发展规划、城市总体规划、土地利用规划所代表的公共利益，"多规合一"或是"多规融合"则是实现城市规划公共利益最大化的手段。根据中国国情和面向市场经济体制改革，需要建立基于"多规融合"的区域发展总体规划制度框架，实现"一级政府、一本规划"和"一本规划干到底"（顾朝林，2015b）。

4 结语

在全球城市化快速发展的大背景下，城市规划的目标也逐渐开始转变，从物质形态蓝图式的规划转向以公共政策为导向的文本式规划，这表现在城市规划的目标从精英者所做的终极规划目标转向更加多元且具有包容性的、以公共利益和公众参与为导向的城市规划目标。在世界日益融合为整体的大环境下，城市规划的空间分析也开始转向网络式的分析方法，网络范式分析成为比较有影响力与代表性的分析方法，同时在网络空间分析中也逐渐加入公共政策等因素的考虑。以经济发展为导向的城市规划价值观开始更加强调紧凑的、具有社会包容性的、放权与加强地方权力、制定财务计划与"多规融合"的城市规划。

城市规划的全球趋势必然是走向可持续的、绿色的、生态的和平等的规划，对公共利益和公共参与的关注应该是胸怀天下的规划师不可或缺的环节。而国内当下关于城市规划的动态进程、融合趋势和动态协调阶段都跟不上联合国人居署的城市规划思想，很少考虑城市的紧凑发展，更不用说具有社会包容性与多样性的城市规划。

政府在城市规划过程中既是裁判员的角色，又是运动员的角色，也就是说政府身兼弥补市场失灵的干预者与市场交易参与者的双重角色，而权力下放则在一定程度上可以缓解这种困境。"多规融合"中所提倡的形成一套在国民经济和社会发展规划、城市总体规划、土地利用规划和环境保护规划之上的区域总体规划策略更是打破政府双角色所带来的矛盾。

城市规划固然有创造力的一面，同时也应该有理性的一面，制定可负担且具有成本效益的财政计划则是要求规划师戴着脚镣跳舞，正是这种束缚才能让规划更能落地。理性也表现在从定性分析向定量分析的转型，网络分析范式与公共政策转向成为城市空间分析中有影响力和代表性的分析方法。

同时，规划内容与规划目标要一致，蓝图式的规划在当今环境的大趋势中有式微的趋势，圣莫尼卡可持续城市规划中更多强调的是规划的目标，每个目标下面有诸多需要完成与达到的指标要求，这种文本规划一定程度上更能体现城市规划的公共政策属性与制度转向。

致谢

本文为全国哲学社会科学基金面上项目（16BGL203）、清华大学自主科研资助项目（2014Z09104）资助成果。感谢顾朝林教授在《规划理论与实践》课程中给予的指导，以及在提供阅读文献和写作过程中给予的鼓励和支持。

参考文献

[1] Altshuler, A. 1965. "The goals of comprehensive planning," Journal of the American Planning Association, 31 (3): 186-195.

[2] Calthorpe, P. 1993. The Next American Metropolis: Ecology, Community, and the American Dream. New York: Princeton Architectural Press.

[3] Chung, J. H. and Lam, T. 2011. China's Local Administration: Traditions and Changes in the Sub-national Hierarchy. London and New York: Routledge.

[4] City of Santa Monica. 2014. Santa Monica Sustainable City Plan. https: //www. smgov. net/uploadedFiles/Departments/OSE/Categories/Sustainability/Sustainable-City-Plan. pdf.

[5] Clarke, S. E. and Gaile, G. L. 1998. The Work of Cities. Minneapolis, MN.: University of Minnesota Press.

[6] Cullingworth, B. and Caves, R. W. 2001. Planning in the USA: Policies, Issues, and Processes. London and New York: Routledge.

[7] Friedmann, J. 2002. The Prospect of Cities. Minneapolis, MN.: University of Minnesota Press.

[8] Friedmann, J. 2007. "Reflections on place and place-making in the cities of China," International Journal of Urban & Regional Research, 31 (2): 257-279.

[9] Glaeser, E. 1996. "Why Economists Still Like Cities," City Journal, 6 (2): 70-77.

[10] Gu, C., Li, Y., Han, S. S. 2015. "Development and transition of small towns in rural China," Habitat International, 50: 110-119.

[11] Harding, A. and Blokland, T. 2014. Urban Theory: A Critical Introduction to Power, Cities and Urbanism in the 21st Century. London: Sage Publications.

[12] He, C., Wei, Y. D., Xie, X. 2008. "Globalization, institutional change, and industrial location: Economic transition and industrial concentration in China," Regional Studies, 42 (7): 923-945.

[13] Isserman, A. M. 1994. "State economic development policy and practice in the United States: A survey article," In-

ternational Regional Science Review, 16: 49-100.

[14] Johnston, R. J. and Sidaway, J. D. 1979. Geography and Geographers: Anglo-American Human Geography since 1945. London: Edward Arnold.

[15] Liu, L. C., Dong, X. F., Liu, X. G. 2014. "Quantitative study of the network tendency of the urban system in China," Journal of Urban Planning & Development, 140 (2): 05013003.

[16] Malecki, E. J. 2002. "Hard and soft networks for urban competitiveness," Urban Studies, 39 (5): 929-945.

[17] Pain, K., Hamme, G. V., Vinciguerra, S. et al. 2017. "Global networks, cities and economic performance: Observations from an analysis of cities in Europe and the USA," Urban Studies, 53 (6): 1137-1161.

[18] Pan, F. and Xia, Y. 2014. "Location and agglomeration of headquarters of publicly listed firms within China's urban system," Urban Geography, 35 (5): 757-779.

[19] Taylor, P. J. 2005. "Leading world cities: Empirical evaluations of urban nodes in multiple networks," Urban Studies, 42 (9): 1593-1608.

[20] Taylor, P. J. and Aranya, R. 2008. "A global 'urban roller coaster'? Connectivity changes in the world city Network, 2000-2004." Regional Studies, 42 (1): 1-16.

[21] Taylor, P. J., Catalano, G., Walker, D. F. 2002a. "Exploratory Analysis of the World City Network", Urban Studies, 39 (13), 2377-2394.

[22] Taylor, P. J., Catalano, G., Walker, D. R. F. 2002b. "Measurement of the world city network." Urban Studies, 39 (13): 2367-2376.

[23] UN-Habitat. 2015. International Guidelines on Urban and Territorial Planning. https: //unhabitat. org/books/international-guidelines-on-urban-and-territorial-planning/.

[24] Wirth, L. 1938. "Urbanism as a way of life," American Journal of Sociology, 44 (1): 1-24.

[25] Yang, X., Derudder, B., Taylor, P. J. et al. 2017. "Asymmetric global network connectivities in the world city network, 2013," Cities, 60: 84-90.

[26] Zhou, L. A. 2010. Incentives and Governance: China's Local Governments. Singapore: Cengage Learning Asia.

[27] 蔡昉, 林毅夫. 中国经济 [M]. 北京: 中国财政经济出版社, 2003.

[28] 陈俊. 城市规划中公共利益的分析 [D]. 武汉: 华中科技大学, 2006.

[29] 约翰·弗里德曼, 刘合林. 对中国城市中场所及场所营造的思考 [J]. 城市与区域规划研究, 2008, 1 (1): 111-134.

[30] 顾朝林. 多规融合的空间规划 [M]. 北京: 清华大学出版社, 2015a.

[31] 顾朝林. 论中国"多规"分立及其演化与融合问题 [J]. 地理研究, 2015b, 34 (4): 601-613.

[32] 顾朝林, 于涛方, 李平. 人文地理学流派 [M]. 北京: 高等教育出版社, 2008.

[33] 韩青, 顾朝林, 袁晓辉. 城市总体规划与主体功能区规划管制空间研究 [J]. 城市规划, 2011, 35 (10): 44-50.

[34] 洪世键, 姚超. 新马克思主义城市空间理论述评及应用反思 [J]. 河北学刊, 2016, (4): 145-150.

[35] 沈建国, 石楠, 杨映雪. 城市与区域规划国际准则 [J]. 城市规划, 2016, 40 (12): 9-18.

[36] 石楠. 试论城市规划中的公共利益 [J]. 城市规划，2004，(6)：20-31.

[37] 田莉. 城市规划的 "公共利益" 之辩——《物权法》实施的影响与启示 [J]. 城市规划，2010，34（1）：29-32＋47.

[38] 汪劲柏，赵民. 论建构统一的国土及城乡空间管理框架：基于对主体功能区划、生态功能区划、空间管制区划的辨析 [J]. 城市规划，2008，32（12）：40-48.

[39] 王凯. 国家空间规划体系的建立 [J]. 城市规划，2006，30（1）：6-10.

[40] 王磊，沈建法. 五年计划/规划、城市规划和土地规划的关系演变 [J]. 城市规划学刊，2014，(3)：45-51.

[41] 汪明峰，高丰. 网络的空间逻辑：解释信息时代的世界城市体系变动 [J]. 国际城市规划，2007，22（2）：36-41.

[42] 叶超，柴彦威，张小林，等. "空间的生产" 的理论、研究进展及其对中国城市研究的启示 [J]. 经济地理，2011，(3)：409-413.

[43] 张京祥，赵丹，陈浩. 增长主义的终结与中国城市规划的转型 [J]. 城市规划，2013，37（1）：45-50＋55.

《城市与区域规划研究》征稿简则

本刊栏目设置

本刊设有 7 个固定栏目，分别是：

1. 主编导读。介绍本期主题、编辑思路、文章要点、下期主题安排。

2. 特约专稿。发表由知名学者撰写的城市与区域规划理论论文，每期 1～2 篇，字数不限。

3. 学术文章。城市与区域规划理论、方法、案例分析等研究成果。每期 6 篇左右，字数不限。

4. 国际快线（前沿）。国外城市与区域规划最新成果、研究前沿综述。每期 1～2 篇，字数约 20 000 字。

5. 经典集萃。介绍有长期影响、实用价值的古今中外经典城市与区域规划论著。每期 1～2 篇，字数不限，可连载。

6. 研究生论坛。国内重点院校研究生研究成果、前沿综述。每期 3 篇左右，每篇字数 6 000～8 000 字。

7. 书评专栏。国内外城市与区域规划著作书评。每期 3～6 篇，字数不限。

根据主题设置灵活栏目，如：**人物专访、学术随笔、规划争鸣、规划研究方法**等。

用稿制度

本刊收到稿件后，将对每份稿件登记、编号及组织专家匿名评审，刊登与否由编委会最后审定。如无特殊情况，本刊将会在 3 个月内告知录用结果。在此之前，请勿一稿多投。来稿文责自负，凡向本刊投稿者，即视为同意本刊将稿件以纸质图书版本以及包括但不限于光盘版、网络版等数字出版形式出版。稿件发表后，本刊会向作者支付一次性稿酬并赠样书 2 册。

投稿要求

本刊投稿以中文为主（海外学者可用英文投稿），但必须是未发表的稿件。英文稿件如果录用，本刊可以负责翻译，由作者审查定稿。除海外学者外，稿件一般使用中文。作者投稿用电子文件，电子文件 E-mail 至：urp@ts-inghua. edu. cn。

1. 文章应符合科学论文格式。主体包括：① 科学问题；② 国内外研究综述；③ 研究理论框架；④ 数据与资料采集；⑤ 分析与研究；⑥ 科学发现或发明；⑦结论与讨论。

2. 稿件的第一页应提供以下信息：① 文章标题、作者姓名、单位及通讯地址和电子邮件；② 英文标题、作者姓名的英文和作者单位的英文名称。稿件的第二页应提供以下信息：①200 字以内的中文摘要；②3～5 个中文关键词；③100 个单词以内的英文摘要；④3～5 个英文关键词。

3. 文章正文中的标题、插图、表格、符号、脚注等，必须分别连续编号。一级标题用"1""2""3"……编号；二级标题用"1.1""1.2""1.3"……编号；三级标题用"1.1.1""1.1.2""1.1.3"……编号，标题后不用标点符号。

4. 插图要求：500dpi，16cm×23cm，黑白位图或 EPS 矢量图，由于刊物为黑白印制，最好提供黑白线条图。图表一律通栏排，表格需为三线表（图：标题在下；表：标题在上）。

5. 参考文献格式要求如下：

（1）参考文献首先按文种集中，可分为英文、中文、西文等。然后按著者人名首字母排序，中文文献可按著者汉语拼音顺序排列。参考文献在文中需用括号表示著者和出版年信息，例如（王玲，1983）。

（2）请标注文后参考文献类型标识码和文献载体代码。

- 文献类型/类型标识
  专著/M；论文集/C；报纸文章/N；期刊文章/J；学位论文/D；报告/R
- 电子参考文献类型标识
  数据库/DB；计算机程序/CP；电子公告/EP
- 文献载体/载体代码标识
  磁带/MT；磁盘/DK；光盘/CD；联机网/OL

（3）参考文献写法列举如下：

［1］刘国钧，陈绍业，王凤翥. 图书馆目录［M］. 北京：高等教育出版社，1957. 15-18.

［2］辛希孟. 信息技术与信息服务国际研讨会论文集：A 集［C］. 北京：中国社会科学出版社，1994.

［3］张筑生．微分半动力系统的不变集［D］．北京：北京大学数学系数学研究所，1983.

［4］冯西桥．核反应堆压力管道与压力容器的 LBB 分析［R］．北京：清华大学核能技术设计研究院，1997.

［5］金显贺，王昌长，王忠东，等．一种用于在线检测局部放电的数字滤波技术［J］．清华大学学报（自然科学版），1993，33（4）：62-67.

［6］钟文发．非线性规划在可燃毒物配置中的应用［A］．赵玮．运筹学的理论与应用——中国运筹学会第五届大会论文集［C］．西安：西安电子科技大学出版社，1996. 468-471.

［7］谢希德．创造学习的新思路［N］．人民日报，1998-12-25（10）．

［8］王明亮．关于中国学术期刊标准化数据库系统工程的进展［EB/OL］．http://www. cajcd. edu. cn/pub/wml. txt/980810-2. html，1998-08-16/1998-10-04.

［9］Manski, C. F., McFadden, D. 1981. Structural Analysis and Discrete Data with Econometric Applications. Cambridge, Mass.：MIT Press.

［10］Grossman, M. 1972. "On the concept of health capital and the demand for health," Journal of Political Economy, 80 (March/April)：223-255.

6. 所有英文人名、地名应有规范译名，并在第一次出现时用括号标注原名。

编辑部联系方式

地址：北京海淀区清河嘉园东区甲 1 号楼东塔 7 层《城市与区域规划研究》编辑部

邮编：100085

电话：010-82819552

《城市与区域规划研究》征订

《城市与区域规划研究》为小 16 开，每期 300 页左右。欢迎订阅。

订阅方式

1. 请填写"征订单"，并电邮或邮寄至以下地址：

      联系人：高洁

      电　话：（010）82819552

      电　邮：urp@tsinghua.edu.cn

      地　址：北京市海淀区清河中街清河嘉园甲一号楼 A 座 7 层

            《城市与区域规划研究》编辑部

      邮　编：100085

2. 汇款

    ① 邮局汇款：地址同上。

             收款人姓名：北京清大卓筑文化传播有限公司

    ② 银行转账：户　名：北京清大卓筑文化传播有限公司

             开户行：北京银行北京清华园支行

             账　号：01090334600120105468638

《城市与区域规划研究》征订单

每期定价	人民币 42 元（含邮费）					
订户名称				联系人		
详细地址				邮　编		
电子邮箱		电　话		手　机		
订　阅	年　　期至　　年　　期			份　数		
是否需要发票	□是　发票抬头				□否	
汇款方式	□银行　　　　□邮局			汇款日期		
合计金额	人民币（大写）					
注：订刊款汇出后请详细填写以上内容，并把征订单和汇款底单发邮件到 urp@tsinghua.edu.cn。						